装备制造大类新形态教材

多轴加工技术

主　编　管嫦娥　谢仁华
副主编　江庆鑫　温小明　陈　磊　管常军
主　审　谢　颖

哈爾濱工業大學出版社

内 容 简 介

本书是由校企合作共同开发的新形态教材，紧跟时代特色，融入课程思政及“1＋X”证书内容，配套有江西省职业教育装备制造类精品在线开放课程资源，支持移动学习，可用于线上线下混合教学。本书从实际生产中精选案例，突出新工艺、新技术、新方法，彰显实用性及实效性，具体包括：认识多轴加工技术、三轴铣削加工技术、四轴铣削加工技术及五轴铣削加工技术四个模块的内容。本书条理清晰，用层层递进的方式把所有内容贯穿起来，可有效地协助读者获得最佳的学习效果。

本书不仅可作为高职高专院校数控、模具、机械自动化及相关专业学生的教材和相关社会培训用书，还可以作为工厂、企业中从事相关岗位技术人员的参考用书，同时也适用于从事多轴加工编程及仿真应用的中、高级用户。

图书在版编目(CIP)数据

多轴加工技术/管嫦娥，谢仁华主编. —哈尔滨：哈尔滨工业大学出版社，2024.4

ISBN 978－7－5767－1317－6

Ⅰ.①多… Ⅱ.①管… ②谢… Ⅲ.①数控机床—加工 Ⅳ.①TG659

中国国家版本馆 CIP 数据核字(2024)第 068732 号

策划编辑 王桂芝

责任编辑 谢晓彤

出版发行 哈尔滨工业大学出版社

社　　址 哈尔滨市南岗区复华四道街 10 号　邮编 150006

传　　真 0451－86414749

网　　址 http://hitpress.hit.edu.cn

印　　刷 哈尔滨市工大节能印刷厂

开　　本 787 mm×1 092 mm　1/16　印张 17.5　字数 412 千字

版　　次 2024 年 4 月第 1 版　2024 年 4 月第 1 次印刷

书　　号 ISBN 978－7－5767－1317－6

定　　价 56.80 元

前　言

本书紧密围绕党的二十大精神，深入贯彻党的教育方针，积极弘扬社会主义核心价值观，彰显新时代职业教育特色，切实落实立德树人根本任务，致力培养具有家国情怀、职业素养和创新能力的多轴加工高素质技术技能人才，为实现技能强国战略贡献力量。

本书由校企合作共同开发，注重理论与实践相结合，融入现代数控加工的新技术、新工艺、新方法，使教材内容更具前瞻性和实用性。本书通过大量的多轴加工实例，以图文并茂的方式展示数控加工的精髓，每个案例都提供了源文件，有助于学生在实践中深化理论知识，提升实际操作能力。

为满足先进制造对复杂高精度零件的编程需求，本书借助西门子公司的 NX 计算机辅助编程软件进行数控加工程序的编制。本书共分四个模块、十个项目，注重学生职业素养养成和专业技术积累，将专业精神、职业精神和工匠精神融入教材内容体系。以循序渐进的方式展开教学，基于工作过程的教学思想贯穿全过程，符合高职学生的认知发展规律。通过本书的学习，学生能够掌握多轴加工的核心技术，提升职业素养和综合能力，为未来的职业发展奠定坚实的基础。

本书是一本新形态教材，支持移动学习，可用于线上线下混合教学，以满足不同读者的需求。每一个项目都附有较详尽的教学视频，并配套了相应的资源包，方便学生进行自主学习和复习巩固。本书不仅可作为高职高专院校数控、模具、机械自动化及相关专业学生的教材和相关社会培训用书，还可以作为工厂、企业中从事相关岗位技术人员的参考用书，同时也适用于从事多轴加工编程及仿真应用的中、高级用户，具有广泛的适用性和实用性。

本书由江西应用技术职业学院管嫦娥、谢仁华担任主编；瑞金中等专业学校江庆鑫，江西应用技术职业学院温小明、陈磊，浙江罗速设备制造有限公司管常军担任副主编；江西应用技术职业学院谢颖担任主审。本书在编写过程中得到了怀集登月气门有限公司肖景胜高级工程师的大力支持与帮助，在此表示衷心的感谢。

由于编者水平有限，书中难免有不足和疏漏之处，恳请广大读者批评指正，以便我们持续改进。

在线课程链接：https://mooc1.chaoxing.com/course—ans/ps/216345942。

编　者

2024 年 1 月

目　　录

模块1　认识多轴加工技术

模块简介

多轴数控加工是一种高效、高精度、高可控性的现代化加工技术。随着我国制造业的快速发展和产业升级，多轴数控加工正在得到越来越广泛的应用。其最大的优点是使复杂零件的加工变得容易了许多，并且缩短了加工周期，提高了表面的加工质量。多轴数控机床是指在一台机床上装配多个加工轴，而且加工轴在计算机数控系统的控制下可以同时完成多种加工操作的数控机床，如下图所示。多轴数控机床的种类很多，结构类型和控制系统都各不相同，其中最具有代表性的是五轴数控加工。

我国多轴数控加工技术近年来取得了显著的发展，但面对国际市场的激烈竞争和制造业转型升级的迫切需求，我国仍需继续加大技术创新投入力度，推动多轴数控技术向更高水平发展。因此，唯有发扬党的二十大报告中指出的斗争精神，不怕压，知难而进、迎难而上，自力更生，实现自主研发，突破关键技术，坚持走技术发展的道路，坚定文化自信，才能冲破技术垄断，实现高端自给自足，对标高质量做强“中国制造”。

知识目标

（1）了解多轴数控机床的发展趋势。

（2）认识各种类型的多轴数控机床及各自的优势。

（3）掌握多轴数控加工刀具及刀柄的正确选用。

技能目标

（1）能正确选用多轴加工的刀具。

（2）能根据刀具选用刀柄。

思政目标

（1）遵规守纪，认清底线，对职业和知识有敬畏之心。

（2）深入学习贯彻党的二十大精神，坚持发扬斗争精神，埋头苦干、担当作为，不断推进社会主义现代化建设。

（3）学习过程中，始终弘扬劳动精神、奉献精神、创造精神、勤俭节约精神，培育时代新风貌。

（4）提高对美的认识，使学生认识到人生之美、生活之美、知识之美、职业之美、技术之美等。

学习导航

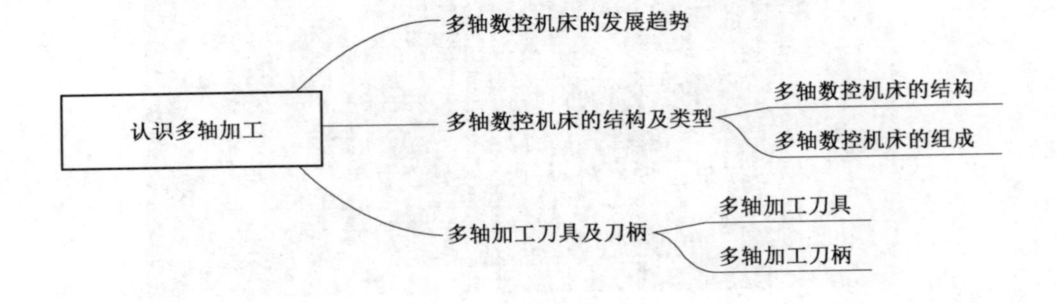

项目 1　认识多轴加工

课前导学

单项选择题，请把正确的答案填在括号中。

1. 随着多轴数控机床加工的高速化发展，主轴最高转速达(　　)r/min。

A. 20 000　　B. 30 000　　C. 200 000　　D. 300 000

2. 以下(　　)是多轴数控机床的核心部件。

A. 机床本体　　B. 控制部分　　C. 驱动部分　　D. 辅助部分

3. 下列(　　)不是采用多轴加工的目的。

A. 加工复杂型面　　B. 提高加工质量

C. 提高工作效率　　D. 促进数控技术发展

4. 与三轴加工相比，(　　)不属于多轴加工的三要素之一。

A. 走刀方式　　B. 刀轴方向　　C. 刀具类型　　D. 刀具运动

5. 五轴联动机床一般由三个平动轴加上两个旋转轴组成，根据旋转轴具体结构的不同可分为(　　)种形式。

A. 2　　B. 3　　C. 4　　D. 5

6. 多轴加工可以把点接触改为线接触，从而提高(　　)。

A. 加工质量　　B. 加工精度　　C. 加工效率　　D. 加工范围

7. 立铣刀的主切削刃分布在铣刀的圆柱面上，副切削刃分布在铣刀的端面上，主要用于加工零件的各种内外轮廓，该立铣刀不可加工的结构是(　　)。

A. 型腔轮廓　　B. 凸台轮廓　　C. 沟槽轮廓　　D. 钻孔

8. 数控加工中为保证多次安装后表面上的轮廓位置及尺寸协调，常采用(　　)原则。

A. 基准重合　　B. 互为基准　　C. 自为基准　　D. 基准统一

9. 在多轴加工中，如果球刀的轴线从垂直于被加工表面变为与被加工表面呈倾斜状态，则刀具接触点处的切削速度与原来相比将(　　)。

A. 增大　　B. 减小

C. 不变　　D. 不能一概而论，应视具体情况而定

10. 对于刀柄选择，以下说法错误的是(　　)。

A. 对一些长期反复使用，不需要拼装的简单刀首选整体式刀柄

B. 在加工孔径、孔深经常变化的多品种、小批量零件时，宜选用专用刀柄，降低成本

项目 1 课前导学参考答案

C. 对于主轴端部、换刀机械手各不相同的机床，宜选用模块式刀柄，提高工具利用率

D. 刀柄结构形式的选择应兼顾技术先进与经济合理两个方面

知识链接

多轴加工技术的发展趋势

1. 了解多轴数控机床的发展趋势

数控技术是由机械学、控制学、电子学、计算机科学四大基础学科发展起来的一门综合性新型学科。目前，随着数控技术的广泛应用，多轴数控机床的发展日新月异，它正朝着以下的发展趋势和方向前进。

(1) 高速化。

随着汽车、国防、航空、航天等工业的高速发展以及铝合金等新材料的应用，对多轴数控机床加工的高速化要求越来越高，主要体现在以下几方面。

① 主轴转速高。机床采用电主轴(内装式主轴电机)，主轴最高转速达200 000 r/min。

② 进给率高。在分辨率为 0.01 μm 时，最大进给率达到 240 m/min 且可获得复杂型面的精确加工。

③ 运算速度快。微处理器的快速发展为数控系统向高速、高精度方向迈进提供了有力保障。如今已成功开发出基于 32 位和 64 位的 CPU 数控系统，其工作频率高达几百兆赫甚至上千兆赫，使运算速度得到极大提升。

④ 换刀速度快。目前先进加工中心的刀具交换时间普遍已在 1 s 左右，快的已达0.5 s。

(2) 高精度化。

数控机床精度的要求现在已经不局限于静态的几何精度，机床的运动精度、热变形以及对振动的监测和补偿越来越获得重视。

① 提高计算机数字控制(CNC) 系统控制精度。采用高速插补技术，以微小程序段实现连续进给，使 CNC 控制单位精细化，并采用高分辨率位置检测装置，提高位置检测精度，位置伺服系统采用前馈控制与非线性控制等方法。

② 采用误差补偿技术。采用反向间隙补偿、丝杆螺距误差补偿和刀具误差补偿等技术，对设备的热变形误差和空间误差进行综合补偿。研究结果表明，综合误差补偿技术的应用可将加工误差减少 60% ～ 80%。

③ 采用网格检查和提高加工中心的运动轨迹精度，并通过仿真预测机床的加工精度，以保证机床的定位精度和重复定位精度，使其性能长期稳定，能够在不同运行条件下完成多种加工任务，并保证零件的加工质量。

(3) 功能复合化。

复合机床的含义是指在一台机床上实现从毛坯至成品的多种要素加工。根据其结构特点可分为工艺复合型和工序复合型两类。工艺复合型机床如镗铣钻复合加工中心、车铣复合车削中心、铣镗钻车复合加工中心等；工序复合型机床如多面多轴联动加工的复合机床和双主轴车削中心等。

（4）控制智能化。

为了满足制造业生产柔性化、制造自动化的发展需求，多轴数控机床的智能化程度在不断提高，具体体现在以下几个方面。

① 加工过程自适应控制技术。通过监测加工过程中的切削力、主轴和进给电机的功率、电流、电压等信息，利用传统的或现代的算法进行识别，以辨识出刀具的受力、磨损、破损状态以及机床加工的稳定性状态，并根据这些状态实时调整加工参数（主轴转速、进给速度）和加工指令，使设备处于最佳运行状态，以提高加工精度、降低加工表面粗糙度并提高设备运行的安全性。

② 加工参数的智能优化与选择。用现代智能方法，根据工艺专家或技师的经验、零件加工的一般与特殊规律，构造基于专家系统或基于模型的"加工参数的智能优化与选择器"，利用它获得优化的加工参数，从而达到提高编程效率和加工工艺水平、缩短生产准备时间的目的。

③ 智能故障自诊断与自修复技术。根据已有的故障信息，应用现代智能方法实现故障的快速准确定位。

④ 智能故障回放和故障仿真技术。能够完整记录系统的各种信息，对数控机床发生的各种错误和事故进行回放和仿真，用以确定错误引起的原因，找出解决问题的办法，积累生产经验。

⑤ 智能化交流伺服驱动装置。伺服系统，包括智能主轴交流驱动装置和智能化进给伺服装置。这种驱动装置能自动识别电机及负载的转动惯量，并自动对控制系统参数进行优化和调整，使驱动系统获得最佳运行。

⑥ 智能 4M 数控系统。在制造过程中，加工、检测一体化是实现快速制造、快速检测和快速响应的有效途径，将测量、建模、加工、操作四者融合在一个系统中，实现信息共享，促进测量、建模、加工、装夹、操作的一体化。

（5）体系开放化。

① 向未来技术开放。由于软硬件接口都遵循公认的标准协议，因此只需少量的重新设计和调整，新一代的通用软硬件资源就可能被现有系统采纳、吸收和兼容，这就意味着系统的开发费用将大大降低，而系统性能与可靠性将不断改善并处于长生命周期。

② 向用户特殊要求开放。更新产品、扩充功能、提供硬软件产品的各种组合以满足特殊应用要求。

③ 新的数控标准的建立。提供一种不依赖于具体系统的中性机制，能够描述产品整个生命周期内的统一数据模型，从而实现整个制造过程乃至各个工业领域产品信息的标准化。

（6）驱动并联化。

并联运动机床克服了传统机床串联机构移动部件质量大、系统刚度低、刀具只能沿固定导轨进给、作业自由度偏低、设备加工灵活性和机动性不够等固有缺陷，在机床主轴（一般为动平台）与机座（一般为静平台）之间采用多杆并联连接机构驱动，通过控制杆系中杆的长度使杆系支撑的平台获得相应自由度的运动，可实现多坐标联动数控加工、装配和测量功能，更能满足复杂特种零件的加工，具有现代机器人的模块化程度高、重量轻和速度快等优点。并联机床作为一种新型的加工设备，已成为当前机床技术的一个重要研究方向，得到了国际机床行业的高度重视，被认为是“自发明数控技术以来在机床行业中最有意义的进步”和“21 世纪新一代数控加工设备”。

(7) 极端化(大型化和微型化)。

国防、航空、航天事业的发展和能源等基础产业装备的大型化需要大型且性能良好的数控机床的支撑，而超精密加工技术和微纳米技术是 21 世纪的战略技术，需发展能适应微小型尺寸和微纳米加工精度的新型制造工艺和装备，所以微型机床包括微切削加工机床、微电加工机床、微激光加工机床和微型压力机等，其需求量正在逐渐增大。

(8) 信息交互网络化。

对于面临激烈竞争的企业来说，使数控机床具有双向、高速的联网通信功能，以保证信息流在车间各个部门间畅通无阻是非常重要的。这样既可以实现网络资源共享，又能实现数控机床的远程监视、控制、培训、教学、管理，还可实现数控装备的数字化服务(数控机床故障的远程诊断、维护等)。

(9) 加工过程绿色化。

随着日趋严格的环境与资源约束，制造加工的绿色化越来越重要，因此，近年来不用或少用冷却液，实现干切削、半干切削节能环保的机床不断出现，并在不断发展当中。在 21 世纪，绿色制造的大趋势将使各种节能环保机床加速发展。

2. 多轴数控机床的结构及类型

(1) 多轴数控机床的结构。

多轴数控机床由机床本体、控制部分、驱动部分、辅助部分等组成，见表 1.1。

多轴数控机床结构组成

表 1.1　数控机床的组成

序号	名称	说明	图例
1	机床本体	多轴数控机床的机床本体部分与普通数控机床相似，由主轴、进给传动装置、床身、工作台以及刀库等组成。现在的大部分数控机床在整体布局、外观造型、传动系统、刀具系统的结构以及操作机构等方面都已发生了很大的变化，能够更好地满足数控机床的要求，充分发挥数控机床的特点	

续表1.1

序号	名称	说明	图例
2	控制部分	控制部分是数控机床的控制核心，由各种数控系统完成对数控机床的控制，如法拉科数控系统、西门子数控系统、华中数控系统、广数系统等。数控系统由 CNC 单元、PLC（可编程序控制器）、控制面板、输入输出接口等组成	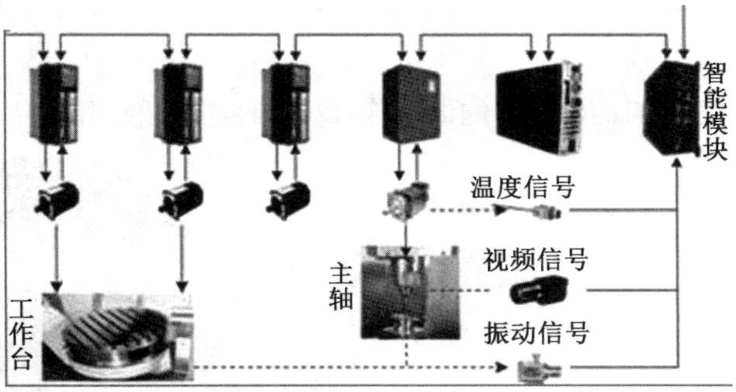
3	驱动部分	驱动部分是数控机床执行机构的驱动部件，由伺服驱动装置、伺服电机及检测反馈装置组成，在 CNC 和 PLC 协调配合下，共同完成对数控机床运动部件的控制	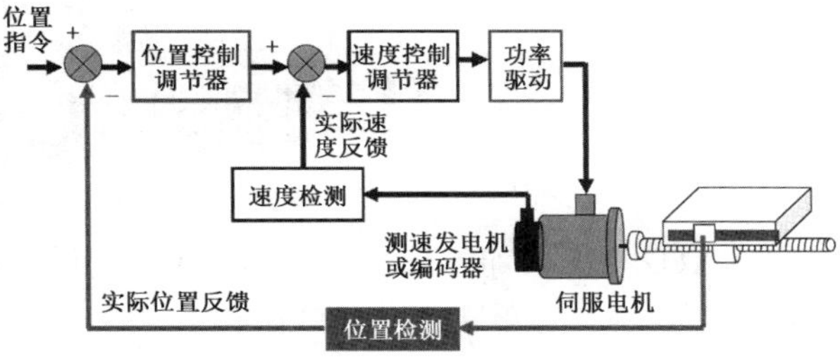
4	辅助部分	完成数控加工辅助动作的装置，由冷却系统、润滑系统、照明系统、自动排屑系统、防护罩等组成	 冷却润滑系统  排屑装置

（2）多轴数控机床的组成。

① 三轴数控铣床。

我们熟悉的三轴数控铣床有 XYZ 三个直线坐标轴。机械零部件的加工以三轴立式数控铣床居多，立式数控铣床主轴与机床工作台面垂直，工件装夹方便，加工时便于观察，但不便于排屑。一般采用固定式立柱结构，工作台不升降。为保证机床的刚性，主轴中心线距立柱导轨面的距离不能太大，因此，这种结构主要用于中小尺寸的数控铣床，如图 1.1 所示。

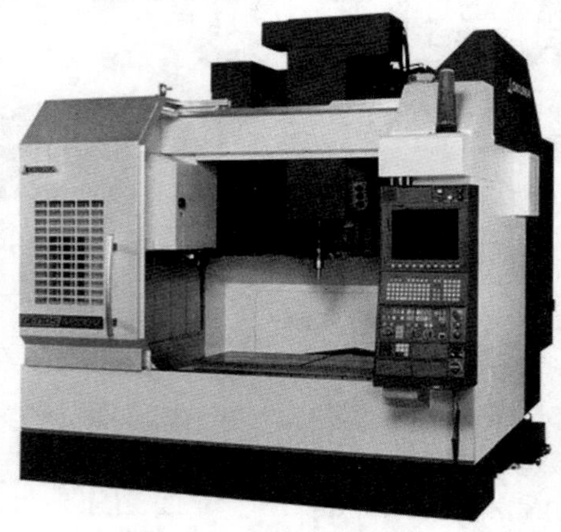

图 1.1　三轴立式数控铣床

三轴数控铣床上加工的大多数零件属于平面轮廓类零件，可加工的结构为零件的平面、内外轮廓、孔、螺纹等，如图 1.2 所示。

(a)　(b)　(c)

(d)　(e)

图 1.2　三轴立式数控铣床加工产品图

② 四轴加工中心。

四轴加工中心准确地说是四坐标联动加工。所谓四轴加工中心一般是在 $X\backslash Y\backslash Z$ 三个线性位移轴的基础上增加了一个旋转轴(A 轴或B 轴),通常称为第四轴,A 轴结构为立式铣床,如图 1.3(a) 所示,B 轴结构为卧式数控铣床,如图 1.3(b) 所示。旋转轴上的数控分度头有等分式和万能式两类:等分式只能完成指定的等分分度,如图 1.4(a) 所示;万能式可实现连续分度,如图 1.4(b) 所示。

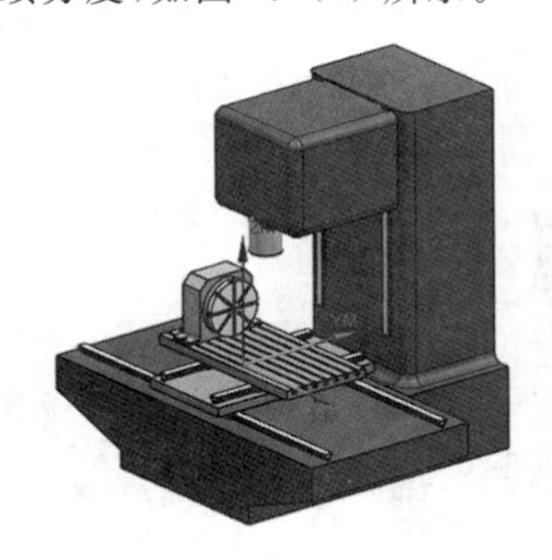

(a) A轴结构示意图

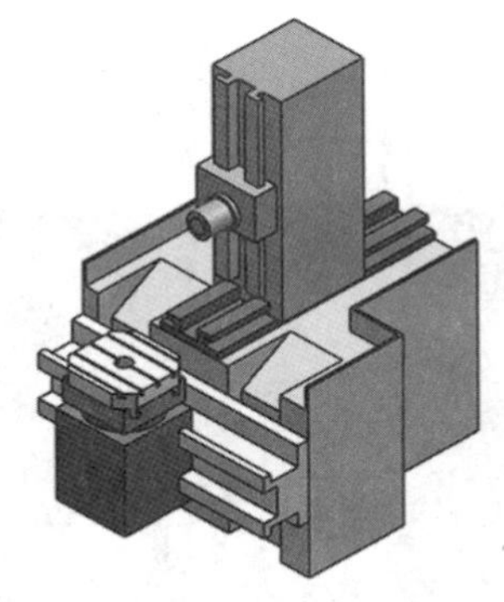

(b) B轴结构示意图

图 1.3　四轴加工中心

(a) 等分式

(b) 万能式

图 1.4　数控分度头

四轴加工中心一般有两种加工模式:定位加工和插补加工,分别对应多面轮廓加工和回转体轮廓加工。现在以带 A 轴为旋转轴的四轴加工中心为例,分别对这两种加工模式进行说明。

A. 定位加工。

在进行多面体零件加工时,需要将多面体的各个加工工作平面在围绕 A 轴旋转后能与 A 轴轴线平行,否则将造成无法加工,出现欠切的现象。一般来说,通过安装在第四轴上的夹具将加工零件固定在旋转工作台上,校正基准面以确定工件坐标系。此类加工中,A 轴仅起到分度的作用,并没有参与插补加工,因此并不能体现四轴联动的运算。

B. 插补加工。

回转零件的轴面轮廓加工或螺旋槽的加工，就是典型的利用四轴联动插补计算而来的插补加工。例如圆柱面上的回转槽、圆柱凸轮的加工主要是依靠 A 轴的旋转加 X 轴的移动来实现的。此时，需要将 A 轴角度展开，与 X 轴做插补运算，以确保 A 轴与 X 轴的联动，这个过程将用到圆柱插补命令。

四轴加工中心最早应用于曲线曲面的加工，即叶片的加工。现在四轴加工中心可以适用于多面体零件、带回转角度的螺旋线(圆柱面油槽)、螺旋槽、圆柱面凸轮、摆线的加工等，如图 1.5 所示，应用极其广泛。

(a) (b)

图 1.5　四轴加工产品图

从加工产品我们可以看出，四轴加工具有以下特点。

A. 由于有旋转轴的加入，使得空间曲面的加工成为可能，大大提高了自由空间曲面的加工精度、质量和效率。

B. 三轴加工机床无法加工到的或需要装夹过长的工件(如长轴类轴面加工)的加工，可以通过四轴旋转工作台完成。

C. 缩短装夹时间，减少加工工序，尽可能地通过一次定位进行多工序加工，减少定位误差。

D. 刀具得到很大改善，延长了刀具寿命。

E. 有利于生产集中化。

③ 五轴加工中心。

五轴加工中心是一种科技含量高、精密度高，专门用于加工复杂曲面的加工中心，如图 1.6 所示。五轴加工中心系统是解决叶轮、叶片、船用螺旋桨、重型发电机转子、汽轮机转子、大型柴油机曲轴等加工的重要手段。五轴加工中心可以在一次装夹中完成工件的全部机械加工工序，满足从粗加工到精加工的全部加工要求，既适用于单件小批量生产，也适用于大批量生产，减少了加工时间和生产费用，提高了数控设备的生产能力和经济性。五轴数控回转工作台的运动可以由独立的控制装置控制，如图1.7(a) 所示，也可以通过相应的接口由主机的数控装置控制，如图 1.7(b) 所示。

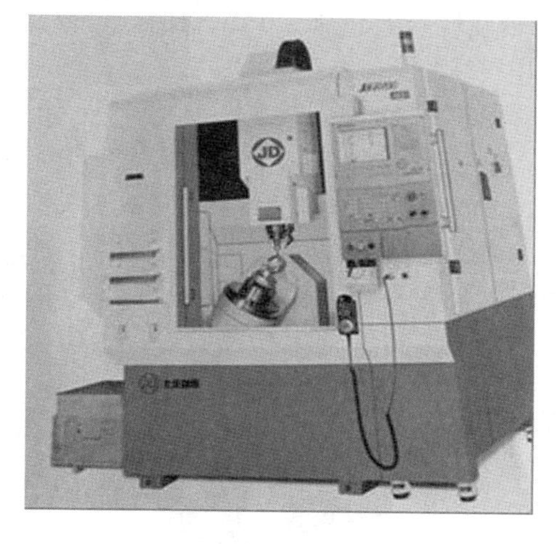

图 1.6　五轴加工中心

(a) 独立控制回转工作台

(b) 主机的数控装置控制回转工作台

图 1.7　五轴回转工作台

五轴加工中心有三个直线坐标和两个旋转坐标，共同构成五轴，而且五个坐标可以在数控系统控制下同时协调运动，进行加工。五轴按旋转主轴和直线运动的关系来判定，有如下三种结构形式。

A. 双摆头。

如图 1.8 所示，这种结构的两个旋转轴均在主轴上。此类五轴机床的特点是旋转灵活，适合加工各种复杂形状结构的零件，但是由于其刚性较差，不能重切削，双摆头一般适合大型工件加工，所以大都设计为龙门式，工作台台面大，力度大。

B. 一转一摆。

如图 1.9 所示，这种结构的两个旋转轴分别在主轴和工作台上，主轴摆动，改变刀轴方向灵活，*C* 轴不限制零件旋转，工作台刚性好，精度高，所以是五轴机床中最常用的。

C. 双摆台。

如图 1.10 所示，双摆台的刀轴方向不可变，两个旋转轴均在工作台上，工件加工时随工作台旋转。也就是在 B 轴旋转台上叠加一个 A 轴的旋转台,可加工小型涡轮、叶轮、小型紧密模具等。

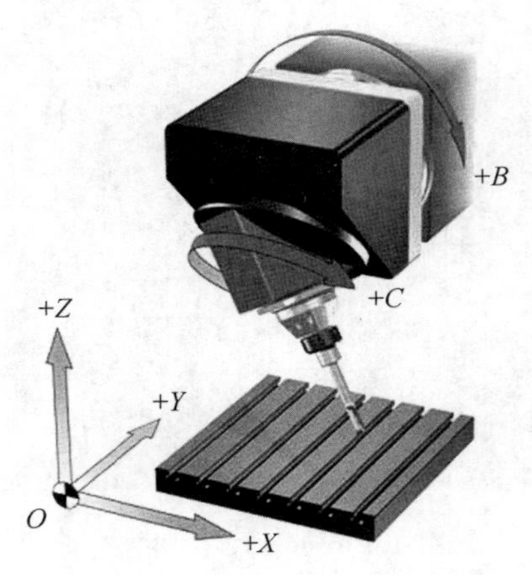

图 1.8　双摆头形式

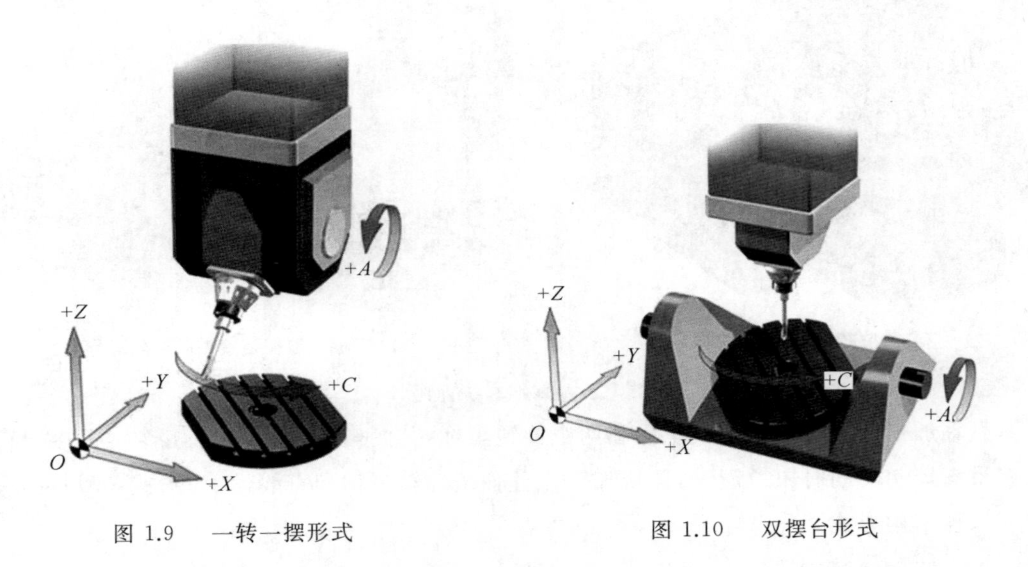

图 1.9　一转一摆形式

图 1.10　双摆台形式

随着我国航空航天、军事工业、汽车零部件和模具制造行业的蓬勃发展,越来越多的厂家倾向于寻找五轴设备来满足高效率、高质量的加工。五轴联动加工方法擅长空间复杂曲面加工、异型加工、镂空加工等,如图 1.11 所示为五轴加工产品。

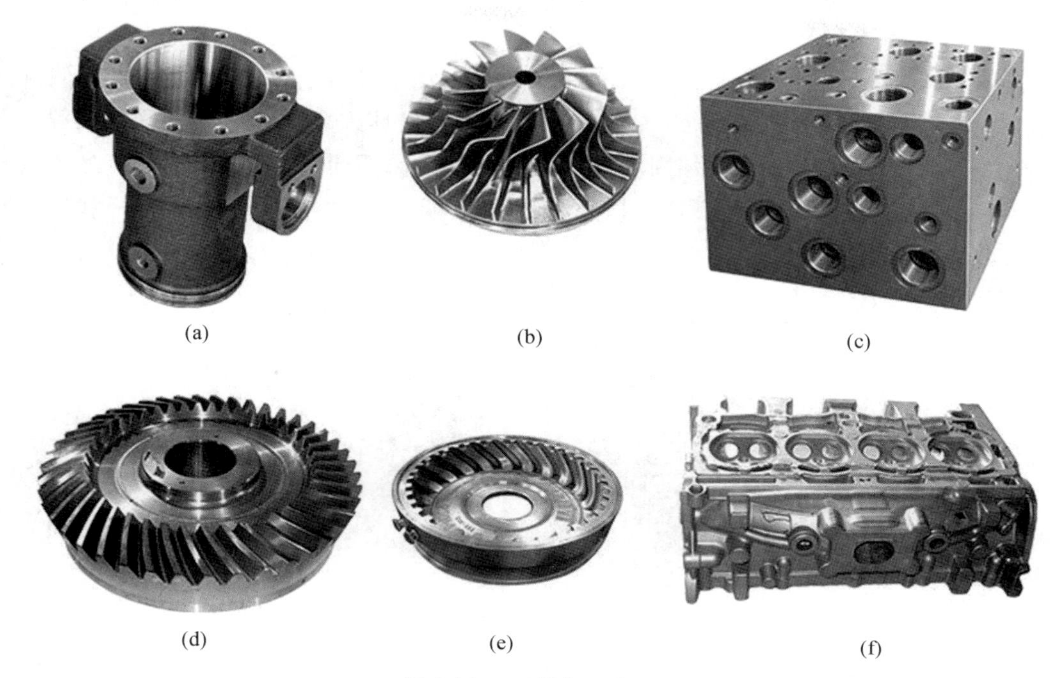

(a) (b) (c)

(d) (e) (f)

图 1.11 五轴加工产品图

④ 车铣复合。

复合加工是机械加工领域目前国际上最流行的加工工艺之一，是一种先进制造技术。复合加工就是把几种不同的加工工艺在一台机床上实现。复合加工中应用最广泛，难度最大的就是车铣复合加工。车铣复合加工中心相当于一台数控车床和一台加工中心的复合，如图 1.12 所示。

图 1.12 车铣复合加工中心

与常规数控加工工艺相比，复合加工具有的突出优势主要表现在以下几个方面。

A. 缩短产品制造工艺链，提高生产效率。车铣复合加工可以实现一次装卡完成全部或者大部分加工工序，从而大大缩短产品制造工艺链。

B. 减少装夹次数，提高加工精度。装夹次数的减少避免了由于定位基准转化而导致的误差积累。

C. 减少占地面积，降低生产成本。虽然车铣复合加工设备的单台价格比较高，但由于制造工艺链的缩短和产品所需设备的减少，以及工装夹具数量、车间占地面积和设备维护费用的减少，能够有效降低总体固定资产的投资、生产运作和管理的成本。

车铣复合主要实现各种小零件及复杂零件的多样化加工，擅长空间曲面加工、异型加工、镂空加工、打孔、斜孔、斜切等，如图 1.13 所示。

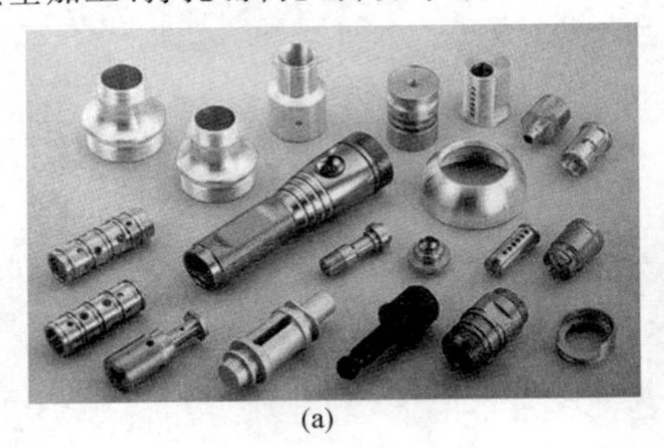
(a)

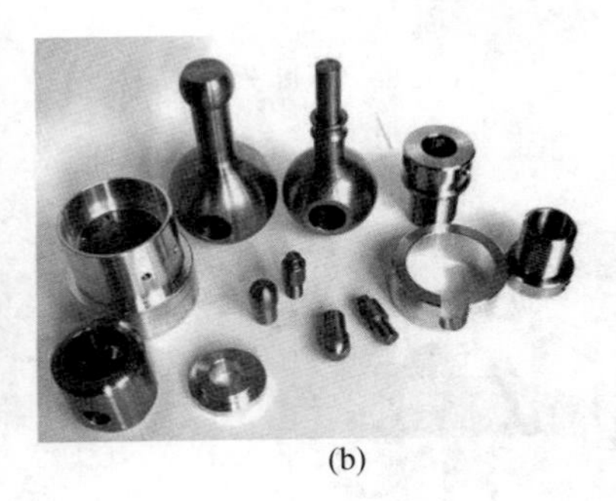
(b)

图 1.13　车铣复合加工产品图

3. 多轴加工刀具及刀柄

刀具技术的发展在多轴加工技术发展中起到了非常关键的作用。如何提高刀具材料的耐高温和耐磨损性能始终是多轴加工技术发展的一个重要课题。在近几十年的发展历程中，多轴加工的刀具材料和刀具制造技术都发生了巨大的变化，随着新材料、新工艺的不断出现，刀具材料也由早期的高速钢、硬质合金发展到金刚石、立方氮化硼(CBN)、陶瓷等其他材料。

刀柄及刀具知识

(1) 多轴加工刀具。

多轴数控加工的刀具多种多样，如图 1.14 所示。下面将按加工功能不同分别学习不同种类的刀具知识。

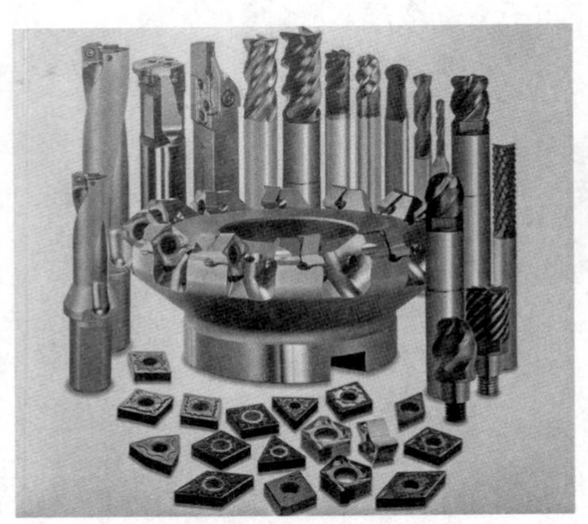

图 1.14　各种刀具图

① 面铣刀。

面铣刀主要用于在立式铣床上加工平面、台阶面等。面铣刀的主切削刃分布在铣刀的圆柱面或圆锥面上，副切削刃分布在铣刀的端面上。面铣刀按结构可以分为整体式面铣刀、硬质合金整体焊接式面铣刀、硬质合金机夹焊接式面铣刀、硬质合金可转位式面铣刀等形式，如图 1.15 所示。

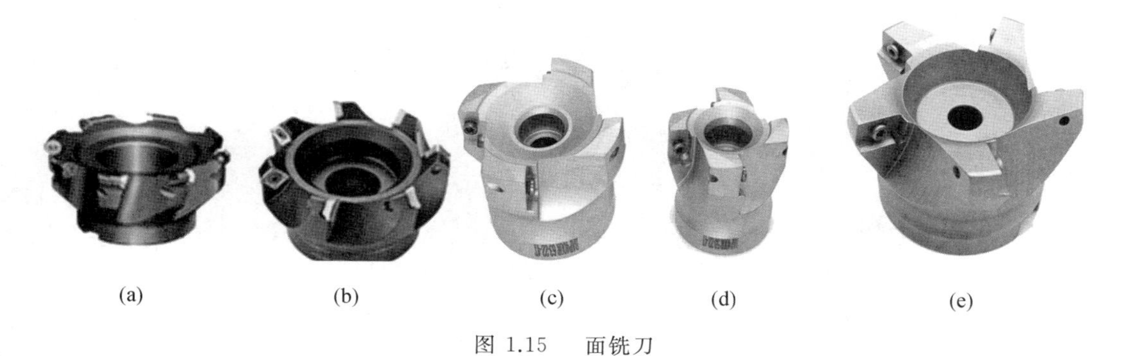

(a) (b) (c) (d) (e)

图 1.15 面铣刀

② 立铣刀。

立铣刀主要用于加工零件的各种内外轮廓，如凹槽、台阶面、成型面(利用靠模)等。如图 1.16 所示为整体式的立铣刀。该立铣刀的主切削刃分布在铣刀的圆柱面上，副切削刃分布在铣刀的端面上，且端面中心有顶尖孔，因此，铣削时一般不能沿铣刀轴向做进给运动，只能沿铣刀径向做进给运动。

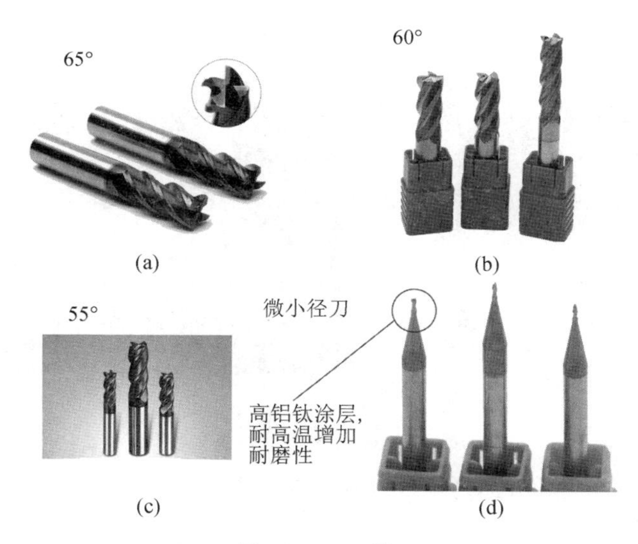

(a) (b) (c) (d)

图 1.16 立铣刀

③ 球头铣刀。

球头铣刀是刀刃类似球头的铣刀，如图 1.17 所示，用于铣削各种曲面、圆弧沟槽。这种铣刀球面上的切削刃为主切削刃，铣削时不仅能沿铣刀轴向做进给运动，也能沿铣刀径向做进给运动，这样该铣刀在数控铣床的控制下，就能加工出各种复杂的成型表面。

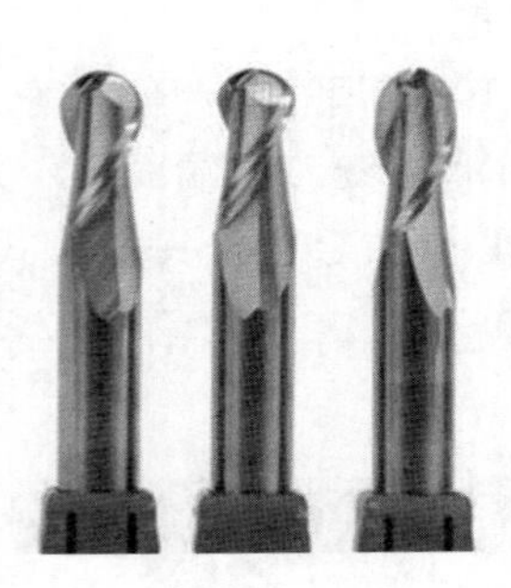

图 1.17　球头铣刀

④ 内 R 刀及倒角刀。

内 R 刀把棱角加工成 R 角（圆角），如图 1.18 所示。而倒角刀倒出来是斜角，如图 1.19 所示。两者都是成形刀的一种。

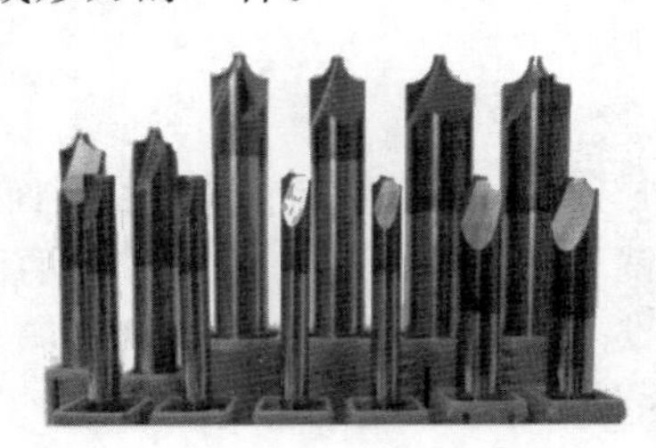

图 1.18　内 R 刀

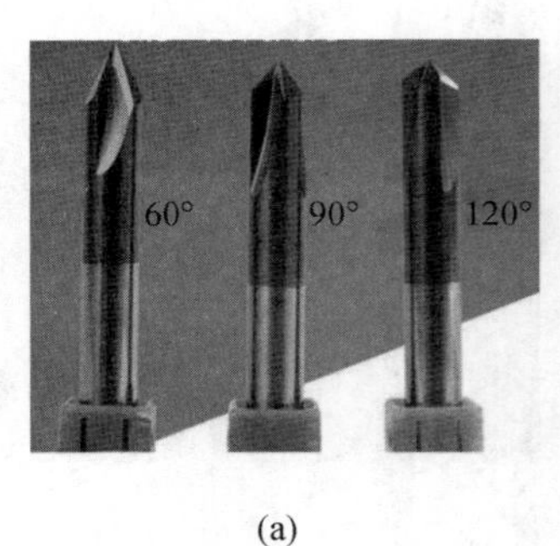

(a)

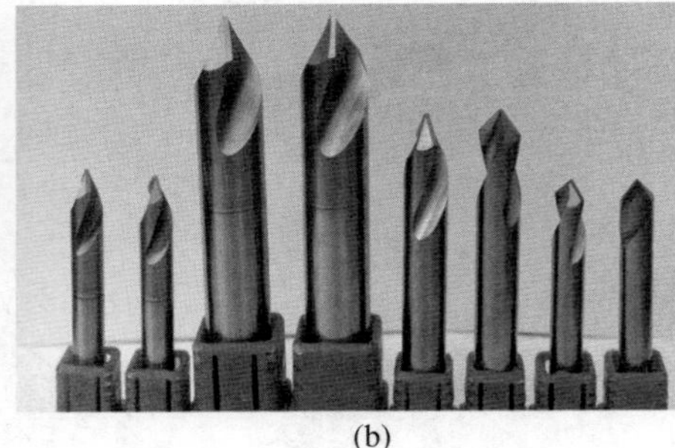

(b)

图 1.19　倒角刀

⑤ 孔加工刀具。

数控铣床可以加工各种孔的结构，所以经常要用到孔加工刀具，常用的有中心钻、麻花钻、铰刀、丝锥、镗刀等，如图 1.20 所示。

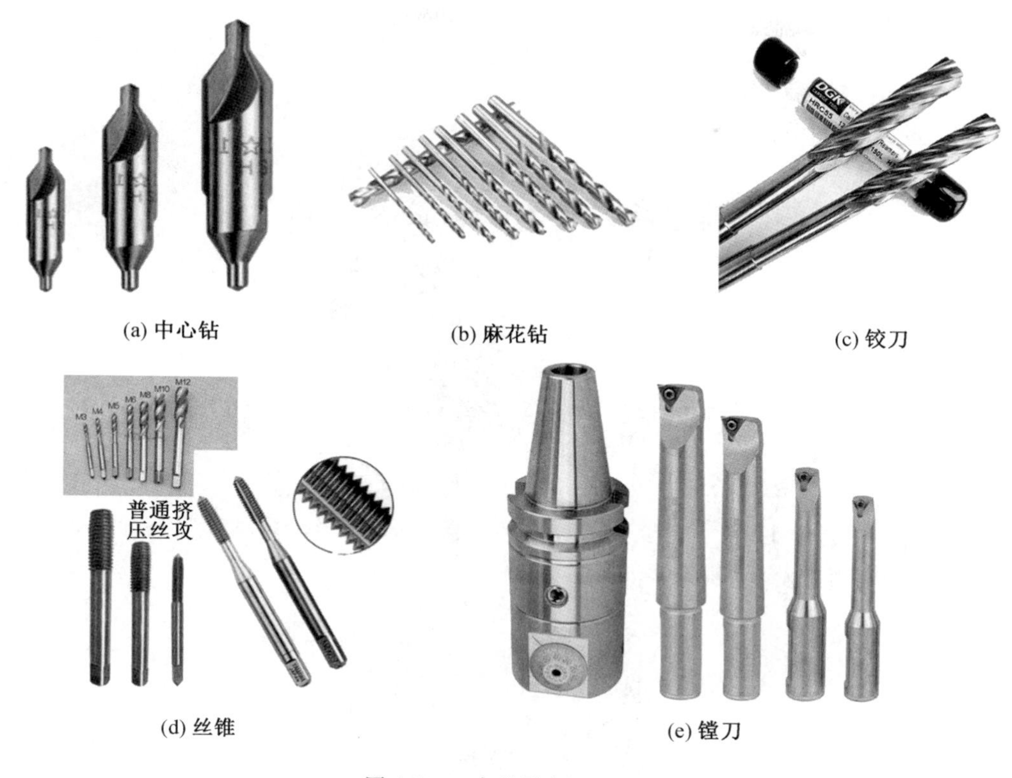

(a) 中心钻　(b) 麻花钻　(c) 铰刀

(d) 丝锥　(e) 镗刀

图 1.20　各种孔加工刀具

(2) 多轴加工刀柄。

① 刀柄的分类。

与普通加工方法相比,多轴数控加工对刀具的刚度、精度、耐用度及动平衡性能等方面要求更为严格。刀具的选择要注重工件的结构与工艺性分析,结合数控机床的加工能力、工件材料及工序内容等因素综合考虑。

数控加工常用刀柄主要分为铣刀刀柄、盘刀刀柄、钻孔刀具刀柄、镗孔刀具刀柄和螺纹刀具刀柄,如图 1.21 所示。

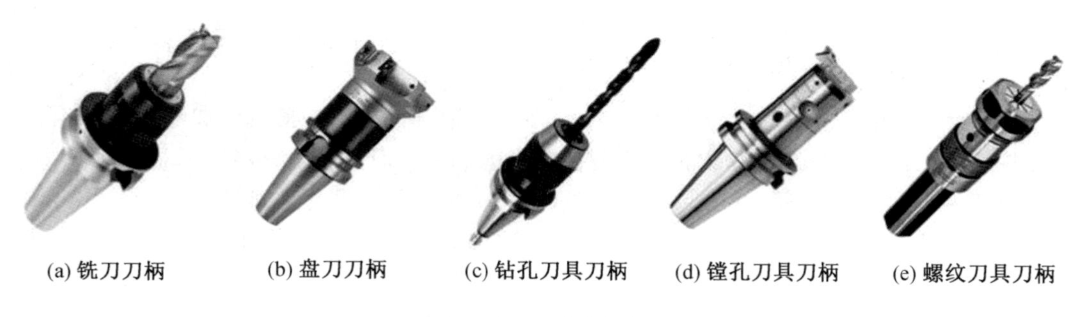

(a) 铣刀刀柄　(b) 盘刀刀柄　(c) 钻孔刀具刀柄　(d) 镗孔刀具刀柄　(e) 螺纹刀具刀柄

图 1.21　常用刀柄

近年来,多轴机床上又出现了一些特殊功能的刀柄,主要有以下类型。

A. 增速刀柄(图 1.22)。增速刀柄是对机床主轴增速器(简称增速器)的通俗称呼,其作用是增加机床的主轴转速。对于机械式增速刀柄，通过接柄(BT DIN HSK 等）直接安装在机床主轴锥孔内，通过拉钉机构拉紧，可方便地安装在各种机床主轴输出锥孔上。齿轮式增速刀柄采用陶瓷轴承时，可达8倍增速，最高转速可达42 000 r/min；气动式增速刀柄最高可达160 000 r/min。

图 1.22　增速刀柄

B. 多轴刀柄(图 1.23)。它能同时加工多个孔结构，相当于多轴加工头。多轴与增速刀柄组合使用可构成双功能的多轴增速刀柄。

图 1.23　多轴刀柄

C. 内冷却刀柄(图 1.24)。该刀柄与芯部开有冷却液通道的麻花钻或深孔钻配合使用，利用特殊的供油系统，将高压切削液喷注到切削部位，实现良好的冷却与润滑，并排出切屑。

D. 转角刀柄。这种刀柄的头部可做 30°、45°、60°、90° 等角度旋转，具有五面加工功能。安装在立式加工中心上，可使立式加工中心具有卧式加工中心的功能，可用于深型腔的底部清角作业。

E. 热缩刀柄。热缩刀柄也称为烧结刀柄、热胀刀柄等。热胀刀柄加热装置具有感应线圈，可以对刀柄中插入刀具的区域进行精确地加热，如图 1.25 所示。在插入刀具后，需要对刀柄冷却一段时间，这时可以通过冷却套加速其冷却速度。刀柄冷却以后依靠其收缩力紧紧地夹住刀具。通过热胀冷缩夹紧的刀具，夹紧力大，而且可以承受很高的扭矩。

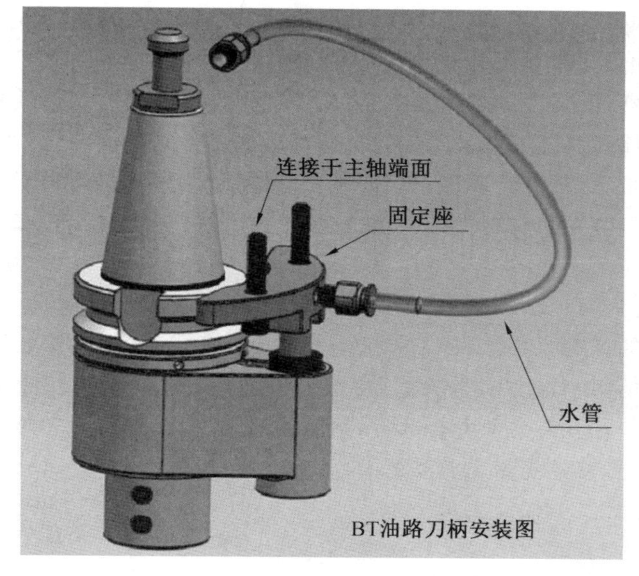

图 1.24　内冷却刀柄

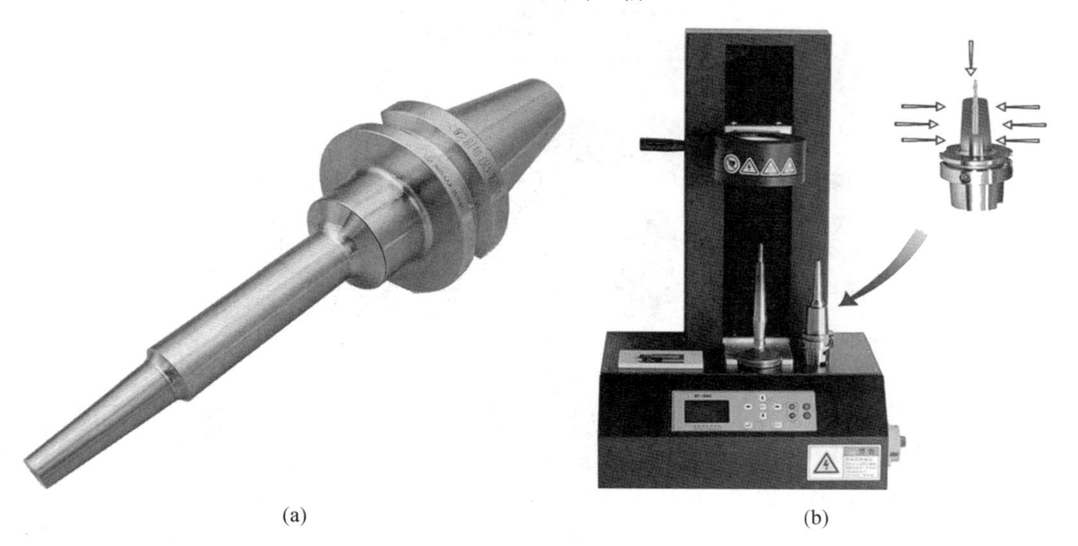

图 1.25　热缩刀柄及加热装置

② 刀柄的选择。

数控机床刀具刀柄的结构形式分为整体式与模块式两种。

A. 整体式。整体式刀柄其装夹刀具的工作部分与它在机床上安装定位用的柄部是一体的。这种刀柄对机床与零件的变换适应能力较差。为适应零件与机床的变换，用户必须储备各种规格的刀柄，因此刀柄的利用率较低。

B. 模块式。模块式刀柄系统是一种较先进的刀具系统，其每把刀柄都可通过各种系列化的模块组装而成。针对不同的加工零件和使用机床，采取不同的组装方案，可获得多种刀柄系列，从而提高刀柄的适应能力和利用率。

刀柄结构形式的选择应兼顾技术先进与经济合理，遵循以下原则。

A. 对一些长期反复使用，不需要拼装的简单刀具，以配备整体式刀柄为宜，使工具刚性好，价格便宜(如加工零件外轮廓用的立铣刀刀柄、弹簧夹头刀柄及钻夹头刀柄等)。

B. 在加工孔径、孔深经常变化的多品种、小批量零件，宜选用模块式刀柄，以取代大量整体式镗刀柄，降低加工成本。

C. 对主轴端部、换刀机械手各不相同的机床，宜选用模块式刀柄。由于各机床所用的中间模块(接杆)和工作模块(装刀模块)都可通用，可大大减少设备投资，提高工具利用率。

③ 刀柄系统。

A. 刀柄系统的结构。

数控加工刀柄系统如图 1.26 所示，可分解成柄部(主柄模块)、中间连接块(连接模块)、工作头部(工作模块)三个主要部分，然后通过各种连接结构，在保证刀杆连接精度、强度、刚性的前提下，将这三部分连成整体。

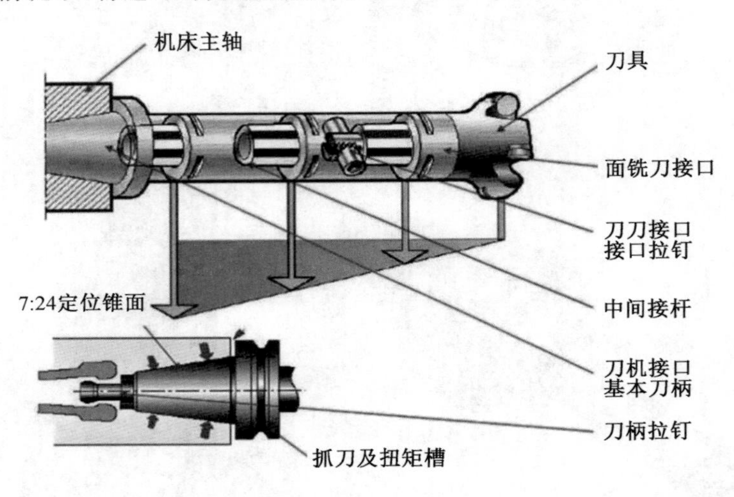

图 1.26　刀柄系统

B. 刀具的夹持。

刀具夹持方式对刀具寿命、加工精度有着重要的影响。刀柄的跳动精度好，刀具寿命可延长一倍甚至更多。而刀具寿命的增加，可以减少刀具成本。另外，好的跳动精度也意味着切削载荷是均衡地分布在切削刃上的，从而允许更高的切削速度和进给率，这就代表更高的生产效率。

刀具夹持方式根据刀柄种类可分为：弹簧夹头刀柄、强力铣夹头刀柄、侧固式刀柄、套式铣刀柄、热膨胀刀柄、中心可调式刀柄、莫氏锥柄、液压刀柄、应力锁紧式刀柄等，部分刀柄如图1.27 所示。

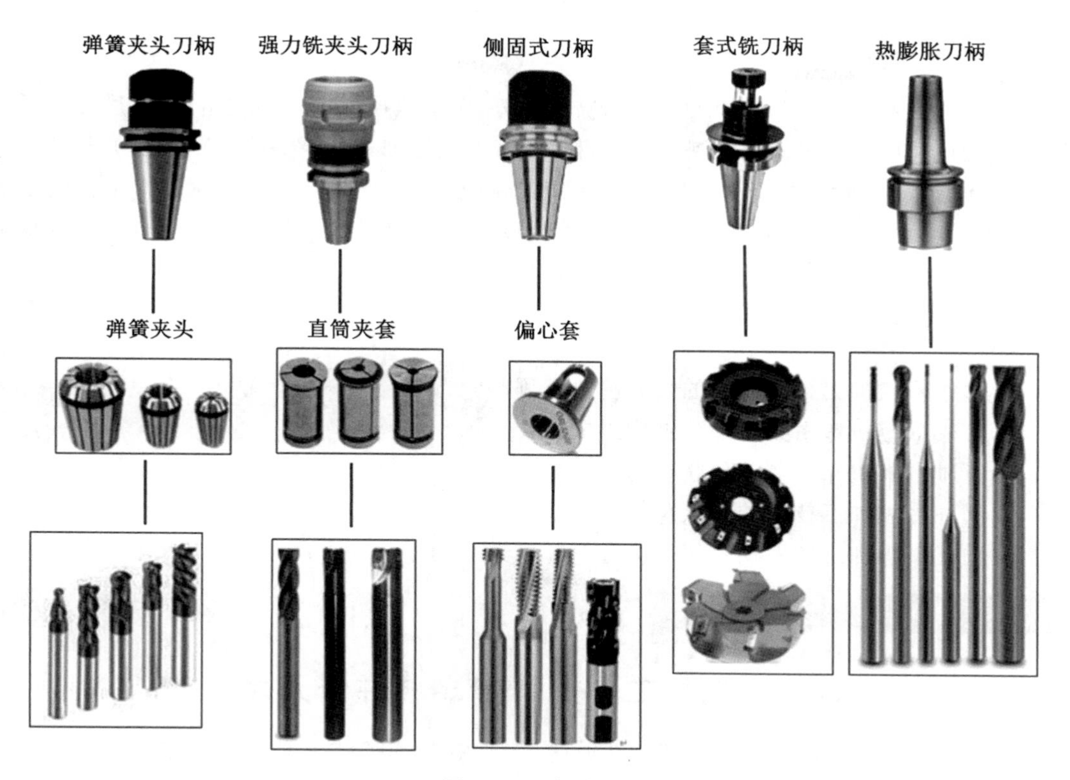

图 1.27 部分刀柄

项目评价

认识多轴加工考核评分表见表1.2。

表 1.2 认识多轴加工考核评分表

考核类别	考核内容	评价(0～10分)			
		差	一般	良好	优秀
		0～3	4～6	7～8	9～10
技能评价	能说出多轴数控机床的发展趋势				
	能说出多轴数控机床的结构组成				
	能说出不同的多轴机床的坐标轴的布置形式				
	能掌握刀具、刀柄的种类及使用场合				
职业素养	协作精神、执行能力、文明礼貌				
	遵守纪律、沟通能力、学习能力				
	创新性思维和行动				
总计					
考核者签名：					

项目小结

本项目首先介绍了多轴加工技术的发展趋势，多轴数控机床的结构组成；然后介绍了三轴、四轴、五轴及车铣复合数控机床各自的特点及适合加工的产品；最后介绍了多轴加工的刀具及刀柄，使读者实际加工时可正确地选择和使用刀具及刀柄。通过本项目的学习，读者可掌握多轴数控机床的相关理论基础知识，为后面使用NX软件进行数控编程奠定理论基础。

拓展训练

1. 多轴数控加工技术未来的发展趋势有哪些？
2. 多轴数控机床由哪几部分结构组成？
3. 五轴数控机床有哪几种联动的结构形式？
4. 简述多轴加工技术的特点及优势。
5. 简述多轴加工的刀柄及使用场合。

思政园地

领略多轴加工之美 培育德技并修人才

多轴加工之美

随着中国制造业的快速发展和产业升级，多轴数控加工技术必将成为未来加工的主流技术之一。下面我们一起来体验多轴加工之“美”。

1. 科技之美

精彩的多轴加工处处体现着机械与细节的完美结合，炫酷的五轴没有哪里是不能转动的，也没有哪里是加工不到的，无不让人赞叹多轴加工的科技之美！

2. 产品之美

多轴加工技术广泛应用于航空航天、汽车制造、医疗设备、模具制造等领域。多轴加工技术不仅可实现各种复杂零件的加工，而且使产品的设计美感、工艺品质和精湛的多轴加工技术完美地呈现出来，正如我们看到的一些鲜活生动的艺术品。

3. 效率之美

高效率主要体现在以下三个方面。

① 减少装夹次数，缩短生产周期。多轴数控加工可将数控铣、数控镗、数控钻等功能组合在一起。工件在一次装夹后，可以对加工面进行铣、镗、钻等多工序加工，这种高效率多功能的联动有效地避免了由于多次安装造成的定位误差及工序间的等待，缩短了生产周期，提高了加工精度。

② 充分利用刀具，提高生产效率。多轴加工时，可使用大直径面铣刀及应用宽行加

工的方法提高切削效率，还可改善刀具与工件的接触点以提升速度，提高生产效率。

③ 高转速，快进给，强运算。多轴的高效率还体现在高转速（最高可达200 000 r/min）及快进给率（最快可达240 m/min），同时为了匹配高速运转的性能，多轴数控系统的运算速度也相应地得到了极大的提高。

4. 就业之美

随着多轴数控加工技术作为一项现代制造业的核心技能，掌握这门技术对于高职学生的就业至关重要，具体体现在以下几方面。

① 提升就业竞争力。随着制造业对高精度、高效率的加工需求增加，掌握多轴加工技术能够胜任更复杂、更精密的制造任务，具备更强的竞争力。

② 适应产业升级需求。随着制造业向数字化和智能化转型，多轴数控加工技术成为产业升级的必要技能。掌握这项技术能够适应现代制造业的发展需要，更好地为企业服务。

③ 丰富就业选择。掌握多轴数控加工技术可以选择广泛的就业领域，如航空航天、汽车制造、电子设备、模具生产等，为自己创造更多的就业机会。

④ 提高薪资水平。多轴数控加工技术属于高技能领域，相对于传统加工技术，掌握多轴加工技术往往能够获得更高的薪资水平和良好的职业发展前景。

⑤ 技术升级与发展。学习多轴数控加工技术能培养学生对技术的热情和创新精神，促使他们不断学习、适应技术的更新和行业的发展，为拥有更大的发展空间奠定基础。

5. 精神引领

① 通过学习多轴加工技术的历史及现状，了解多轴加工在长期技术封锁中艰难前行的过程，激励我们树爱国之情，立强国之志。

② 学习多轴加工，接触新技术、新工艺，培养执着专注、锐意创新、追求卓越的精神。

③ 多轴加工是理实一体的课程，在学习过程始终厚植精益求精的工匠精神和培养吃苦耐劳的劳模精神，落实立德树人的根本任务，立志培育高素质技术技能人才。

多轴加工技术将让你感受到内化于心、外化于行、魅力于人的境界，实现德技并修，品味美好人生。

模块 2　三轴铣削加工技术

模块简介

三轴加工是多轴加工的基础，如下图所示。该模块里的三个项目都是以企业真实生产零件为例，讲述以 NX 软件为基础的三轴铣削数控编程步骤与仿真加工方法，详细介绍带边界面铣、平面铣、型腔铣、固定轴曲面轮廓铣和孔加工等方式的适用范围，创建过程，参数设置，操作技巧等内容，读者通过本模块的学习，能掌握各种三轴零件的铣削编程及仿真加工技术。

知识目标

(1) 掌握面铣、平面铣参数相关知识。

(2) 掌握钻孔指令的使用。

(3) 掌握型腔铣参数。

(4) 掌握深度轮廓铣、固定轮廓铣及区域轮廓铣的 3D 加工参数。

技能目标

(1) 掌握 NX CAM 的基本操作流程。

(2) 掌握几何体、刀具、工序等的创建方法。

(3) 掌握平面铣削及孔加工的创建方法。

(4) 掌握曲面加工的创建方法。

思政目标

（1）培养严谨、求实、细致、认真、负责的工程素养和科学精神。
（2）培养多角度思考和知识迁移的能力，树立追求卓越、精益求精的工匠精神。
（3）将环保理念贯穿始终，培养绿色循环可持续发展的理念。
（4）牢固树立安全意识，增强安全防控能力。

学习导航

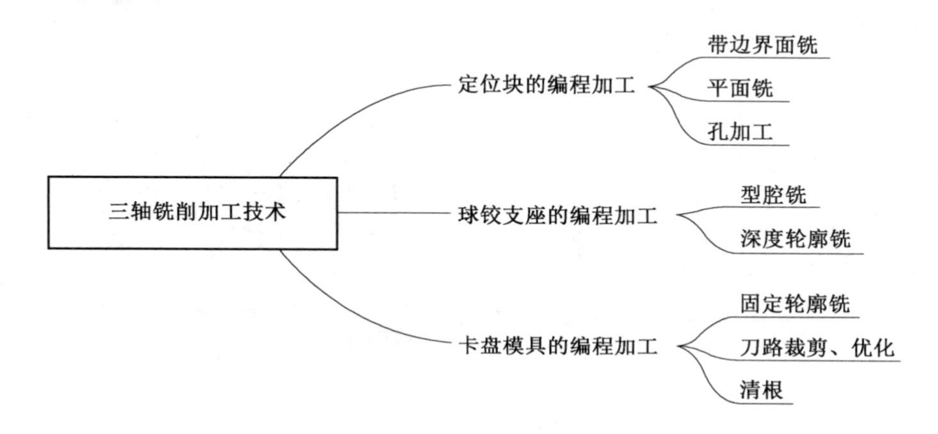

项目2　定位块的编程加工

项目描述

该项目是某企业生产的用于安装在机器上的一个定位块零件，如图2.1所示。该产品的毛坯尺寸为120 mm×120 mm×21 mm，材料为铝合金6061，要求根据定位块零件的要求，制订合理的加工工艺，编制加工程序，完成定位块的加工。

项目分析：这种板块类零件是机械产品中常见的一种结构。该零件在三轴铣削的二维加工中非常具有代表性，零件上有平面、外形轮廓、型腔、岛屿及连接孔等结构特征。在编程中要用到带边界面铣削、平面铣、孔加工等操作。在编程与加工过程中要特别注意尺寸精度控制，尤其是标注有公差的尺寸。

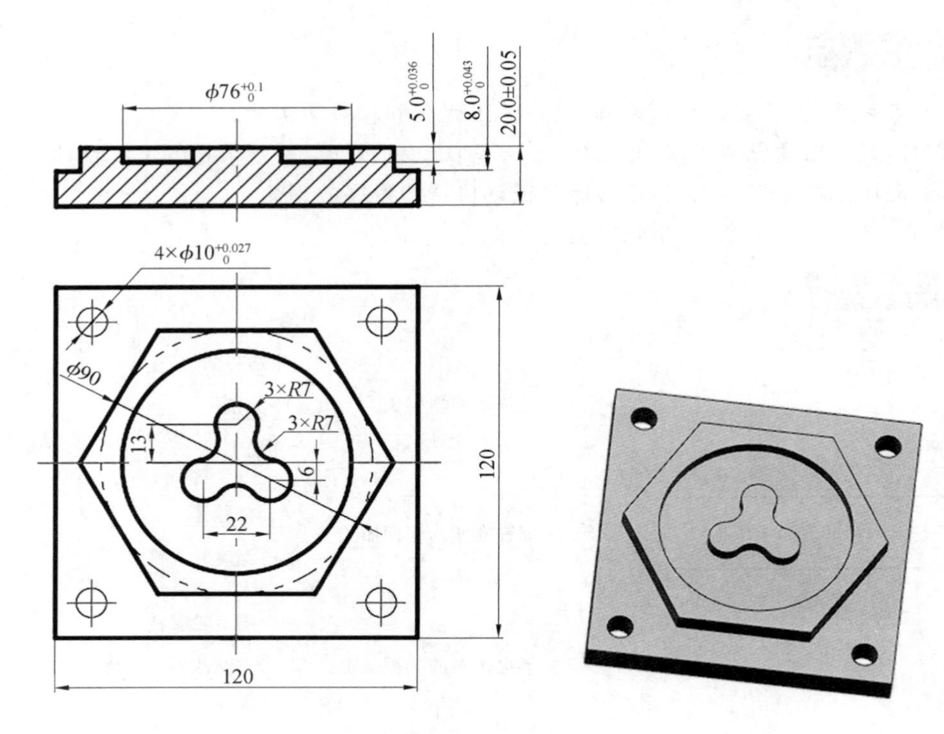

图 2.1　定位块

课前导学

单项选择题，请把正确的答案填在括号中。

1.（　　）适用于零件表面或者底面的粗、精加工，通过定义部件边界移除垂直于固定刀轴的切削层中的材料，不能加工与底面不垂直的部位。

A. 固定轮廓铣　　B. 可变轮廓铣　　C. 型腔铣　　D. 平面铣

2. 刀路过切检查的作用是（　　）。

A. 在生成零件的加工路径后，验证刀路的正确性，避免出现刀具过切问题，同时检查刀具刀柄等是否有干涉，更好地保证加工的安全和质量

B. 将零件安装在机床上进行零件的仿真加工过程

C. 对刀轨进行延伸、修剪、移动和反向等多种编辑

D. 将刀具路径生成为适合的机床代码

3.【刀轨可视化】对话框选项可以指定刀具的显示形式为（　　）。

A. 线框显示　　B. 点显示　　C. 轴显示　　D. 以上都有

4. 跟随周边切削模式的刀具特点是（　　）。

A. 刀路在工件外部进刀，刀路之间的距离相等，进退刀次数较多，适用范围广

B. 刀路在工件内部进刀，刀路轨迹整齐，刀路之间的距离不相等，有欠加工的情况，适用范围广

C. 能保证加工过程中维持单纯的顺铣或逆铣，每次走刀完成后抬刀，并快速返回至

下一切削起点，适用于较简单结构的精加工

D. 不用抬刀，提高了效率，可顺铣和逆铣交替并存，会影响加工零件的表面质量，适用于较简单结构的粗加工和半精加工

5. 设置刀具从一个切削加工区域到达另一个加工区域的非移动速度是(　　)进给运动。

A. 逼近　　B. 退刀　　C. 移刀　　D. 切削

6. 封闭区域宜采用哪种进刀方式？(　　)

A. 线性进刀切入　　B. 圆弧进刀切入

C. 摆线进刀切入　　D. 螺旋进刀切入

7. 使用NX系统自动编程的NC操作步骤包括创建几何体、创建程序、创建刀具、创建(　　)等。

A. 加工方法　　B. 加工视图　　C. 加工环境　　D. 加工状态

8. 带边界面铣削属于(　　)工序类型。

A. mill_palnar　　B. mil_rotary

C. hole_making　　D. mill_contour

9. 平面铣中，(　　)不可以用来定义部件边界。

A. 点　　B. 曲线　　C. 曲面　　D. 面

10. 钻孔时，可以用(　　)定义孔的深度。

A. 刀尖深度　　B. 刀肩深度　　C. 模型深度　　D. 都可以

项目2课前导学参考答案

知识链接

1. 带边界面铣

带边界面铣简称面铣，面铣是平面铣的特例，可直接选择表面来指定要加工的几何表面，也可通过选择存在的曲线、边缘或制定一系列有序点来定义几何表面，主要是对垂直于平面边界定义区域内的固定刀轴进行切削。

面铣切削参数

面铣主要是用于平面或底面的粗、精加工。【面铣】对话框如图2.2所示，面铣参数的基本设置项如下。

(1) 创建几何体。

创建几何体主要是定义要加工的几何对象，包括部件几何体、毛坯几何体、切削区域几何体、检查几何体、修剪几何体和指定零件几何体在数控机床上的机床坐标系(MCS)，【新建几何体】对话框如图2.3所示。

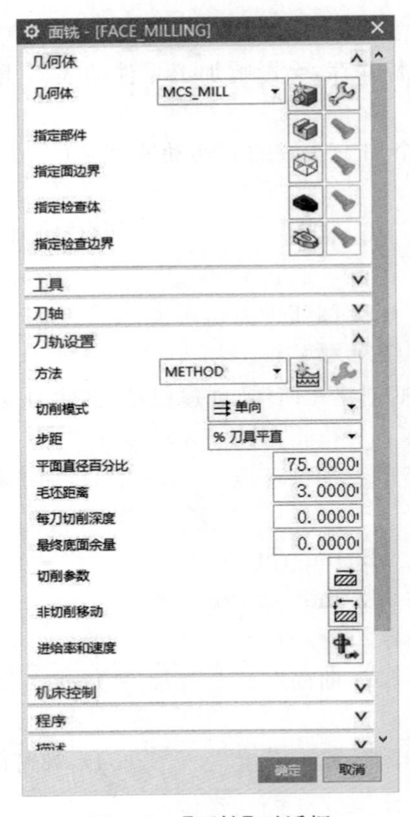

图 2.2 【面铣】对话框

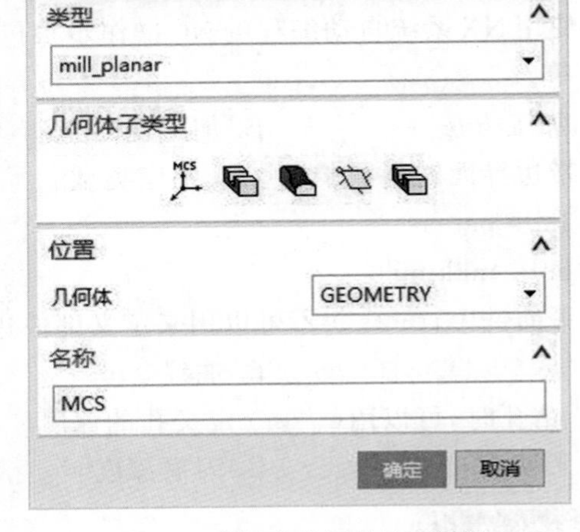

图 2.3 【新建几何体】对话框

注意:几何体可以在创建工序之前定义,也可以在创建工序过程中指定,其区别是提前定义的加工几何体可以为多个工序使用,而在创建过程中指定的加工几何体只能为该工序使用。

几何体创建一般步骤如图 2.4 所示。

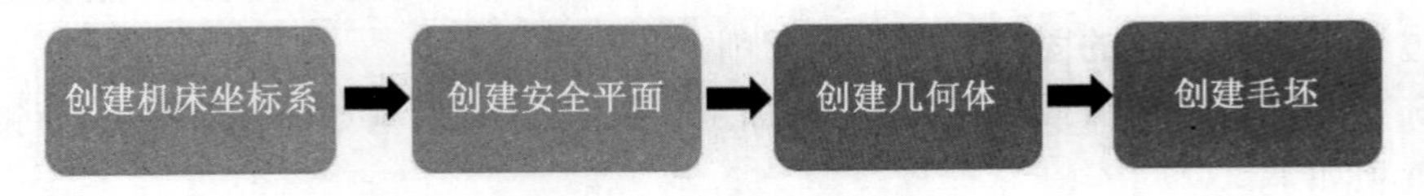

图 2.4 几何体创建步骤

(2) 指定部件。选择需要加工的部件。

(3) 指定面边界。单击“指定面边界”图标按钮,打开【毛坯边界】对话框,如图 2.5 所示,面边界的定义有面、曲线和点三种模式。

(4) 选择切削模式,确定走刀步距、毛坯距离和每刀的切削深度。

2. 平面铣

平面铣是一种常用的操作类型,用来加工直壁平底的零件,可用于平面轮廓、平面区域或平面岛屿的粗加工和精加工,它平行于零件底面进行多层铣削。在加工过程中,首先进行水平方向的 XY 两轴联动,完成一层加工后再进行 Z 轴下切进入下一层,逐层完成零

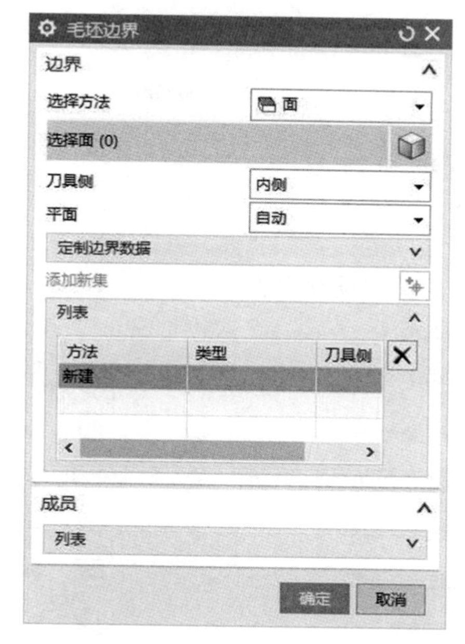

图 2.5 【毛坯边界】对话框

件加工，通过设置不同的切削方法，平面铣可以完成挖槽或者轮廓外形的加工，其对话框如图 2.6 所示。

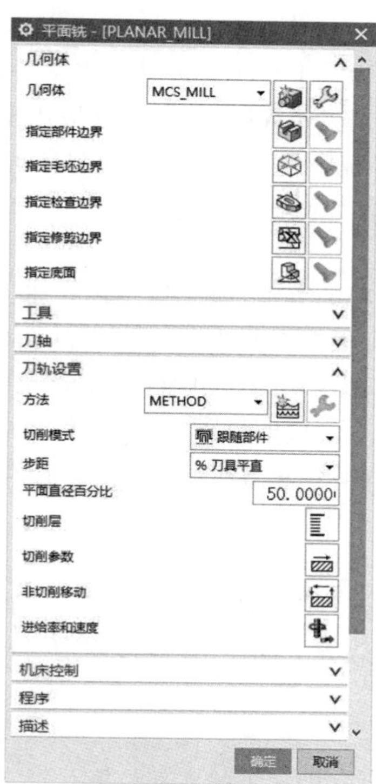

图 2.6 【平面铣】对话框

注意:平面铣仅能加工平面直壁的零件,移除垂直于固定刀轴的平面切削层中的材料,对于有斜度的零件则不能加工。

平面铣的选项参数如下。

(1) 几何体。

定义方式与面铣相同。

(2) 加工范围。

加工范围包括如图 2.7 所示的设置内容。

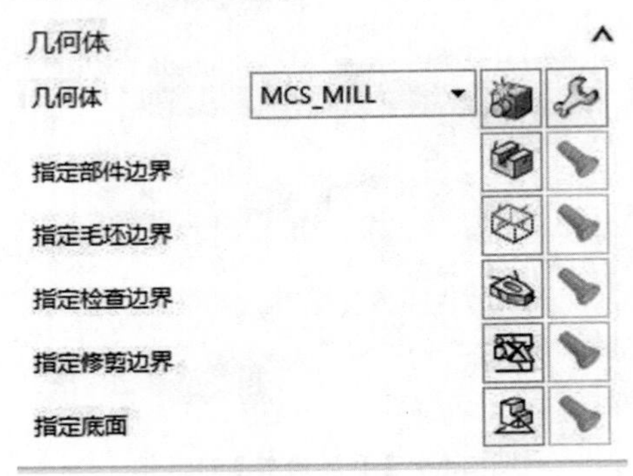

图 2.7　加工范围设置

① 指定部件边界。

部件边界是指被加工零件的加工位置,即指定要保留的位置。可以通过选择面、曲线和点来定义部件边界。面是作为一个封闭的边界来定义的,其材料侧可选择内部保留或外部保留。当用曲线和点定义部件边界时,边界可以是开放的,也可以是封闭的。当边界开放时,材料侧为左侧保留或右侧保留;当边界为封闭时,材料侧为内部保留或外部保留。

② 指定毛坯边界。

毛坯边界用于定义切削材料的范围,即控制刀轨的加工范围。定义方式与部件边界相似,但边界只能是封闭的。可根据需要选择定义或不定义。

③ 指定检查边界。

检查边界用于定义刀具需要避让的位置,即指定要避让的范围。比如压铁、虎钳等,定义方式与部件边界相似,边界必须是封闭的。如果工件安装时没有夹具,检查边界可以不定义。

④ 指定修剪边界。

修剪边界用于修剪刀位轨迹,减少加工范围,去除修剪边界内侧或外侧的刀轨,必须是封闭边界。修剪边界和部件边界一同使用时,可以进一步地控制加工刀轨的范围。修剪边界可以不定义。

⑤ 指定底面。

底面用于定义最深的切削面,即加工的底部位置。指定底面只用于平面铣操作,而且必须被定义,如果没有定义底面,平面铣将无法计算切削深度,因为平面铣是通过指定底面来计算切削深度值的。

(3) 切削模式。

① 跟随部件。

跟随部件也称沿零件切削,是沿着部件轮廓进行偏置来产生的刀轨,如图 2.8 所示。它认为内外边界都是部件,按照内外边界做等距偏置,交叉处进行修剪。步进的行进方向为朝向部件,即朝向内外边界行进。这一点很重要,即下刀点总是位于离内外边界最远的位置,所以是非常安全的。通常在粗加工中最常用。

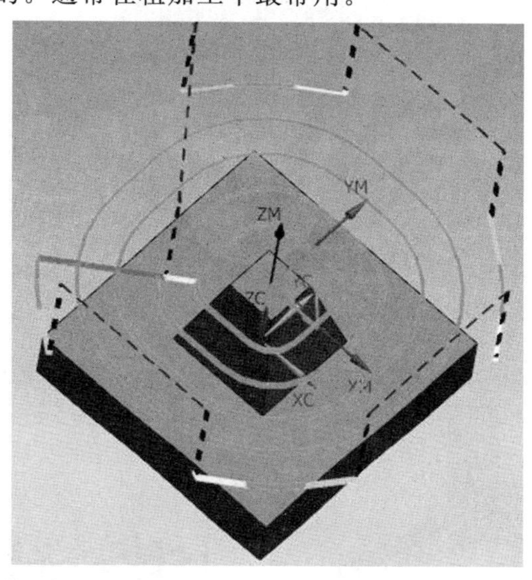

图 2.8　跟随部件

② 跟随周边。

跟随周边指的是零件、毛坯或修剪边界中最外侧的边界。计算方法是按照最外侧的边界向内做等距偏置,如图 2.9 所示。步进的行进方向分“向内”和“向外”,一般开放的区域选择由外向内,封闭的区域选择由内向外。跟随周边一般是用在比较规则的地方,适合凹形零件,刀路比较规整,但空刀会比较多,有时还会产生漏加工,在选用该种切削模式时要特别注意查看有没有漏加工的地方。

③ 轮廓。

沿部件侧壁或外形轮廓切削,由刀具侧创建精加工刀路,刀具跟随边界方向如图 2.10 所示。轮廓铣通常用于零件侧壁或者外形轮廓的半精加工或精加工,具体应用在有内壁和外形的加工、拐角的补加工和陡壁的分层加工等。

④ 单向。

单向刀路始终沿一个方向切削。刀具在每个切削结束处退刀,然后移动到下一切削刀路的起始位置,保持顺铣或逆铣,如图 2.11 所示。采用单向的走刀模式,可以让刀具沿最有利的走刀方向加工(顺序或逆铣),可获得较好的表面加工质量,但需反复抬刀,横越,空行程较多,切削效率低,通常用于表面的精加工和表面有特殊纹路要求以及不适宜“往复”切削的场合。

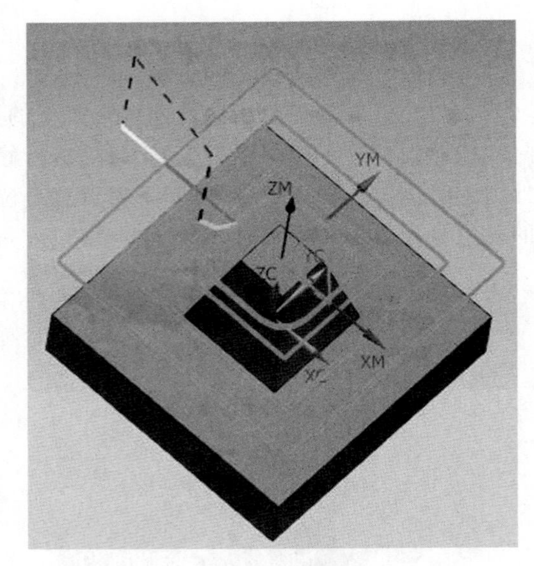

图 2.9　跟随周边

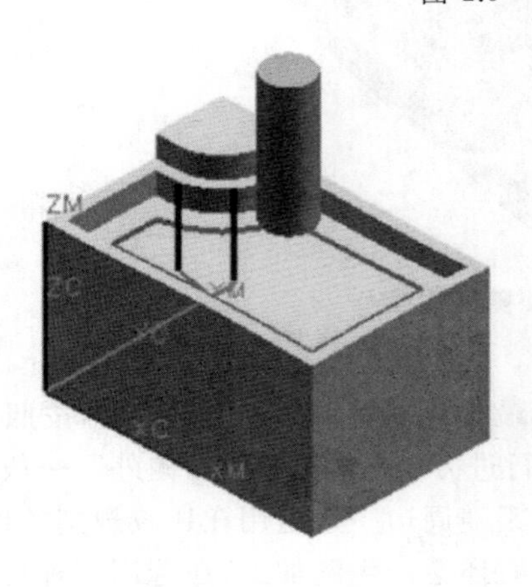

图 2.10　轮廓

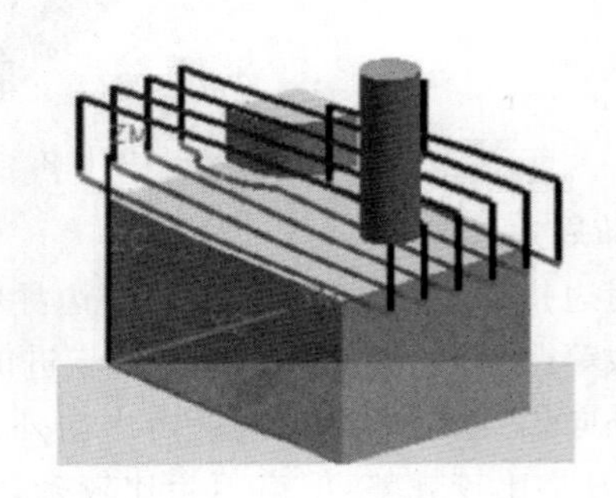

图 2.11　单向

⑤ 往复。

往复切削产生的刀轨为一系列的平行直线，刀具轨迹直观明了，没有抬刀，允许刀具在步距运动期间保持连续的进给运动，如图 2.12 所示，能较快地对材料进行切除，是最经济和节省时间的切削运动。往复切削相邻刀具轨迹切削方向彼此相反，其结果是交替出现一系列的顺铣和逆铣，引起切削力方向的不断变化，影响工件表面的加工质量，因此通常用于粗加工且一般用于加工平面零件。

⑥ 单向轮廓。

单向轮廓以一个方向的切削进行加工，沿线性的前后边界添加轮廓加工移动。在刀路结束的地方，刀具退刀并在下一切削的轮廓加工移动开始的地方重新进刀，保持顺铣或逆铣。其与单向模式相比主要是在轮廓周边存在沿轮廓的刀轨，如图 2.13 所示。单向轮廓通常用于粗加工后要求余量均匀的零件加工(如薄壁零件的加工)。

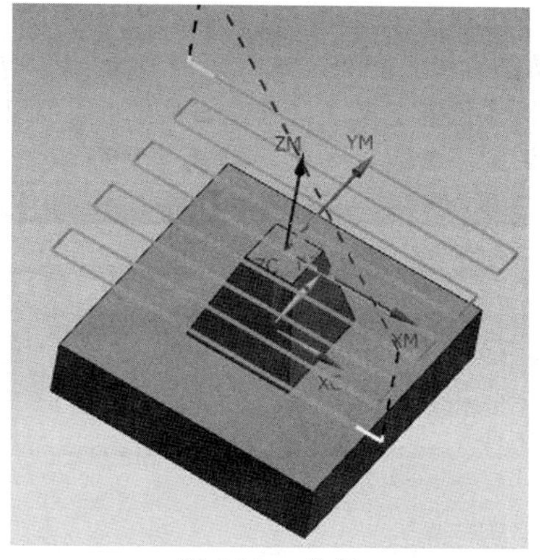

图 2.12 往复

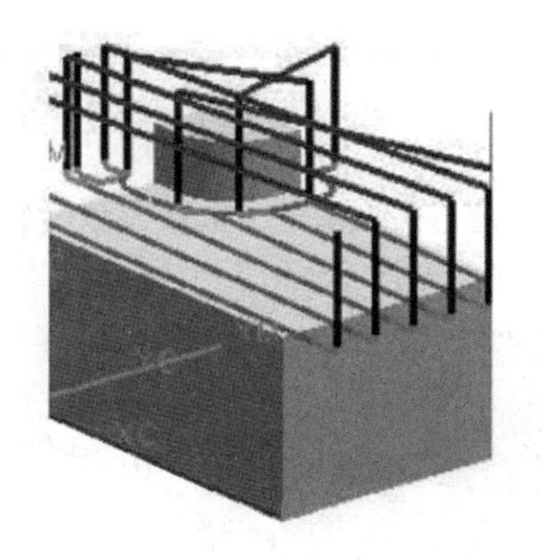

图 2.13 单向轮廓

⑦ 摆线。

摆线切削是一种采用回环控制嵌入的刀具的切削模式，如图 2.14 所示。当需要限制过大的步距以防止刀具在完全嵌入切口时折断，且需要避免过量切削材料时，需使用此功能。摆线方式适用于高速加工，可以减少刀具的负荷。

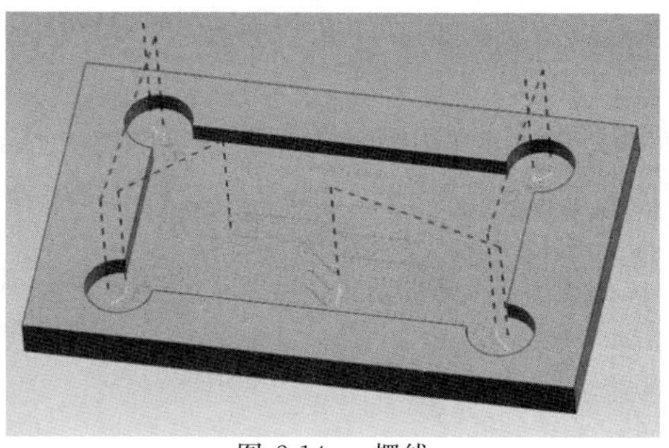

图 2.14 摆线

(4) 切削层。

切削层决定了切削操作的深度范围。如图 2.15 所示,切削层定义有以下五种方式,可以由岛顶部、底平面和输入值来定义。只有在刀具轴与底面垂直或者部件边界与底面平行的情况下,才会应用切削层参数。

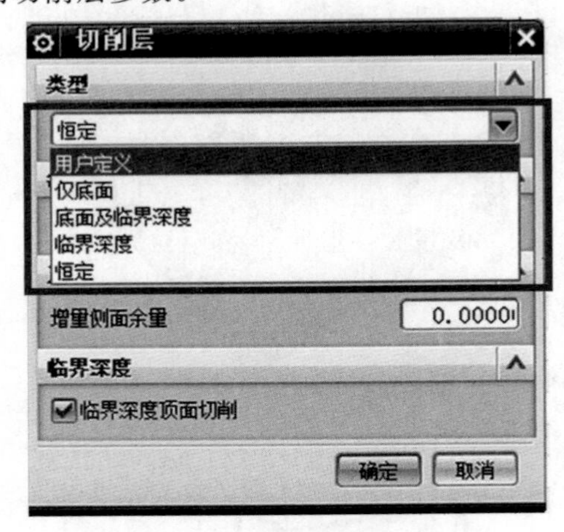

图 2.15 【切削层】对话框

① 恒定。

每层的切削深度为相同的定值。只设定一个最大深度值,除最后一层可能小于最大深度值外,其余层都等于最大深度值,如图 2.16 所示,这种方式用得最多。

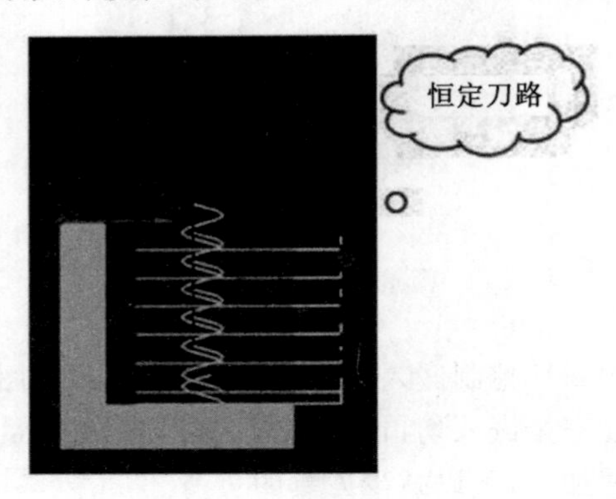

图 2.16 "恒定"示意图

② 用户定义。

每层的切削深度可为不同的定值。用户自定义切削深度,对话框下部的所有参数选项均被激活,可在对应的文本框中输入数值。除初始层和最终层外,其余各层在最大和最小切削深度之间取值,如图 2.17 所示。

③ 仅底面。

只在底面创建一个唯一的切削层。

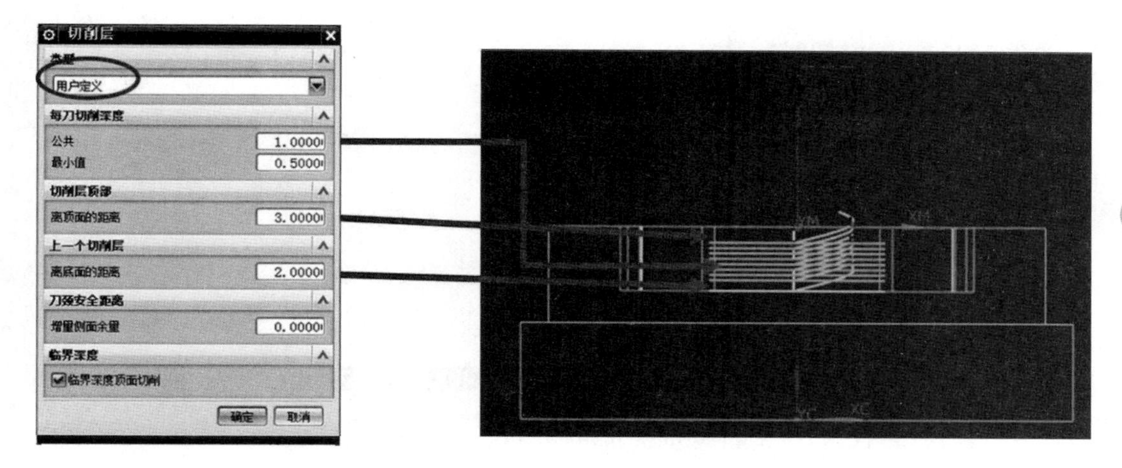

图 2.17 “用户定义”示意图

④ 底面及临界深度。

在底面和岛的顶面创建切削层，岛屿顶面的切削层不会超出定义的岛屿边界，如图 2.18 所示。

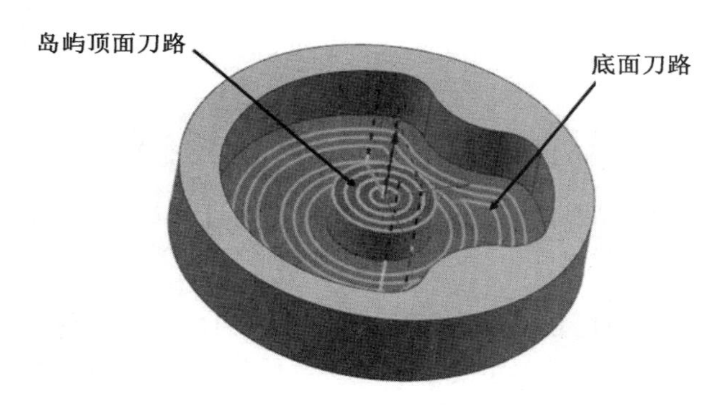

图 2.18 “底面及临界深度”示意图

⑤ 临界深度。

切削层的位置在岛屿的顶面和底平面上，刀具在整个毛坯断面内切削。

(5) 非切削移动。

非切削移动包括进刀运动、退刀运动、刀具接近运动、离开运动和移动等，在 NX 软件中提供了非常完善的进刀和退刀的控制方法，针对封闭的区域提供了螺旋线进刀、沿形状斜进刀和插削进刀等方法；针对开放区域提供了线性、圆弧等常用进刀方法。退刀方法可以与进刀方法相同，如图 2.19 所示。

非切削参数

适合封闭区域的进刀类型有螺旋线进刀、沿形状斜进刀和插削进刀，适合开放区域的进刀类型有线性进刀和圆弧进刀。

① 螺旋线进刀。

螺旋线进刀方式能够在比较狭小的槽腔内进行进刀，进刀占用的空间不大，并且进刀的效果比较好，适合粗加工和精加工。螺旋线进刀主要由六个参数控制，包括直径、斜坡角、高度、高度起点、最小安全距离、最小斜面长度，如图 2.20 所示。

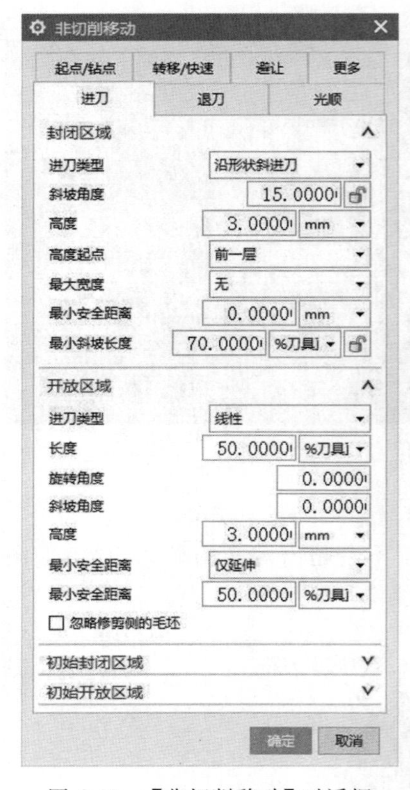

图 2.19 【非切削移动】对话框

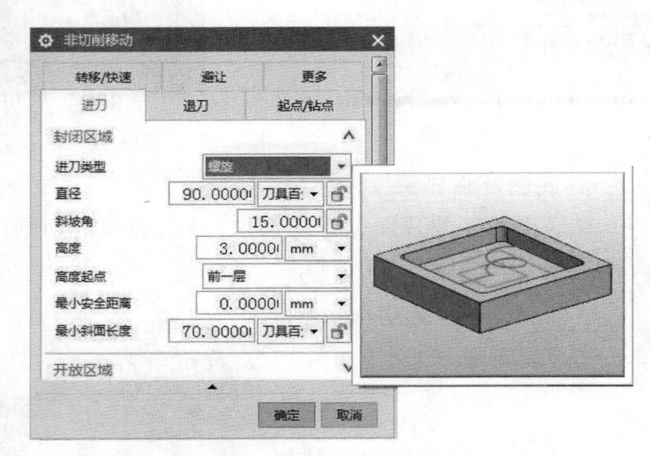

图 2.20 【螺旋线进刀】对话框

② 沿形状斜进刀。

当零件沿某个切削方向比较长时,可以采用斜线进刀的方式控制进刀,这种进刀方式比较适合粗铣加工。沿形状斜进刀主要由六个参数控制,包括斜坡角、高度、高度起点、最大宽度、最小安全距离、最小倾斜长度,如图 2.21 所示。

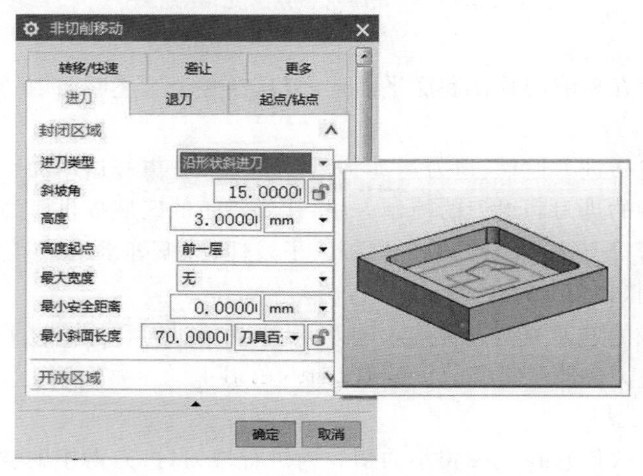

图 2.21 【沿形状斜进刀】对话框

③ 插削进刀。

当零件封闭区域面积较小，不能使用螺旋线进刀和沿形状斜进刀时，可以采用插削进刀的方式，这种进刀方式需要严格控制进刀的进给速度，否则容易使刀具折断。插削进刀主要由高度参数来控制插削的深度，如图 2.22 所示。

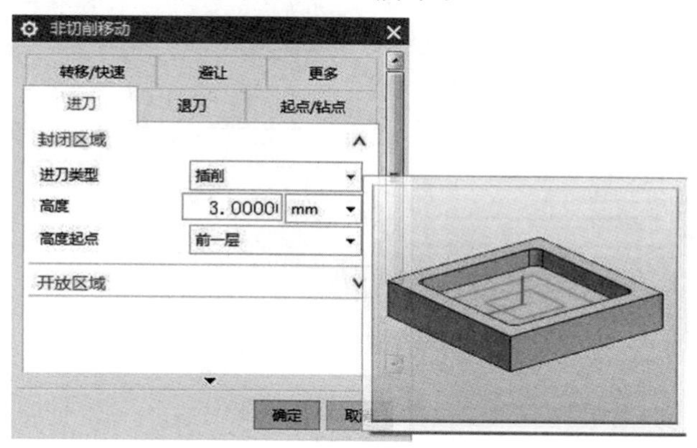

图 2.22 【插削进刀】对话框

④ 线性进刀。

对于开放区域的进刀运动，线性进刀方法由五个参数控制，包括长度、旋转角度、斜坡角、高度和最小安全距离，如图 2.23 所示。

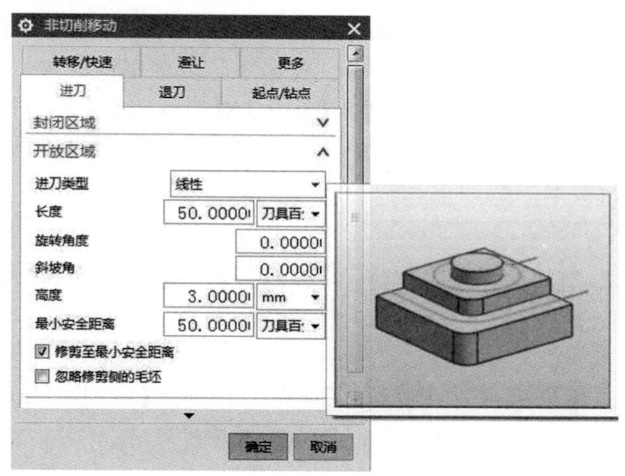

图 2.23 【线性进刀】对话框

⑤ 圆弧进刀。

对于开放区域的进刀运动，圆弧进刀方法可以创建一个圆弧的运动并与零件加工的切削起点相切，圆弧进刀方法由四个参数控制，包括半径、圆弧角度、高度和最小安全距离，如图 2.24 所示。

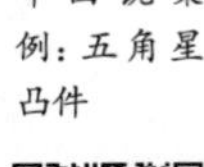
平面铣案例：五角星凸件

平面铣案例：带岛屿零件

图 2.24 【圆弧进刀】对话框

3. 孔加工

孔加工指刀具先快速移动到指定的加工位置上，再以切削进给速度加工到指定的深度，最后以退刀速度退回的一种通过选择点和设定不同的固定循环动作控制刀具运动的加工类型。NX 孔加工能编制出数控机床(铣床或加工中心)上各种类型的孔程序，如中心孔、通孔、盲孔、沉孔、深孔等，其加工方式可以是锪孔、钻孔、铰孔、镗孔、攻丝等。

钻孔指令

盲孔及通孔加工

钻加工的特点：选择点作为加工几何体即可，使用简单，计算速度快。提供多种固定循环模式，可以方便地实现钻孔、扩孔、铰孔、攻螺纹等多种不同的加工目的。【创建工序】对话框如图 2.25(a) 所示，按【确定】后进入【钻孔】对话框，如图2.25(b) 所示。

注意：如果软件中没有 drill 这个模块，请到安装目录下找到 UG 编程模板，设置显示该模块。钻孔加工的基本参数如下。

(1) 几何体。

钻孔对话框的“几何体”的创建包括“指定孔”“指定顶面”和“指定底面”选项，如图 2.26 所示。

(2) 指定孔。

选择“指定孔”图标按钮时，则打开了如图 2.27 所示【点到点几何体】对话框。该对话框中列出了选择新的点和编辑已指定点的多个选项。

① 选择。

用于选择实体或曲面中的孔、点、圆弧和椭圆。所选择的几何对象将成为加工对象，系统默认这些几何对象的中心为加工位置点。

选择的方法有两种：一是直接在模型中指定；二是通过在【点位选择】对话框的【名称】文本框中输入特征的名称来选择，尤其当模型较复杂或难以直接选中时更为方便。

② 附加。

用于在已经选择部分孔位后添加新的孔位。如果先前没有选择任何特征作为加工对象而直接选择此项，则系统会弹出“没有选择添加的点 — 选新点” 消息对话框。

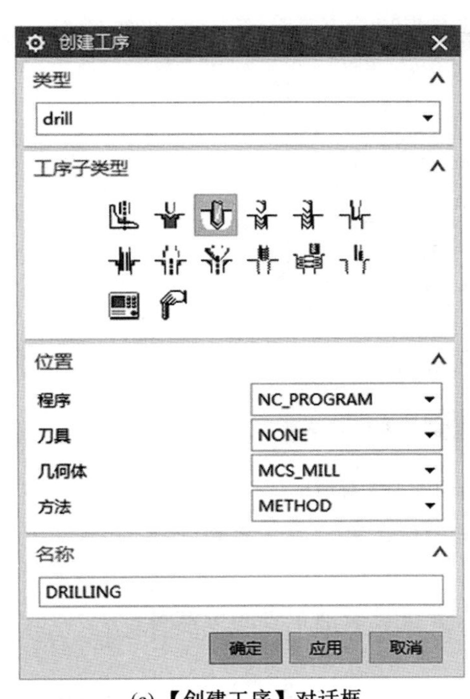

(a)【创建工序】对话框

(b)【钻孔】对话框

图 2.25　孔加工模块对话框

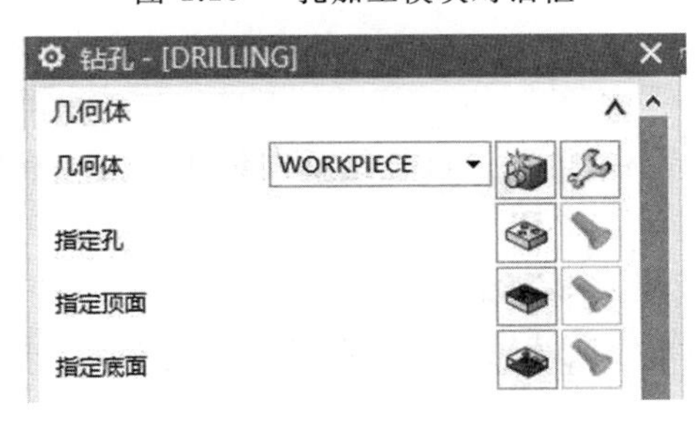

图 2.26　“几何体”选项

③ 省略。

用于省略先前选定的加工位置，被省略的几何将不再作为加工对象。如果先前没有选择任何几何作为加工对象而直接选择此项，则系统会弹出“没有要省略的点”消息对话框。

④ 优化。

利用此选项，系统将根据用户的设定计算各孔的加工顺序，自动生成最短的刀轨，缩短加工的时间。优化后，为了关联夹具方位、工作台范围和机床行程等约束，选定的所有加工位置点可能会处于同一水平平面或竖直平面内。 这时，先前设置的避让参数已经不

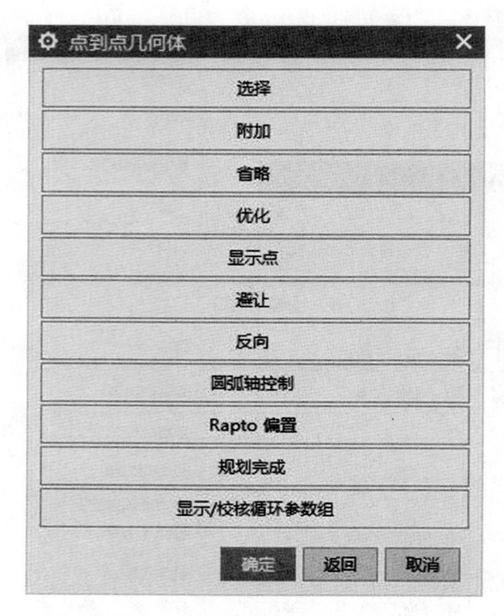

图 2.27 【点到点几何体】对话框

起作用，因此优化刀具路径时，一般是先优化，然后再设定避让参数。

⑤ 显示点。

用于显示已选择加工对象的加工点位置，并且显示加工点的顺序号。

⑥ 避让。

用于设定孔加工时刀具避让的动作，即避开夹具、工作台或其他障碍的距离。需要设定避让的开始点、结束点和安全距离三个选项。如果在优化刀具路径前设置了避让参数，则需要再次设定。

⑦ 反向。

在完成刀具避让的设置后，可通过该按钮反向编排加工点顺序，但刀具的避让参数仍会保留。

⑧ 圆弧轴控制。

该按钮可以显示并翻转先前选定的弧线和片体的轴线，可用于确定刀具方向。

⑨Rapto 偏置。

用于设置刀具的快速移动位置偏置距离，可以为每个选定的对象设置一个偏置值。加工实体中的孔一般选择实体最上层的平面为部件表面。在加工某些沉孔或阶梯孔时，表面孔径较大，可以设置一个负的偏置值，即将刀具的快速移动轨迹延长至部件的表面内，使刀具能够快速地进入孔内，再开始加工。

⑩ 规划完成。

单击该按钮则表示【点到点几何体】对话框中的设置全部完成。

(3) 指定顶面。

顶面是刀具进入材料的位置，顶面可以是已有的面，也可以是一般平面。如果没有定义顶面或已将其取消，那么默认的顶面是垂直于刀具轴且通过孔中心点的平面。单击“指

定顶面”图标按钮，打开图 2.28 所示的【顶面】对话框，对话中的按钮意义如下。

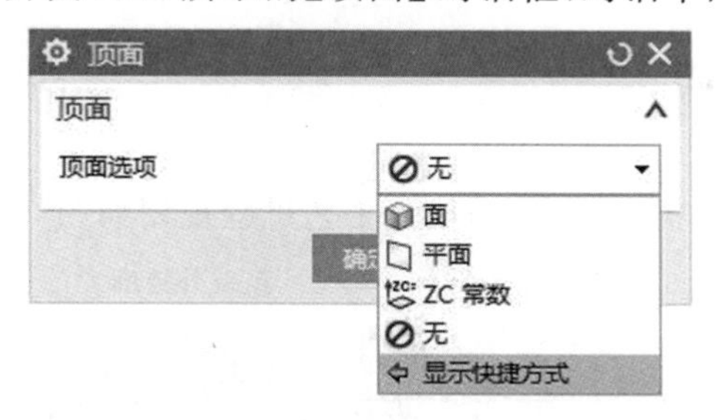

图 2.28 【顶面】对话框

① 面。即选择实心体表面作为工件表面，可直接选择实心体表面。点位操作与所选的表面关联。

② 平面。用平面构造器指定工件表面，选择此选项将打开【平面】对话框，再选择某种方式指定平面。

③ZC 常数。定义一个平行于 XY 平面并指定与 XY 平面距离的平面，选择此选项，【ZC 平面】文本框被激活，可直接输入距离值。

④ 无。取消已经定义的工件表面。

(4) 指定底面。

底面允许用户定义刀轨的切削下限，底面可以是一个已有的面，也可以是个一般平面。

单击“指定底面”图标按钮，则打开与定义指定顶面相同的对话框，定义方法也与定义指定顶面相同。

(5) 循环参数。

在【钻孔】对话框中，如果选择的是除啄钻和断屑钻外的其他循环模式，单击“编辑参数”图标按钮，打开图 2.29 所示的【指定参数组】对话框，再按【确定】打开【Cycle 参数】对话框，如图 2.30 所示。

图 2.29 【指定参数组】对话框

图 2.30 【Cycle 参数】对话框

项目实施

1. 工艺过程

定位块项目分析

根据定位块的零件结构，该项目的加工工艺过程规划如图 2.31 所示。

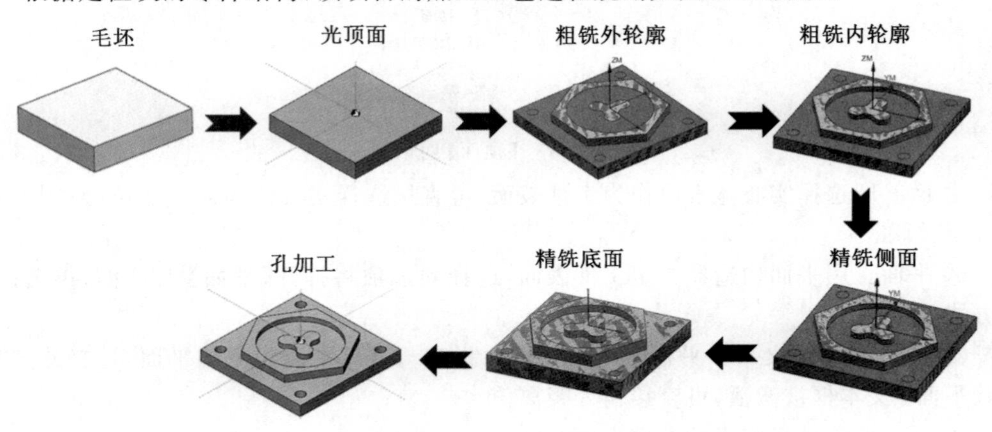

图 2.31　定位块工艺过程图(彩图见附录二)

2. 加工工序卡

根据上面的工艺过程，编制定位块加工工序卡(表 2.1)。

表 2.1　定位块加工工序卡

			工序卡名称	零件图号	材料	夹具	使用设备
			定位块的编程加工	图 2.1	铝合金 6063	虎钳	三轴数控铣床
工步	工步内容	加工策略	刀具号	刀具规格	主轴转速 /(r·min^{-1})	进给量 /(mm·min^{-1})	余量 /mm
1	光顶面	带边界面铣削	01	ϕ63 面铣刀	2 500	800	1
2	粗铣外轮廓	带边界面铣削	02	ϕ12 三刃立铣刀	2 800	1 500	1
3	粗铣内轮廓	平面铣	02	ϕ12 三刃立铣刀	2 800	1 300	1
4	精铣侧面	带边界面铣削	03	ϕ8 四刃立铣刀	3 500	2 000	0.3
5	精铣底面	带边界面铣削	03	ϕ8 四刃立铣刀	3 500	1 800	0.1
6	孔加工	定心钻	04	ϕ3 中心钻	1 500	800	—
		钻孔	05	ϕ9.8 钻头	1 000	200	—
		铰孔	06	ϕ10 铰刀	2 000	300	0.3

3. 项目实施步骤

(1) 建立坐标系。

定位块零件为规则的几何体，所以把加工坐标系设置在长方形毛坯的上表面几何中心。

打开零件模型，进入加工模块，在工序导航器空白处点击右键，选择几何视图，或点击菜单栏的“创建几何体”图标。双击“MCS-MILL”，选择坐标系对话框，采用动态的方式，把 Z 向坐标改为 21(即为毛坯的高度尺寸)，建立加工坐标系，按【确定】后，在安全设置选项下面选择“平面”，选取模型上表面往上偏移 30 mm 的位置为安全平面，如图 2.32 所示，按【确定】后退出。

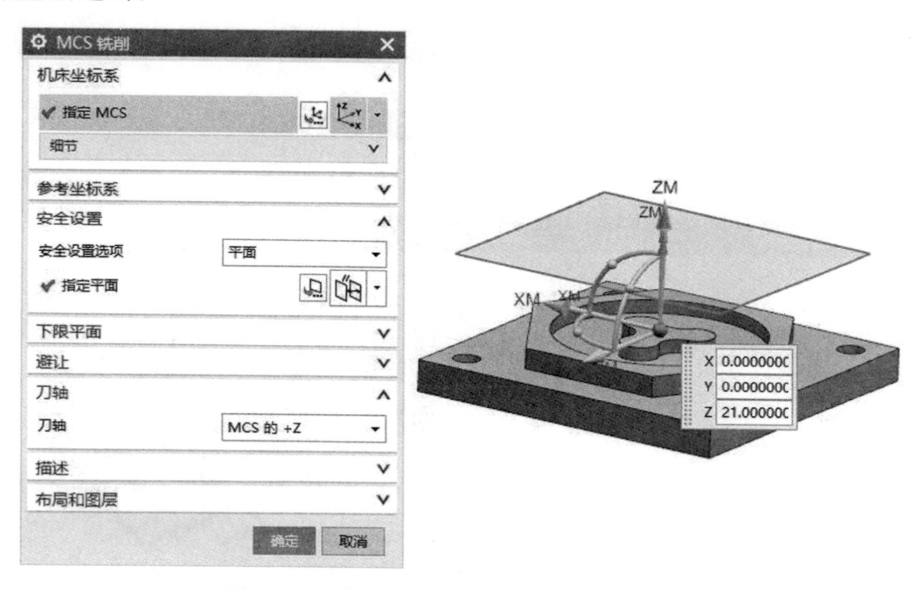

图 2.32　建立定位块加工坐标系及安全平面

(2) 创建部件及毛坯几何体。

创建几何体与创建坐标系一样，也是在几何视图中创建，在工序导航器中双击“WORKPIECE”，弹出如图 2.33 所示的对话框，分别点击“指定部件”和“指定毛坯”创建部件几何体和毛坯几何体。部件几何体选模型零件本身，如图 2.34 所示，毛坯几何体选用包容块的方式，如图 2.35 所示，按【确定】后退出。

(3) 创建刀具。

在工序导航器空白处点击右键，选择机床视图，在未用项上点右键，插入刀具或点击菜单栏的“创建刀具”图标。根据上面工序卡中对应的刀具，依次在创建刀具对话框中选择对应的刀具子类型进行创建。1 号刀为盘铣刀，选择类型为“mill_planar”，刀具子类型为 MILL(铣刀)，修改名称为 D63，如图 2.36(a) 所示，按【确定】后弹出对话框，把直径改为 63，刀具号及补偿号都改为 1，如图 2.36(b) 所示。再用同样的方法创建 2 号、3 号立铣刀，创建刀具参数如图 2.36(c)、(d) 所示。接着创建孔加工刀具，把类型切换为“drill”，依次选择工序子类型为中心钻、钻头和铰刀，并分别修改刀具参数，如图 2.36(e) ～ (j) 所

图 2.33　定位块的【创建几何体】对话框

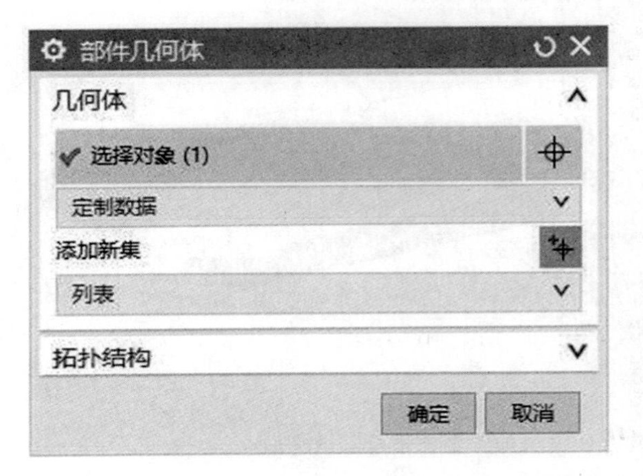

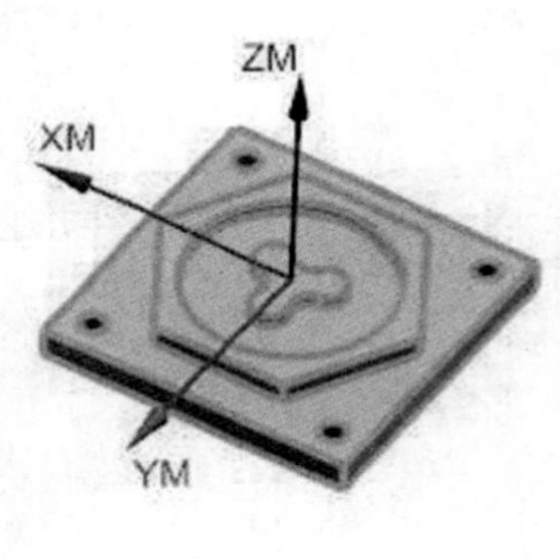

图 2.34　定位块的部件几何体

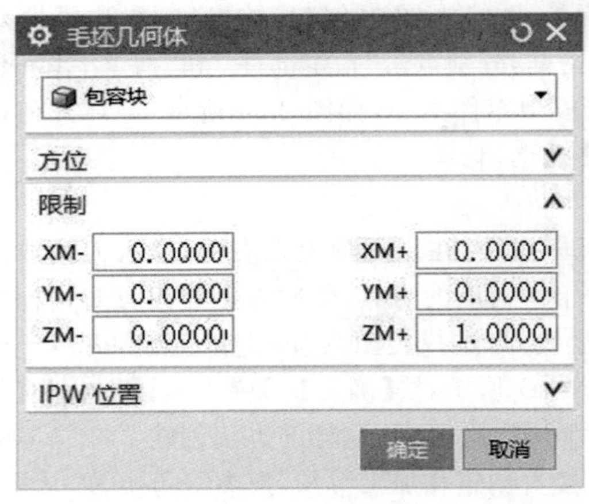

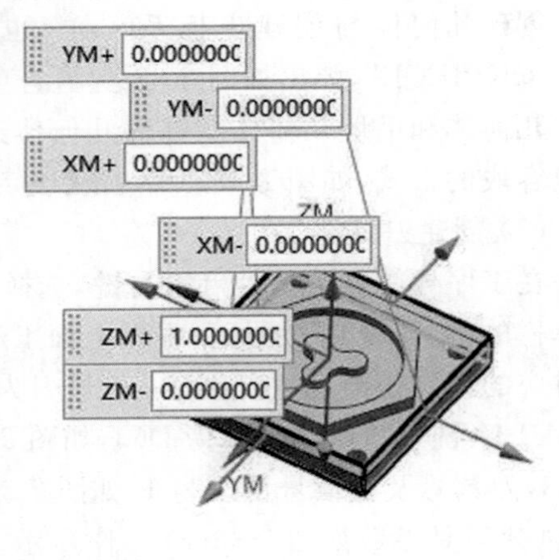

图 2.35　定位块的毛坯几何体

示，按【确定】后完成刀具创建。

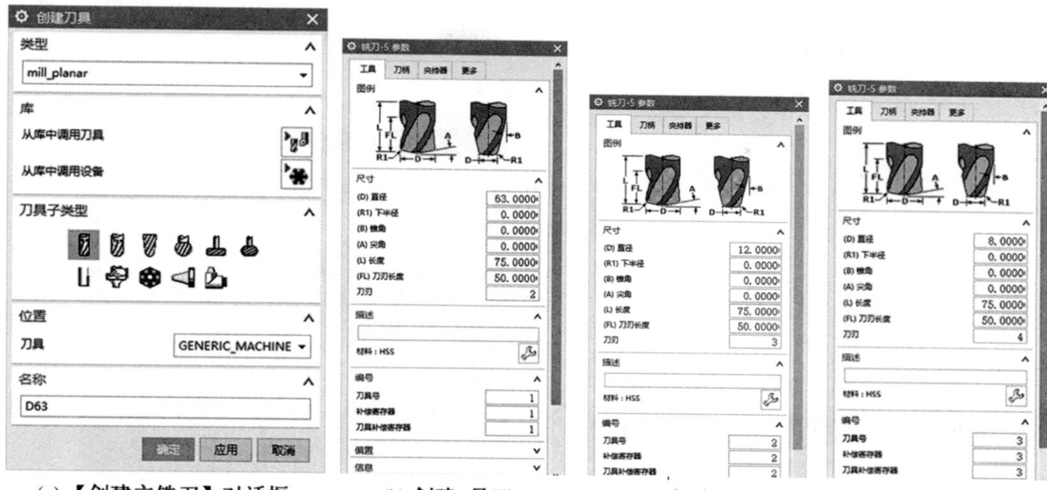

(a)【创建立铣刀】对话框 (b) 创建1号刀 (c) 创建2号刀 (d) 创建3号刀

创建刀具
类型
drill
库
从库中调用刀具
从库中调用设备
刀具子类型
位置
刀具
NONE
名称
Φ3中心钻
确定 应用 取消

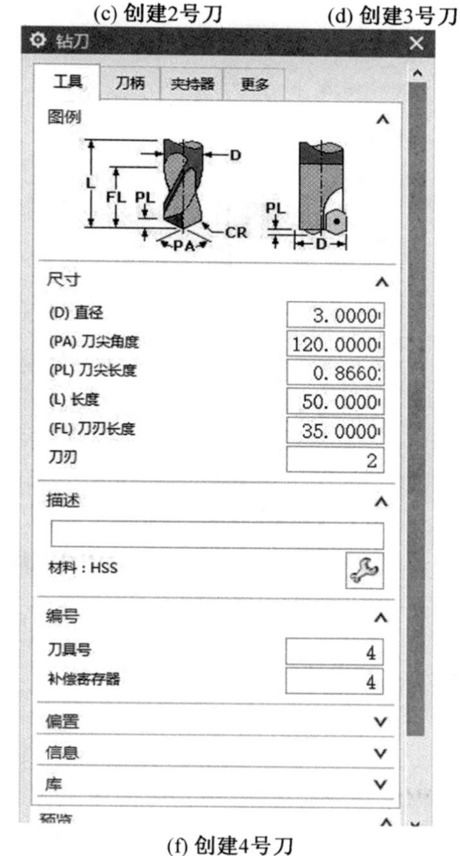

(e)【创建中心钻】对话框 (f) 创建4号刀

图 2.36 创建定位块刀具

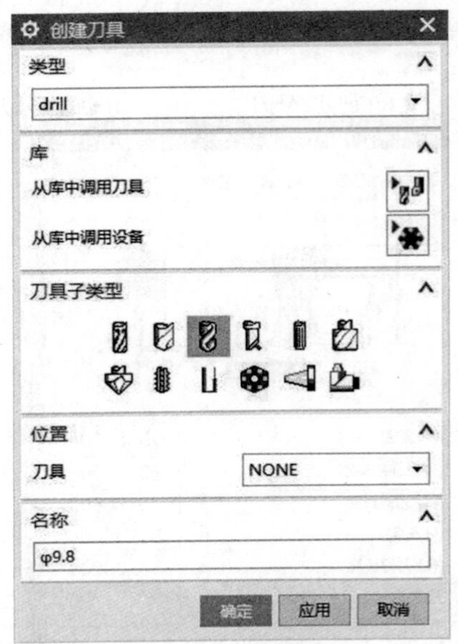

(g)【创建钻头】对话框

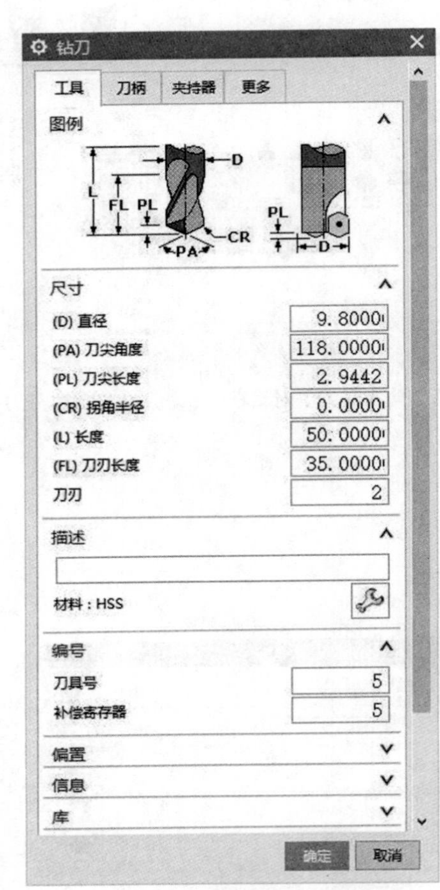

(h) 创建5号刀

续图 2.36

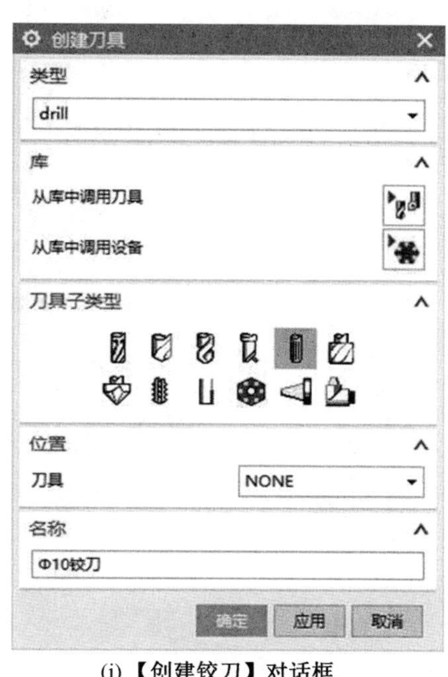

(i)【创建铰刀】对话框

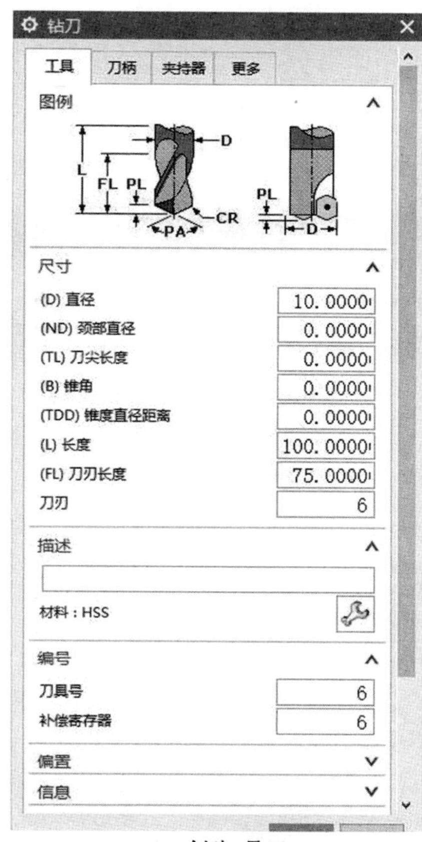

(j) 创建6号刀

续图 2.36

注意：刀具主要是生成刀路和仿真时使用，所以其中的长度、刀刃长度只作参考，没按实际刀具数据输入，一般设置好对应的刀具直径及刀具号即可。

(4) 创建工序 —— 光顶面。

直接在工序导航器的空白处右击选择程序顺序视图，在 PROGRAM 上点击右键，选择插入工序，或点击“创建工序”图标，弹出【创建工序】对话框，工序子类型选择“带边界面铣”，其他设置如图 2.37(a) 所示，按【确定】后进入【面铣】对话框，如图 2.37(b) 所示。点击“指定面边界”图标，选取零件四周边界为面边界，如图 2.38(a) 所示，点击进给率和转速图标，设置如图 2.38(b) 所示。其他采用软件默认设置，确认生成刀路如图 2.39 所示。

注意：使用带边界面铣策略时，当选择面边界的方式为“曲线”时，要把刀轴改变成 +ZM 轴，如果选取的边界不在刀具加工起始平面，那么在“平面”选项要指定刀具加工起始平面的位置。

(a) 创建面铣工序界面

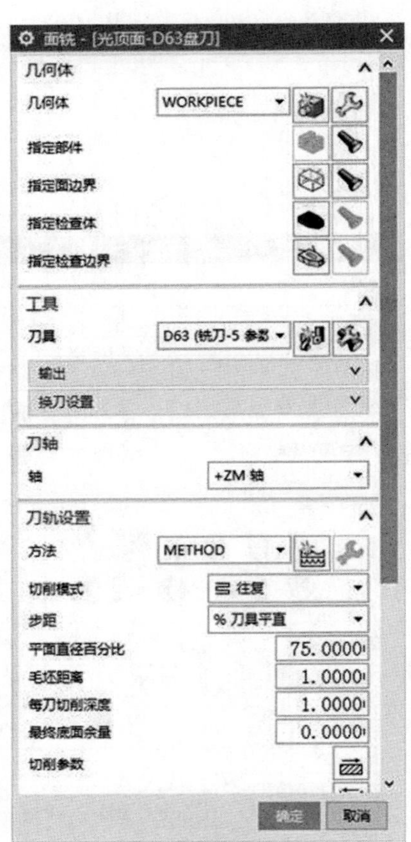

(b) 【面铣】对话框

图 2.37　创建光顶面工序

(a) 加工边界设置

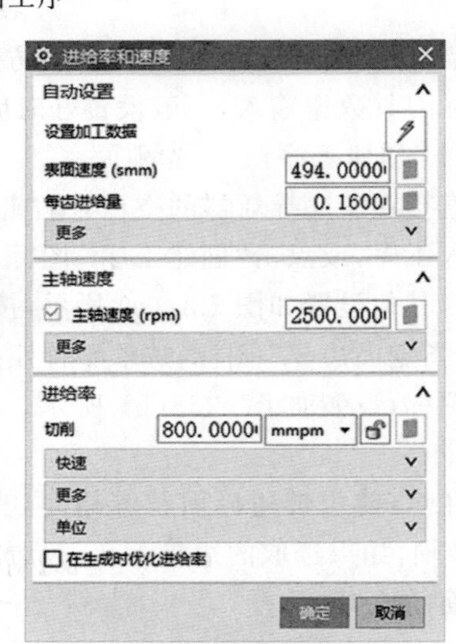

(b) 进给率和转速设置

图 2.38　创建光顶面相关设置

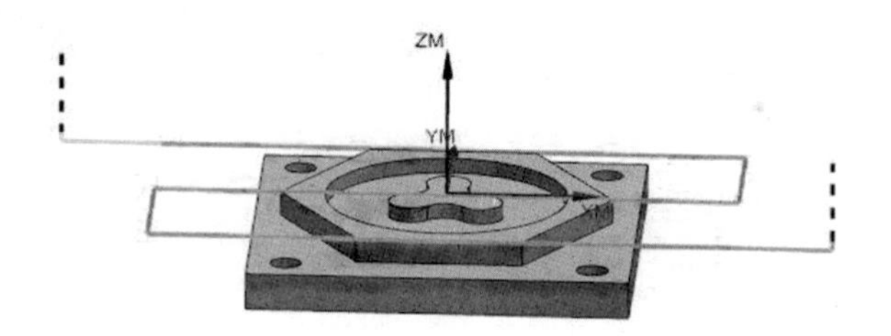

图 2.39　光顶面刀路

（5）创建工序——粗铣外轮廓。

点击“创建工序”图标，工序子类型选“带边界面铣削”，刀具选用 D12 的三刃立铣刀，按【确定】后弹出如图 2.40 所示对话框，切削模式选用“跟随部件”，毛坯距离为 8 mm，每刀切削深度为 1 mm。点开切削参数连接选项设置，开放刀路为“变换切削方向”，如图 2.41 所示，切削参数的余量选项设置如图 2.42 所示。进给率和转速设置如图 2.43 所示。其他参数保持默认设置，生成粗铣外轮廓的刀路如图 2.44 所示。

图 2.40　【粗铣外轮廓】对话框

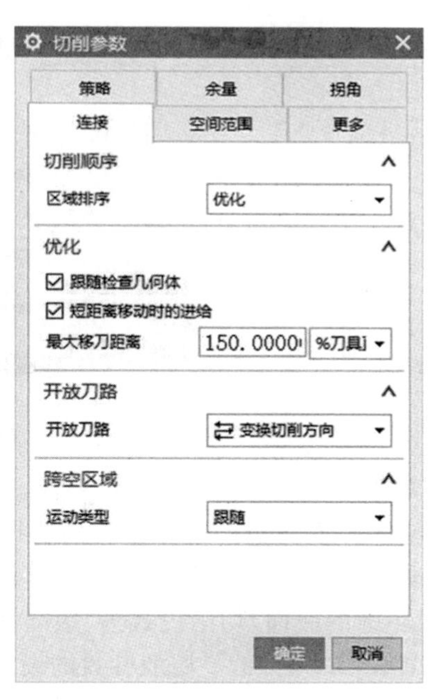

图 2.41　粗铣外轮廓连接设置

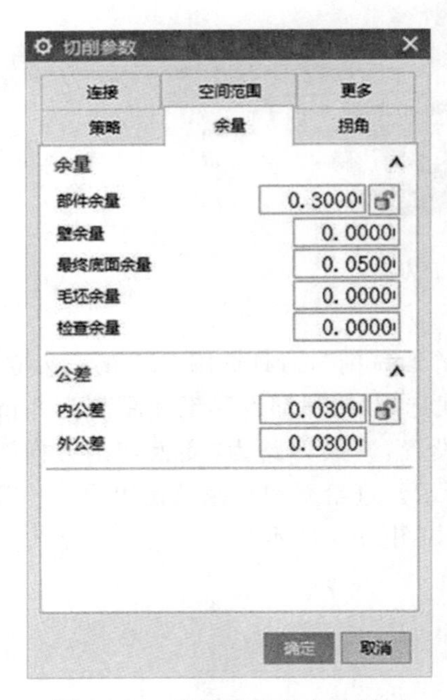

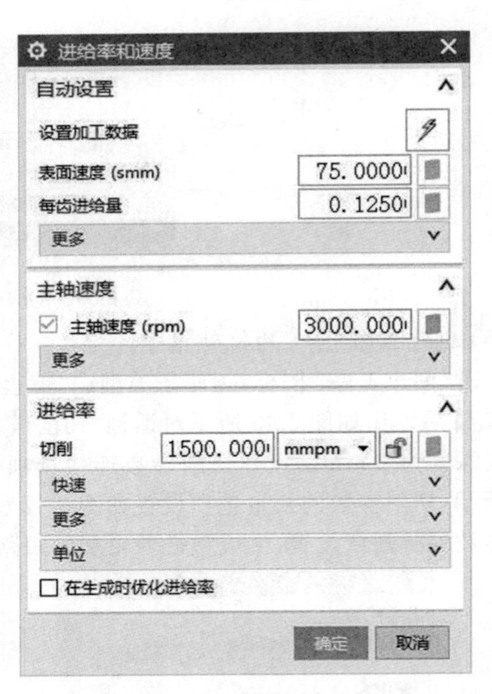

图 2.42　粗铣外轮廓余量设置　　图 2.43　粗铣外轮廓进给率和转速设置

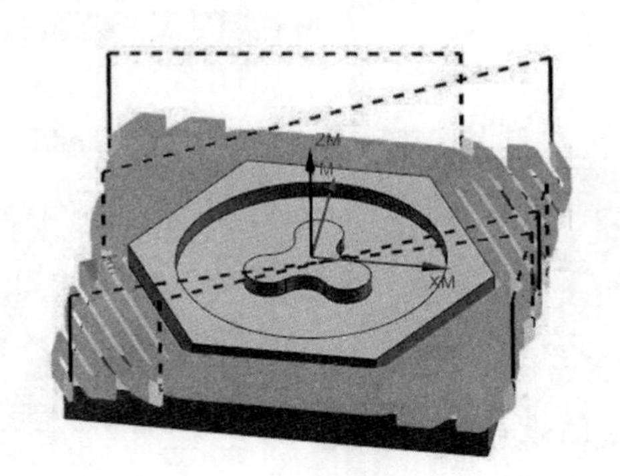

图 2.44　粗铣外轮廓刀路

(6) 创建工序 —— 粗铣内轮廓。

点击“创建工序”图标，工序子类型选择平面铣，刀具选用 D12 的三刃立铣刀，按【确定】后弹出如图 2.45 所示对话框；点击“部件边界”图标，设置部件边界如图 2.46 所示；指定底面为内轮廓的底面，切削模式为“跟随部件”，点开“切削层”图标，设置每刀切削深度为0.5 mm，如图 2.47 所示。切削参数的设置参考上道工序；非切削参数设置封闭区域进刀类型为“螺旋”，设置如图 2.48 所示；进给率和转速设置如图 2.49 所示。其他参数保持默认设置，生成粗铣内轮廓的刀路如图 2.50 所示。

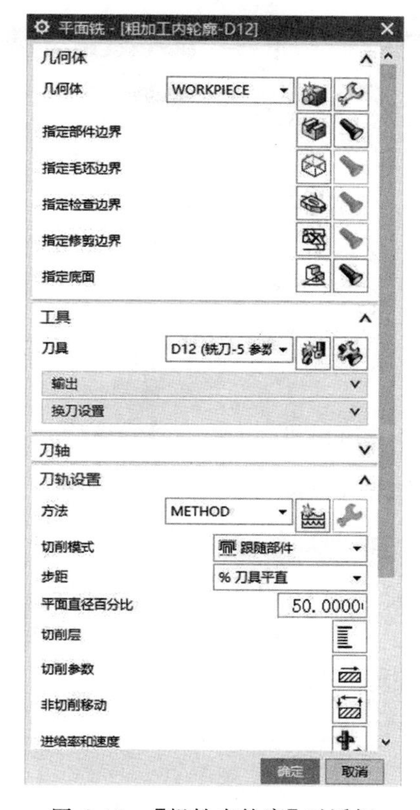

图 2.45 【粗铣内轮廓】对话框

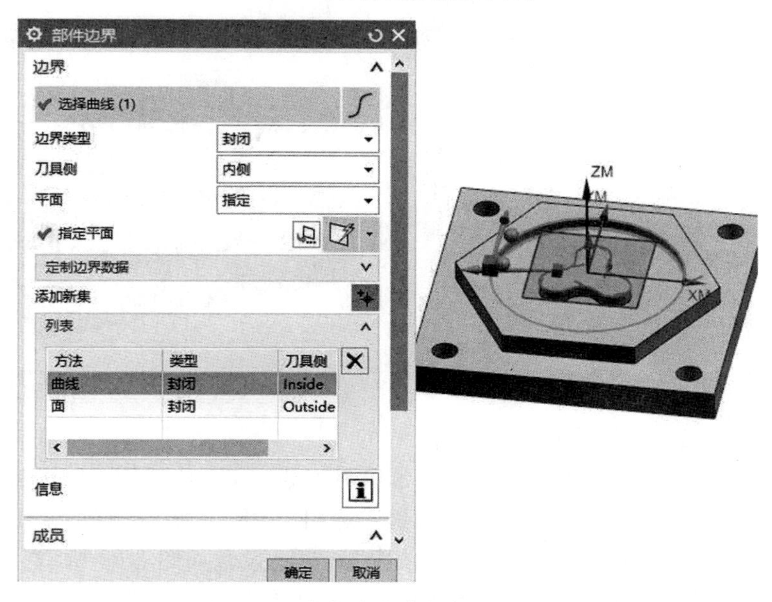

图 2.46 粗铣内轮廓部件边界设置

切削层
类型
恒定
每刀切削深度
公共
0.5000
刀颈安全距离
增量侧面余量
0.0000
临界深度
临界深度顶面切削
确定
取消

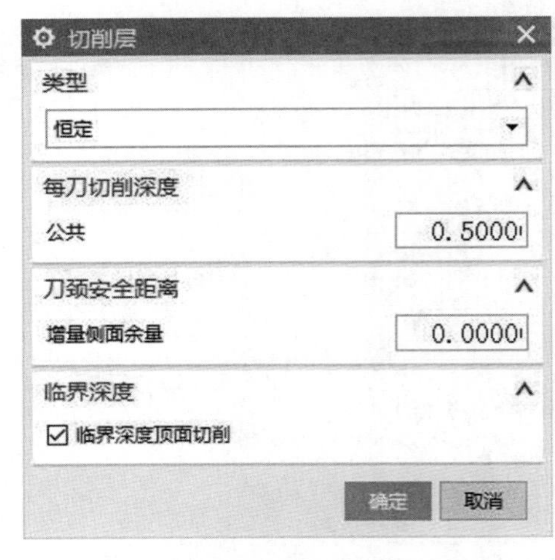

图 2.47　粗铣内轮廓切削层设置

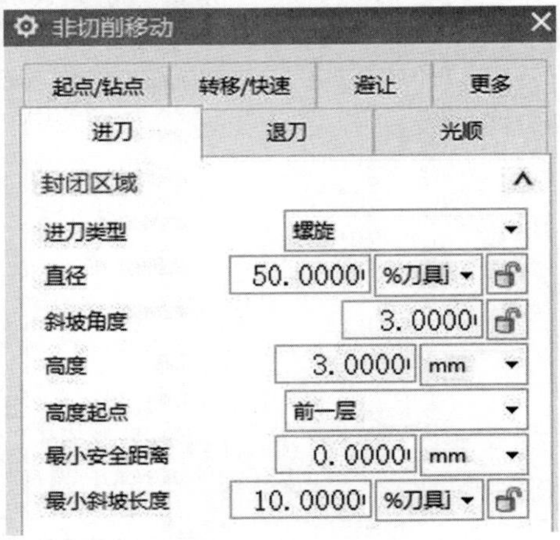

非切削移动
起点/钻点
转移/快速
避让
更多
进刀
退刀
光顺
封闭区域
进刀类型
螺旋
直径
50.0000
%刀具
斜坡角度
3.0000
高度
3.0000
mm
高度起点
前一层
最小安全距离
0.0000
mm
最小斜坡长度
10.0000
%刀具

图 2.48　粗铣内轮廓进刀设置

进给率和速度
自动设置
设置加工数据
表面速度 (smm)
105.0000
每齿进给量
0.2380
更多
主轴速度
主轴速度 (rpm)
2800.000
更多
进给率
切削
2000.000
mmpm
快速
更多
单位
在生成时优化进给率
确定
取消

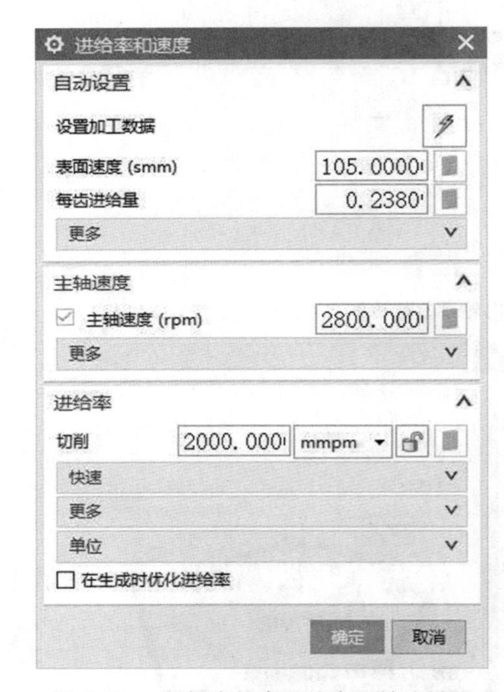

图 2.49　粗铣内轮廓进给率和转速设置

ZM
XM

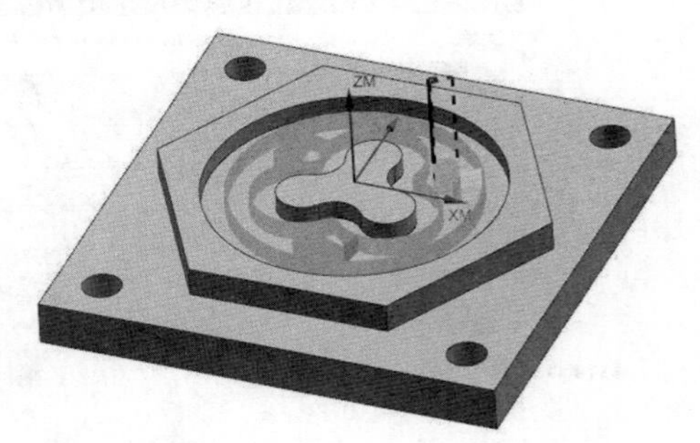

图 2.50　粗铣内轮廓刀路

（7）创建工序 —— 精铣侧面轮廓。

点击“创建工序”图标，工序子类型选带边界面铣削，刀具选用 D8 的四刃立铣刀，按【确定】后弹出如图 2.51 所示对话框，切削模式选用“轮廓”，刀具平直百分比取 30%，面边界选择如图 2.52 所示。点开“切削参数”的余量选项，设置如图 2.53 所示。点开“非切削移动”，封闭区域进刀类型选择“与开放区域相同”，开放区域进刀类型设置为“圆弧”，设置如图 2.54 所示。进给率和转速设置如图 2.55 所示。其他参数保持默认设置，生成精铣侧面轮廓的刀路如图 2.56 所示。

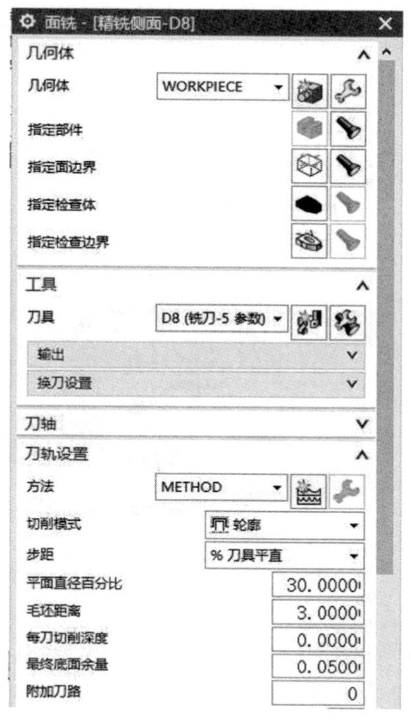

图 2.51 精铣侧面轮廓工序图

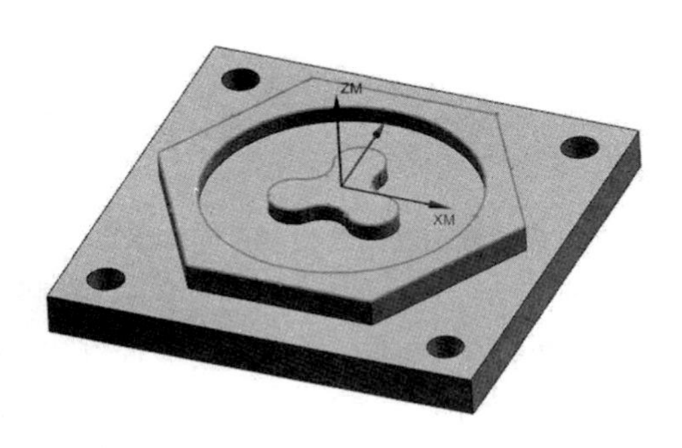

图 2.52 精铣侧面轮廓设置加工界面

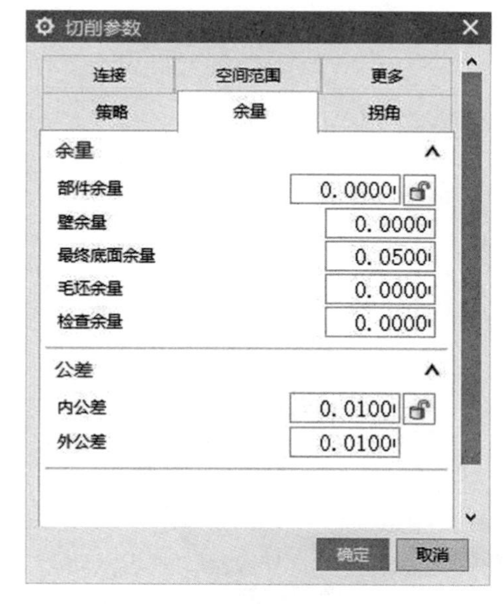

图 2.53 精铣侧面轮廓余量设置

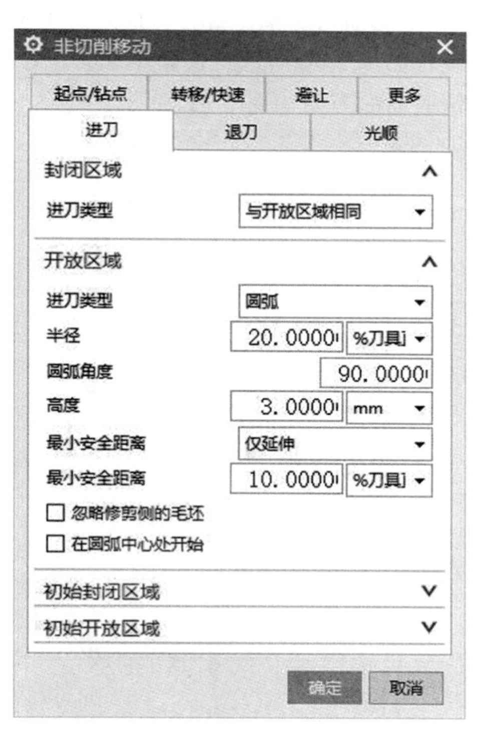

图 2.54 精铣侧面轮廓进刀设置

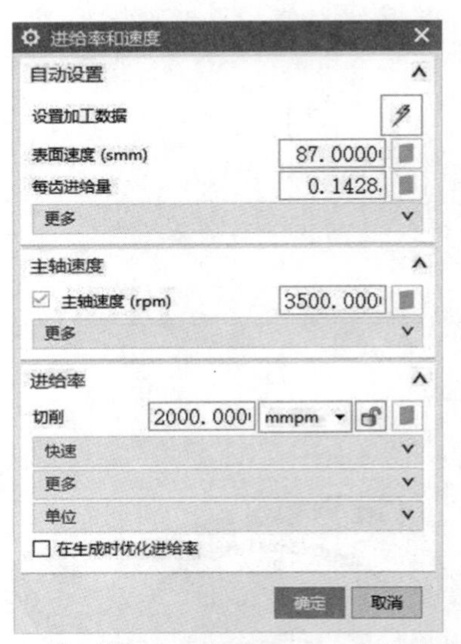

图 2.55 精铣侧面轮廓进给率和转速设置

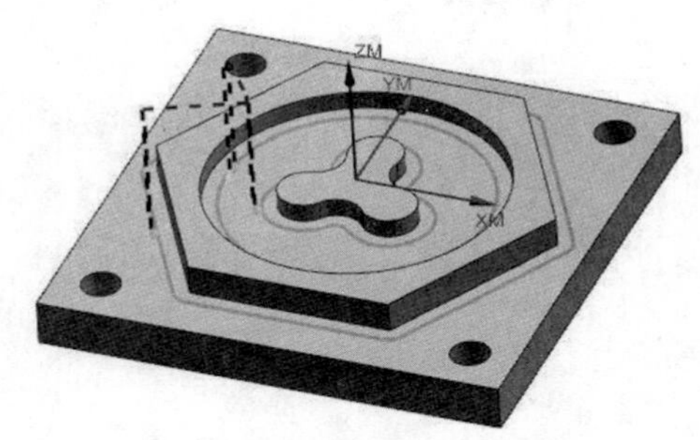

图 2.56 精铣侧面轮廓刀路

(8) 创建工序 —— 精铣底面。

点击“创建工序”图标，工序子类型选“带边界面铣削”，刀具选用 D8 的四刃立铣刀，按【确定】后弹出如图 2.57 所示对话框，切削模式选用“跟随部件”，刀具平直百分比取 30%，面边界选择如图 2.58 所示。点开“切削参数”的余量选项，设置如图 2.59 所示。点开“非切削移动”，分别设置开放区域进刀类型为直线，封闭区域进刀类型为“沿形状斜进刀”，设置如图 2.60 所示。进给率和转速设置如图 2.61 所示。其他参数保持默认设置，生成精铣底面的刀路如图 2.62 所示。

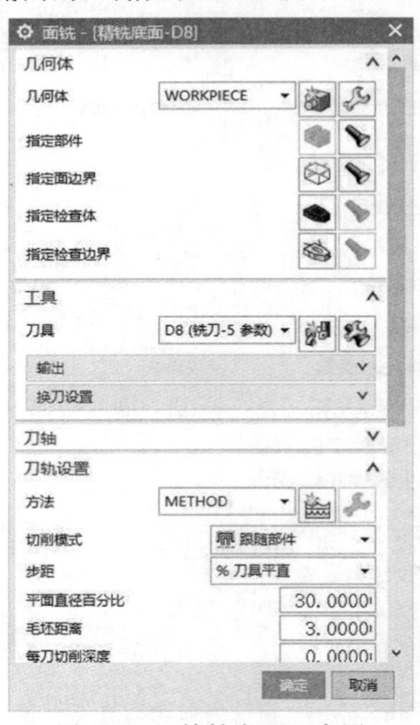

图 2.57 精铣底面工序图

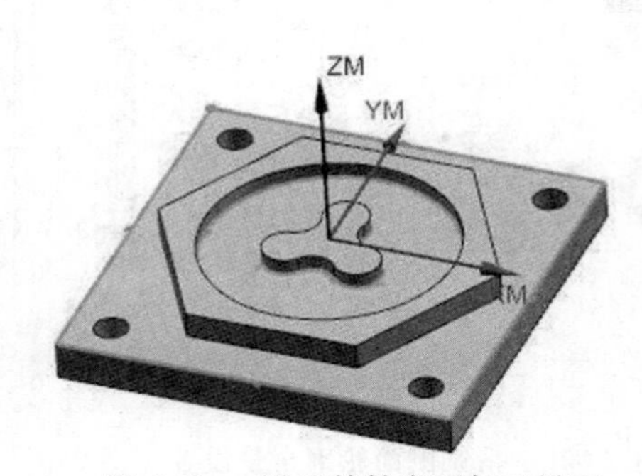

图 2.58 设置精铣底面加工界面

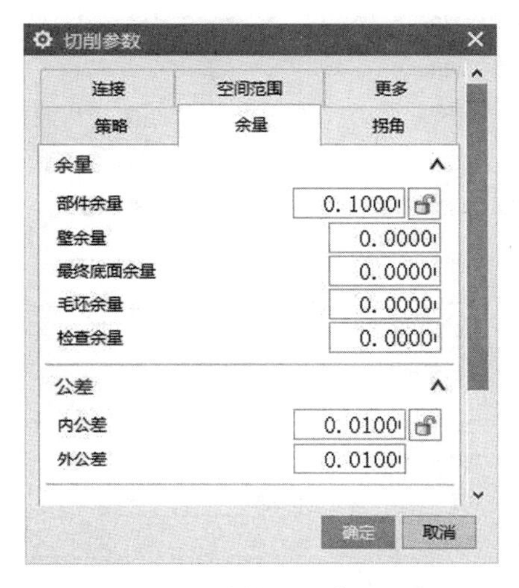

图 2.59　精铣底面余量设置

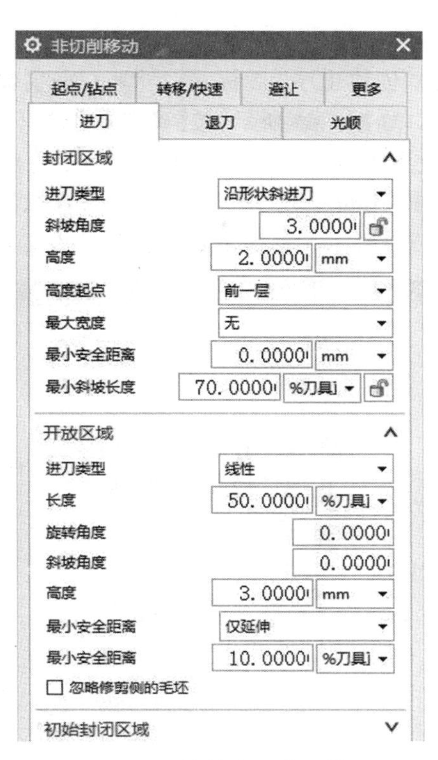

图 2.60　精铣底面进刀设置

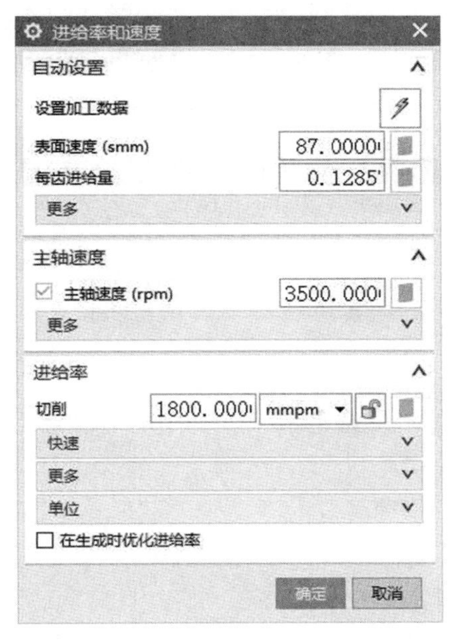

图 2.61　精铣底面进给率和转速设置

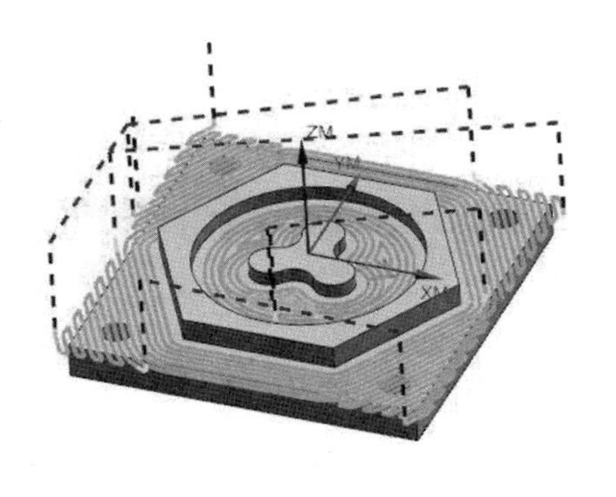

图 2.62　精铣底面刀路

(9) 创建工序 —— 孔加工。

根据项目图纸中孔尺寸精度要求,将孔加工分为三步:钻中心孔、钻通孔和铰孔。

① 钻中心孔。

点击“创建工序”图标，在类型下面选择“drill”，工序子类型选择定心钻，刀具选用 $\phi 3$ 的中心钻，如图 2.63 所示，按【确定】后弹出如图 2.64 所示对话框。这里指定孔，选择方法为用一般点的方式分别选择四个孔的中心点，指定底面选择孔的上表面，循环类型选择标准钻，点击“编辑参数”图标，进入循环参数的设置界面，如图 2.65 所示。进给率和转速设置如图 2.66 所示。其他参数保持默认设置，生成钻中心孔的刀路如图 2.67 所示。

图 2.63　创建钻中心孔工序

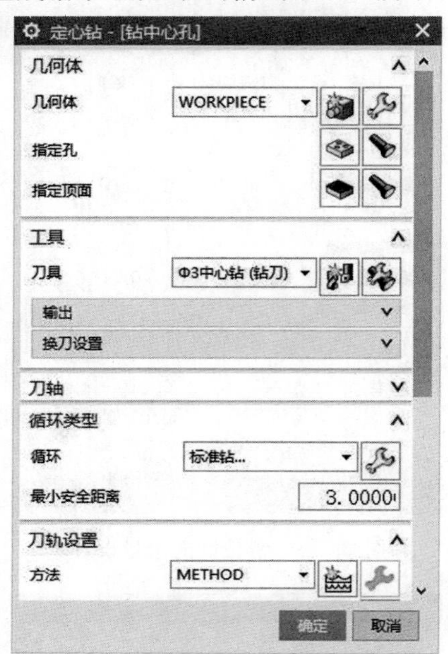

图 2.64　钻中心孔工序界面

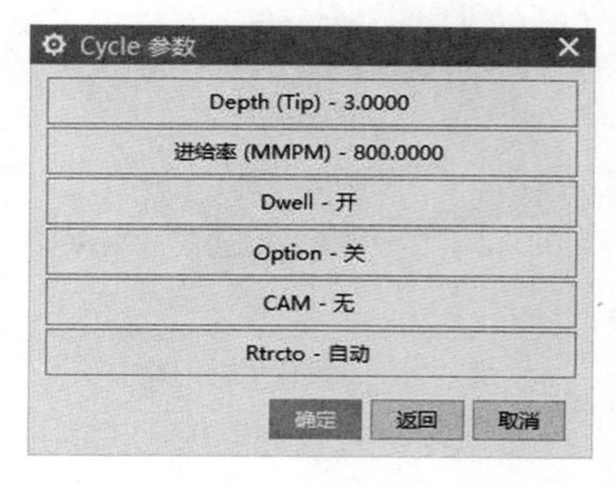

图 2.65　钻中心孔循环参数设置

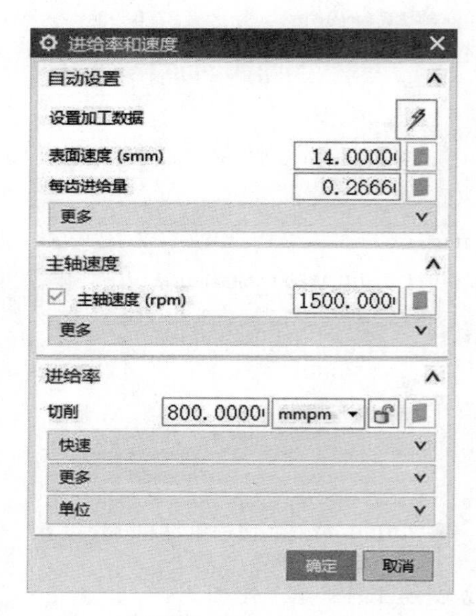

图 2.66　钻中心孔进给率和转速设置

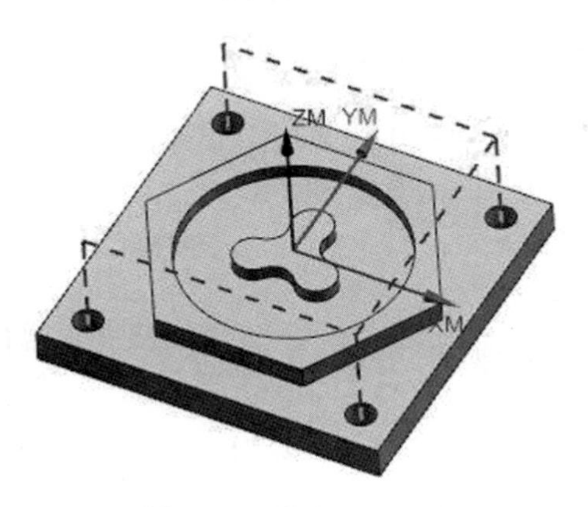

图 2.67 钻中心孔刀路

② 钻通孔。

点击“创建工序”图标，在类型下面选择“drill”，工序子类型择“钻孔”，刀具选用 ϕ9.8 的钻头，如图 2.68 所示，按【确定】后弹出钻通孔对话框，其他设置与钻中心孔一样，循环类型选择“标准钻”，深孔，进入循环参数的设置界面，如图 2.69 所示，深度设置刀肩深度为13 mm，Step 值（每次下刀深度增量值）设置为 5 mm。进给率和转速设置如图 2.70 所示。其他参数保持默认设置，生成钻通孔的刀路如图 2.71 所示。

图 2.68 创建钻通孔工序

图 2.69 钻通孔循环参数设置

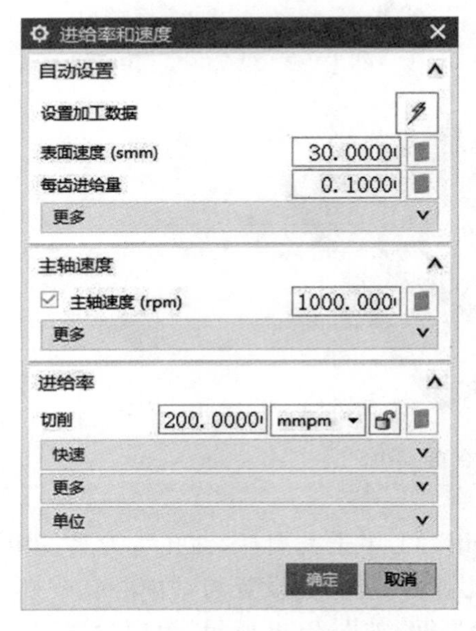

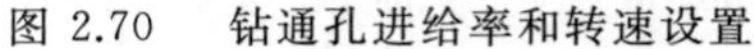

图 2.70　钻通孔进给率和转速设置

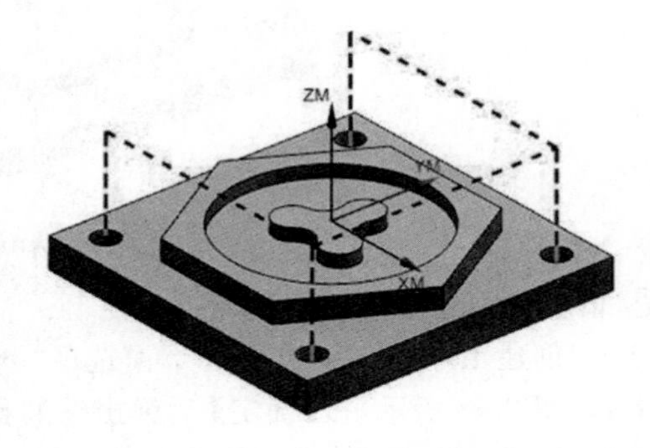

图 2.71　钻通孔刀路

③ 铰孔。

点击“创建工序”图标，在类型下面选择“drill”，工序子类型择“铰孔”，刀具选用ϕ10的铰刀，如图 2.72 所示，按【确定】后弹出铰孔对话框，其他设置与钻通孔一样，循环类型选择“标准镗”，进入循环参数的设置界面，如图 2.73 所示，深度设置刀肩深度为 13 mm。进给率和转速设置如图 2.74 所示。其他参数保持默认设置，生成铰孔的刀路如图 2.75 所示。

图 2.72　创建铰孔工序

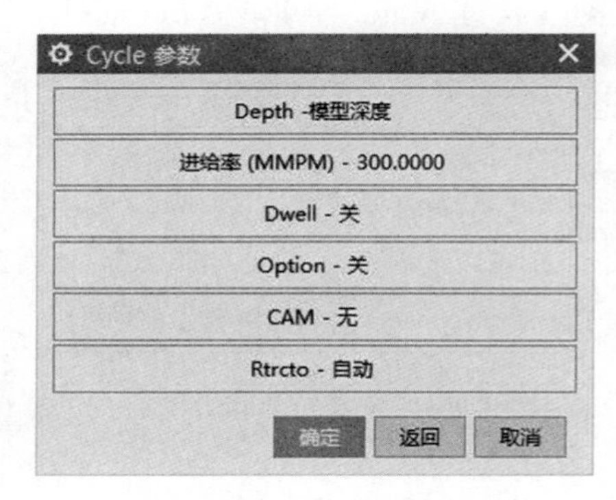

图 2.73　铰孔循环参数设置

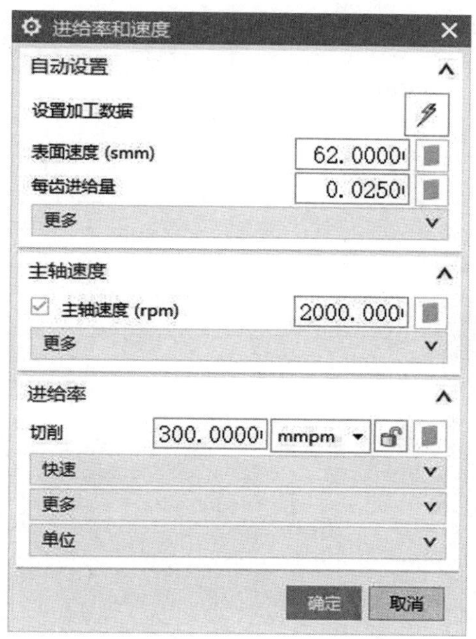

图 2.74 铰孔进给率和转速设置

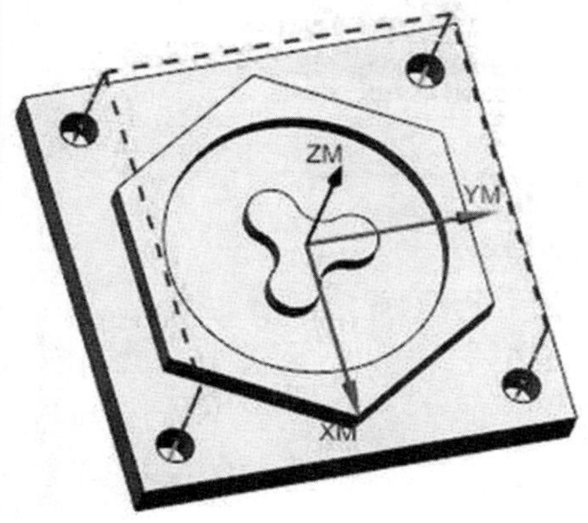

图 2.75 铰孔刀路

注意：创建孔加工工序时，选择的循环类型与我们需要的循环指令是否相符，最终还是要通过后处理查看程序决定，如果后处理出来的与我们需要的循环指令不符，可以在后处理中对程序直接进行修改。

(10) 仿真加工。

在工序导航器中拾取要仿真的轨迹，单击右键，按【刀轨】→【确认】，弹出如图 2.76 所示【刀轨可视化】对话框，拾取所有的轨迹，点击播放键，调整播放速度，进行 3D 仿真的结果如图2.77 所示。

注意：实体仿真必须要有实体和毛坯才可以进行，如果是二维图，可选择重播或 2D 仿真。除了可以在工序导航器中选择仿真，也可以直接在菜单栏选择确认刀轨进行仿真。

(11) 后处理。

在工序导航器中拾取要后处理的轨迹，单击右键，选择“后处理”，弹出【后处理】对话框，选择合适的后处理器(如图选择 MILL_3_AXIS)，指定合适的文件路径和文件名称，单位设为公制，如图 2.78 所示，按【确定】后完成后处理，生成 NC 代码。图 2.79 所示为拾取光顶面的后处理 NC 代码加工程序。

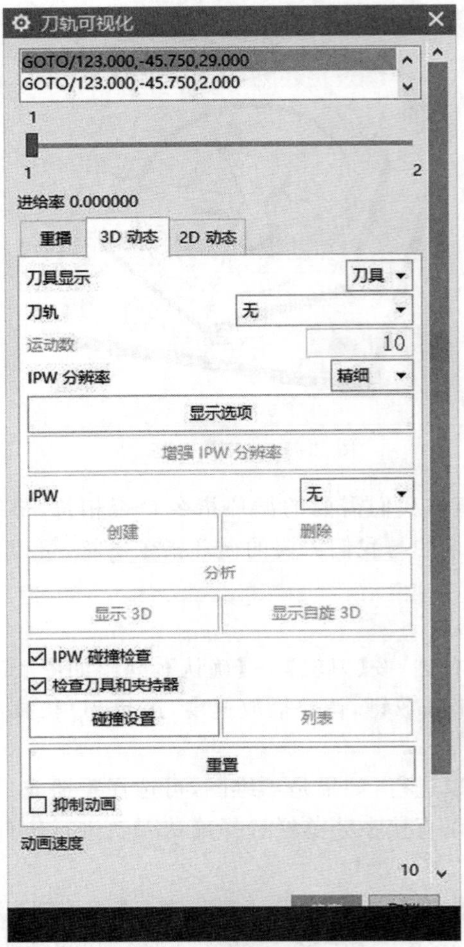

刀轨可视化

GOTO/123.000,-45.750,29.000

GOTO/123.000,-45.750,2.000

1

1　2

进给率 0.000000

重播　3D 动态　2D 动态

刀具显示　刀具

刀轨　无

运动数　10

IPW 分辨率　精细

显示选项

增强 IPW 分辨率

IPW　无

创建　删除

分析

显示 3D　显示自旋 3D

☑ IPW 碰撞检查

☑ 检查刀具和夹持器

碰撞设置　列表

重置

☐ 抑制动画

动画速度

10

图 2.76　【刀轨可视化】对话框

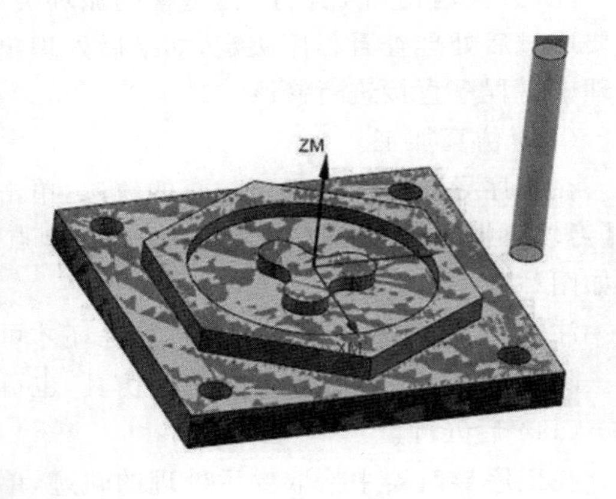

图 2.77　定位块仿真结果

后处理
后处理器
WIRE_EDM_4_AXIS
MILL_3_AXIS
MILL_3_AXIS_TURBO
MILL_4_AXIS
MILL_5_AXIS
LATHE_2_AXIS_TOOL_TIP
LATHE_2_AXIS_TURRET_REF
MILLTURN
浏览以查找后处理器
输出文件
文件名
E:\2 NX12.0自动编程加工\3多轴加工技术教材\编教材
文件扩展名 ptp
浏览以查找输出文件
设置
单位 公制/部件
输出球心
列出输出
输出警告 经后处理定义
检查工具 经后处理定义
确定 应用 取消

图 2.78 定位块【后处理】对话框

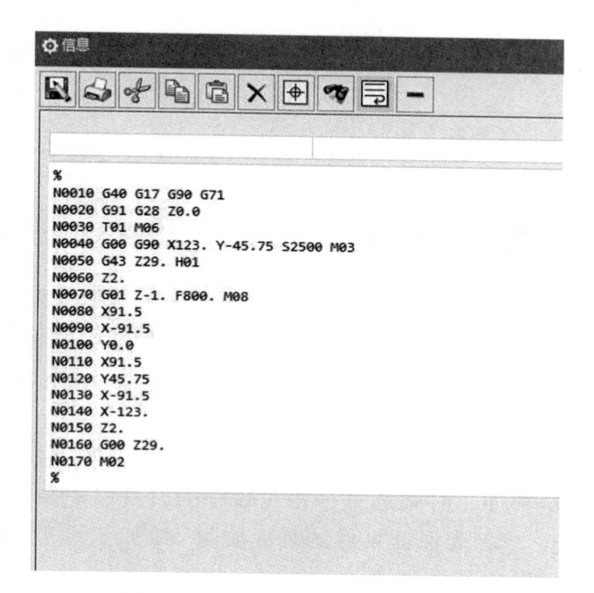

图 2.79 定位块后处理 NC 代码

项目评价

定位块项目考核评分表见表 2.2。

表 2.2 定位块项目考核评分表

考核类别	考核内容	评价(0～10 分)			
		差	一般	良好	优秀
		0～3	4～6	7～8	9～10
技能评价	能完成项目的理论知识学习				
	能通过有效资源解决学习中的难点				
	能制定正确的工艺顺序				
	能选择合理的加工刀具和切削参数				
	能创建项目的刀具路径				
	能进行仿真加工并验证刀具路径				
	能后处理出所有的加工程序				

续表2.2

考核类别	考核内容	评价(0 ～ 10 分)			
		差	一般	良好	优秀
		0 ～ 3	4 ～ 6	7 ～ 8	9 ～ 10
职业素养	协作精神、执行能力、文明礼貌				
	遵守纪律、沟通能力、学习能力				
	创新性思维和行动				
总计					
考核者签名：					

项目小结

本项目以机械零部件中常见的定位块零件为例，制定零件加工工艺过程，并详细介绍了每道工序的操作方法。从本项目实施过程总结出以下几点经验供参考。

(1) 在编制任何一个零件的加工程序前，必须要仔细分析零件图样和零件模型，并编制合理的加工工艺。

(2) 粗加工时应尽可能提高切削效率，所以尽可能选大一些的刀具以便尽快切除材料，精加工时则选直径相对较小的刀具以提高加工精度。

(3) 为保证零件的表面质量，精加工一般采用圆弧进退刀的方式，并注意圆弧的取值，以免产生过切。

拓展训练

1. 根据图 2.80 所示的零件特征，制订合理的工艺路线，设置正确的加工参数，生成刀具路径，进行仿真加工，后处理出加工程序，并在机床上加工出该零件。

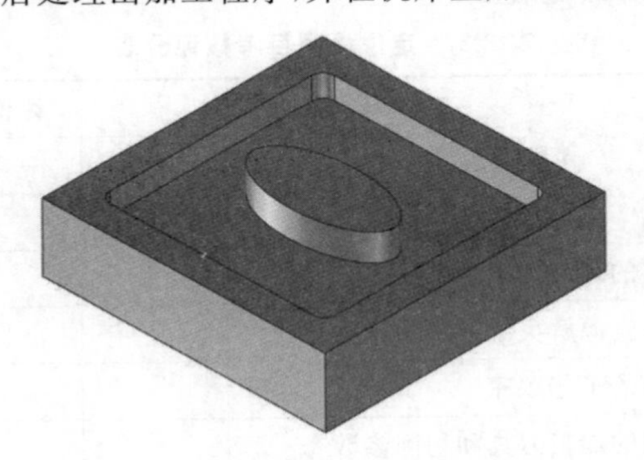

图 2.80　椭圆内外轮廓零件

2. 根据图 2.81 所示的零件特征，制订合理的工艺路线，设置正确的加工参数，生成刀具路径，进行仿真加工，后处理出加工程序，并在机床上加工出该零件。

3. 根据图 2.82 所示的零件特征，制订合理的工艺路线，设置正确的加工参数，生成刀具路径，进行仿真加工，后处理出加工程序，并在机床上加工出该零件。

图 2.81 键槽轮廓零件

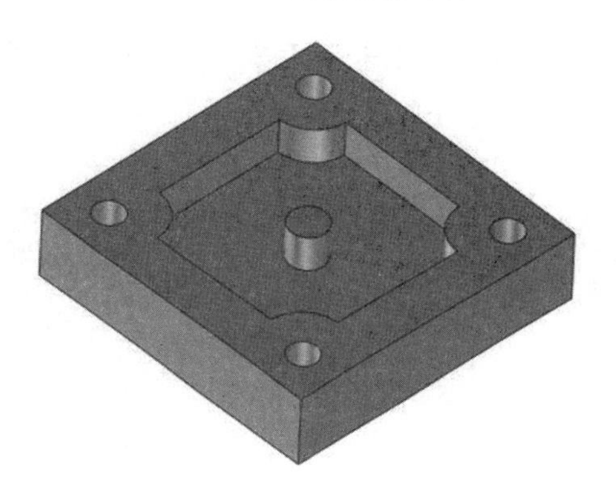

图 2.82 岛屿零件

思政园地

严控质量的“大国工匠”

——曹彦生为导弹“雕刻”翅膀

让我们把目光聚焦到中国高端制造业当中的顶级工匠，他们技艺精湛、执着坚守，用卓越的技艺报效祖国。近期，中央电视台推出《大国工匠——匠心报国》系列报道，首先让我们一起来认识一位“分毫不差”的导弹部件精雕师——曹彦生。

2005年，曹彦生进入航天科工二院283厂，原以为能够接触到先进的数控加工设备，结果每天重复的都是最简单的铣平面的工作，这让曹彦生心灰意冷。就在曹彦生心浮气躁的时候，一次操作失误让他彻底警醒。在一次铣平面的过程中，曹彦生输坐标的时候输错了一个符号，瞬间，飞速旋转的刀具直接扎到了工作台上。这道痕迹更是深深地刻在了曹彦生的心里，沉下心的曹彦生慢慢认识到，看似简单的工作却是对自己心态和技能的全面锤炼。在这个岗位上，他一干就是3年。为了练就技能，日常生活中曹彦生只要看到一些复杂的结构，他都要想办法加工出来。

多年的技能磨砺终于迎来了用武之地。在中国航天科工二院的生产基地，一项新的

挑战即将开始，为国家某新型导弹加工空气舵，这是导弹的重要构件，犹如导弹的翅膀，直接影响着导弹的发射和飞行姿态。由于结构复杂、厚度薄，控制形变和对称度难度极大，两次做出来的产品都失败了，眼看整批次空气舵存在报废的风险，大家想到了曹彦生。凭着多年积累的技术储备，曹彦生加工出了新产品，一上测试台所有人都不敢相信。14 年的时间里，曹彦生参与制造的导弹不断升级换代，他用高超的技术为高精度导弹的研制和生产保驾护航。

由此想到，如果企业要在激烈的市场竞争中生存和发展，仅靠方向性的战略性选择是不够的。任何企业间的竞争都离不开“产品质量”的竞争，没有过硬的产品质量，企业终将在市场经济的浪潮中消失。而产品质量作为最难以控制和最容易发生的问题，要求生产者具有高度的责任感和精益求精的钻研精神。

（以上内容来源于原创力文档知识共享平台，仅供学习使用）

项目3 球铰支座的编程加工

项目描述

该项目是某企业生产的球铰支座零件，如图 3.1 所示，该产品的毛坯尺寸为 200 mm×150 mm×50 mm，材料为 45 钢，要求根据零件图纸，制订合理的加工工艺，编制加工程序，完成该项目的加工。

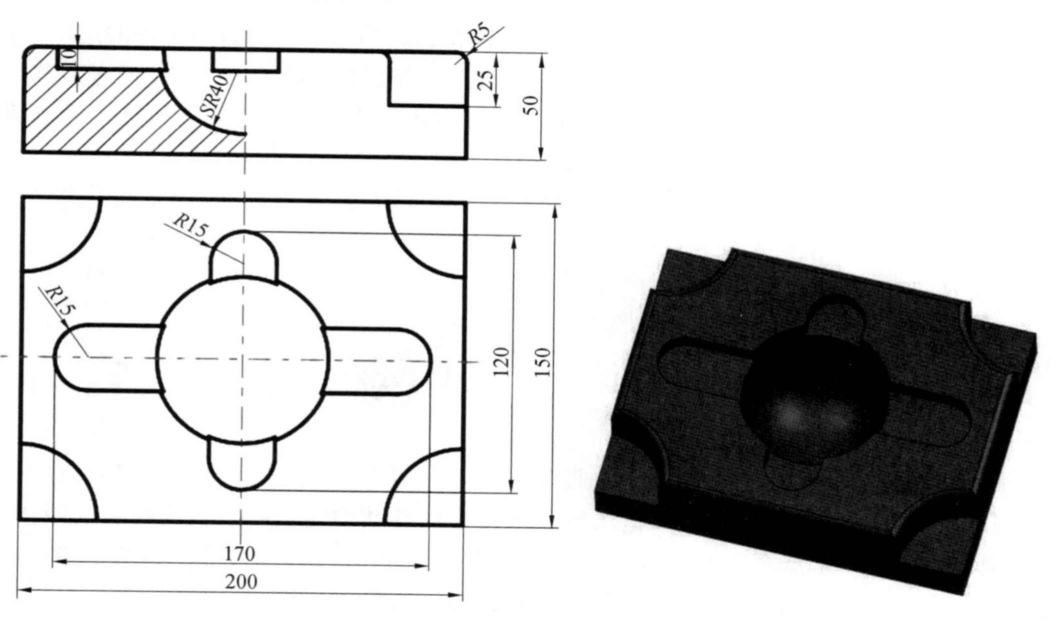

图 3.1 球铰支座

项目分析：球铰支座零件结构较复杂，既有平面结构，也有曲面结构，其中间由凹球面与矩形十字槽组成，四个角由均布的扇形型腔结构组成，上表面四周有 $R5$ 的圆角过渡。通过对该项目的加工编程，可以掌握 2D 平面铣、型腔铣及深度轮廓铣等操作。

课前导学

单项选择题，请把正确的答案填在括号中。

1. 型腔铣属于下面哪种工序类型(　　)。

A. mill_palnar　　B. mill_rotary

C. mill_making　　D. mill_contour

2. 对走刀轨迹不同刀具轨迹颜色的表述中,错误的是(　　)。

A. 黄色的进刀线表示离真正切削只有很小的一段距离,刀路在此处移动非常慢

B. 青色的切削线指刀具按照给定进给速度切削工件

C. 绿色步进线指两条切削线之间的连接线,通常使用进给

D. 红色快速移动线通常使用 G0 的速度移动机床,不可以使用 G1 给定速度

3. 在数控机床中,机床坐标系的 X 轴和 Y 轴可以联动,当 X 轴和 Y 轴固定时,两轴可以有上下的移动,这种加工方法称为(　　)。

A. 两轴加工　　B. 两轴半加工　　C. 三轴加工　　D. 五轴加工

4. 关于型腔铣,下列说法正确的是(　　)。

A. 型腔铣主要用于工件的粗加工,快速去除毛坯余量

B. 型腔铣主要用于陡峭曲面零件的精加工

C. 型腔铣只能用于加工曲面结构,不能加工平面类结构

D. 使用型腔铣时,可以不定义毛坯

5. 以下(　　)不属于型腔铣切削参数中空间范围选项卡下面的过程工件的选项。

A. 无　　B. 使用 3D　　C. 使用基于层的　　D. 参考刀具

6. 采用型腔铣方式生成刀路时,系统在图形区以不同大小和颜色的平面符号标识切削层,默认情况下,小三角形之间的距离表示(　　)。

A. 切削深度　　B. 范围顶部　　C. 范围底部　　D. 临界深度

7. 以下(　　)不属于型腔铣的切削层类型。

A. 自动生成　　B. 用户定义　　C. 仅底面　　D. 单侧

8. 下面(　　)为深度轮廓铣图标。

A. 　　B.　　C.　　D.

9. 深度轮廓铣常用于加工(　　)。

A. 平坦的曲面　　B. 陡峭的曲面　　C. 复杂的曲面　　D. 都可以

项目3课前导学参考答案

10. 深度轮廓铣中的合并距离值决定了连接切削移动的端点时刀具要跨过的距离,当刀具运动的两个端点之间的距离(　　)用户指定的合并距离时,系统把这两个端点进行合并,以减少刀具不必要的退刀运动,从而提高加工效率。

A. 小于　　B. 大于　　C. 等于　　D. 不确定

知识链接

型腔铣案例:四方锥台

1. 型腔铣

(1) 型腔铣概述。

型腔铣操作是数控加工中应用最为广泛的加工方法。型腔铣主要用于工件的粗加工,快速去除余量,可加工不同形状的模型,也可进行工件的半精加工和部分精加工。型腔铣的操作原理是通过计算毛坯除去工件后剩下的材料来产生刀轨,所以只需要定义工件和毛坯即可计算刀具轨迹,使用方便且智能化程度高。

（2）型腔铣的特点。

型腔铣的适用范围很广泛，可加工工件侧壁（可垂直或不垂直），底面或顶面可为平面或曲面，如图 3.2（a）所示的模具型芯及图 3.2（b）所示的型腔。可用于大部分的粗加工，直壁或斜度不大的侧壁的精加工，通过限定高度值，只做一层切削，型腔铣也可用于平面的精加工以及清角加工等。其操作具有以下特点。

① 型腔铣根据型腔或型芯的形状，将要加工的区域在深度方向上划分成多个切削层进行切削，每个切削层可以指定不同的深度，生成的刀位轨迹可以不同。

② 型腔铣可以采用边界、面、曲线或实体定义“部件几何体”和“毛坯几何体”。

③ 型腔铣切削效率较高，但加工后会留有层状余量，因此常用于零件的粗加工。

④ 型腔铣刀轴固定，可用于切削具有带锥度的壁及轮廓底面的部件。

⑤ 型腔铣刀轨创建容易，只要指定“部件几何体”和“毛坯几何体”，即可生成刀具路径。

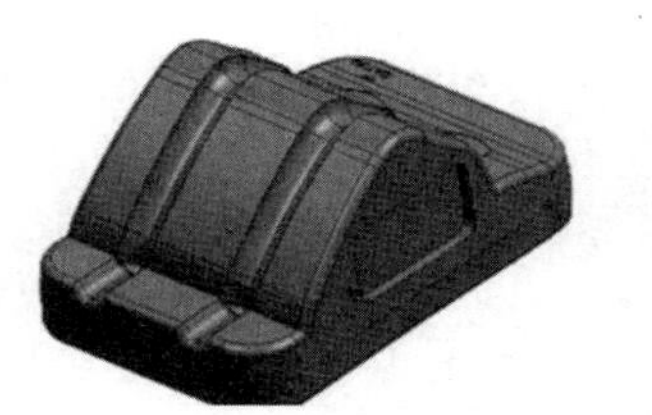

(a) 塑料前模型芯

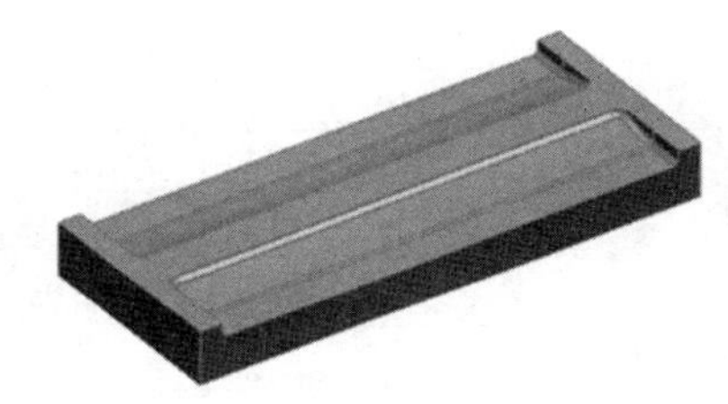

(b) 打印机盖板的后模型腔

图 3.2　型腔铣可加工的零件

（3）平面铣与型腔铣的比较。

平面铣和型腔铣作为 NX 中最为常用的两种铣削操作，既有相同点，又有不同点，了解它们的异同，有助于创建更加高效的到刀位轨迹。

相同点如下。

① 两者都可以切削掉垂直于刀轴的切削层中的材料。

② 刀具路径的大部分切削模式相同，可以定义多种切削模式。

③ 切削参数、非切削参数的定义方式基本相同。

不同点如下。

① 平面铣使用边界来定义部件材料，型腔铣使用边界、面、曲线和体来定义部件材料。

② 平面铣用于切削具有竖直壁面和平面凸起的部件，型腔铣用于切削带有锥形壁面和轮廓底面的部件。

平面铣和型腔铣所存在的上述相同点和不同点，决定了它们用途上的不同，平面铣用于直臂的、岛屿的顶面和槽腔的底面为平面的零件的加工，而型腔铣用于非直壁的、岛屿和槽腔底面为平面或曲面的零件加工。

（4）创建型腔铣操作。

在【创建工序】对话框中选择加工类型为“mill_contour”，并在工序子类型中选择“型腔铣”的图标，按【确定】后弹出对话框如图 3.3 所示。 型腔铣中最关键的参数是切削区域、切削层以及处理中的工件(IPW)的应用。

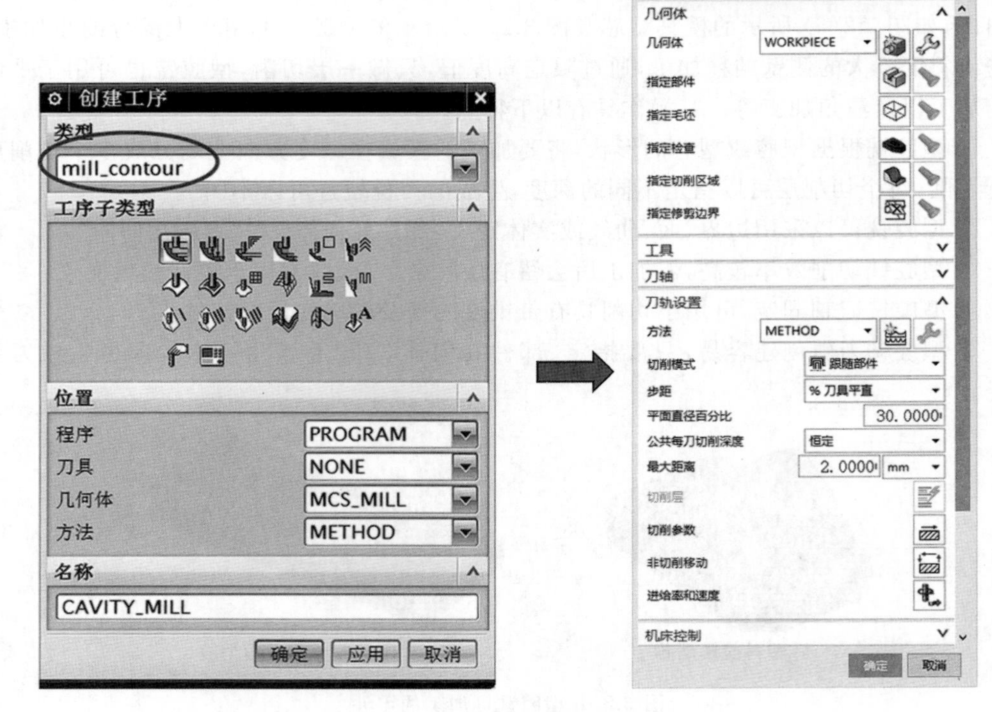

图 3.3　创建型腔铣操作

(5)型腔铣参数设置。

【切削区域】:型腔铣操作中提供了多种方式控制切削区域。

① 检查几何体。

型腔铣的检查几何体与平面铣类似,用于指定不允许刀具切削的部位,如压板、虎钳等,不同之处是型腔铣的定义范围更广,可把实体、片体、表面、曲线等各种类型的几何体对象定义为检查几何体。

② 修剪边界。

修剪边界用于修剪刀位轨迹,去除修剪边界内侧或外侧的刀轨,且边界必须是封闭边界。

③ 切削区域。

切削区域用于创建局部刀轨路径。可以选择部件表面的某个面作为切削区域,而不选择整个部件,这样就可以省去创建整个部件的刀具路径,然后使用修剪功能对刀具路径进行进一步的编辑操作。当把切削区域限制在较大部件的较小区域中时,切削区域还可以减少系统计算路径的时间。

切削区域常用于如图 3.4 所示的模具加工。许多模具型腔都需要应用“分割加工”策略,这时型腔将被分割成独立的可管理的区域。随后可以针对不同区域(如较宽的开放区

域或较深的复杂区域)应用不同的策略。这一点在进行高速铣削加工时显得尤其重要。

图 3.4　切削区域模具图例

【切削层】:型腔铣的加工原理是在刀轨路径的同一高度内完成一层切削,当遇到曲面时将会绕过,再下降一个高度进行下一层的切削,系统按照零件在不同深度的截面形状计算各层的刀路轨迹。

型腔铣是水平切削操作(2.5 维操作),包含多个切削层,切削层由切削深度范围和每层深度来定义,一个范围包含了两个垂直于刀轴的平面,通过两个切削平面定义切削的材料量。每个切削范围可以根据部件几何体的形状确定切削层的切削深度,各个切削范围都可以独立地设定各自的均匀深度。

系统在图形区以不同大小和颜色的平面符号标识切削层,如图 3.5 所示。默认情况下,它们的含义如下:大三角形是范围顶部、范围底部和临界深度;小三角形是切削深度。

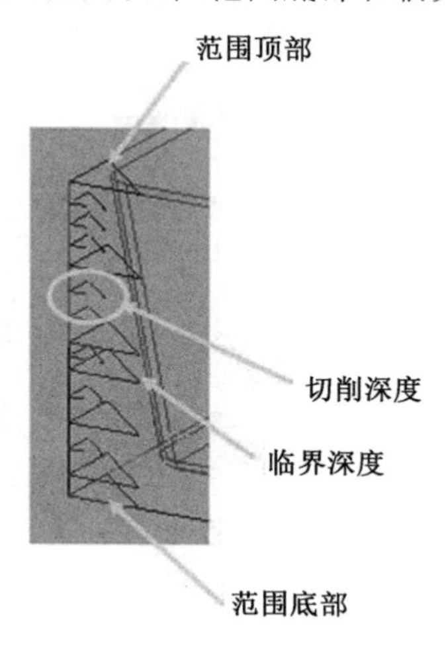

图 3.5　切削层示意图

型腔铣操作提供了全面、灵活的方法对切削范围、切削深度进行编辑。在【型腔铣】对话框中单击“切削层”图标按钮,弹出【切削层】对话框如图 3.6 所示,其范围类型如表 3.1 所示。下面分别讲解切削层中的其他选项的定义和用法。

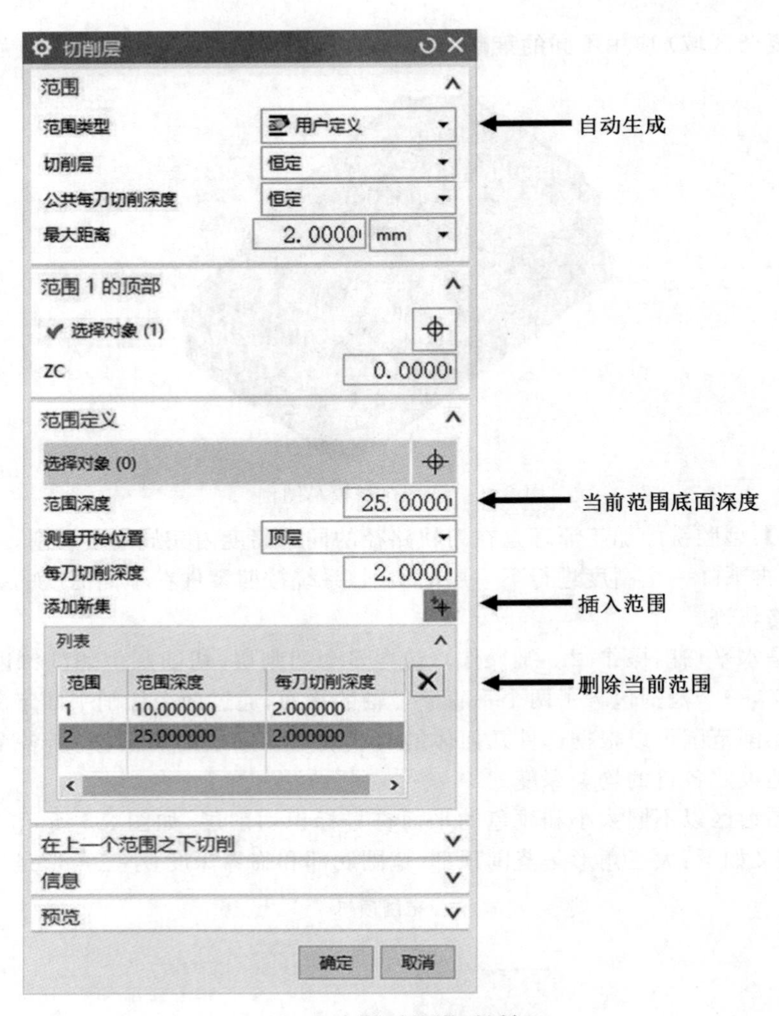
切削层
范围
范围类型
用户定义
切削层
恒定
公共每刀切削深度
恒定
最大距离
2.0000
mm
范围 1 的顶部
选择对象 (1)
ZC
0.0000
范围定义
选择对象 (0)
范围深度
25.0000
测量开始位置
顶层
每刀切削深度
2.0000
添加新集
列表
范围
范围深度
每刀切削深度
1
10.000000
2.000000
2
25.000000
2.000000
在上一个范围之下切削
信息
预览
确定
取消
自动生成
当前范围底面深度
插入范围
删除当前范围

图 3.6 【切削层】对话框

表 3.1 切削层范围类型

<table>
<tr><td>自动</td><td>自动生成范围设置为与任何水平平面对齐，这些是部件的关键深度。只要没有添加或修改局部范围，切削层将保持与部件的关联性，系统将检测部件上的新的水平表面，并添加关键层与之匹配。选择这种方式时系统会自动寻找部件中垂直于刀轨矢量的平面。在两平面之间定义一个切削范围，并且两个平面上生成的较大的三角形平面之间表示一个切削层，每两个小三角形平面之间表示范围内的切削深度，如下图所示
</td></tr>
<tr><td>用户定义</td><td>通过定义每个新的范围的底平面创建范围。通过选择定义的范围将保持与部件的关联性，但不会检测新的水平表面。当切削层发生更改的时候就会自动变成用户定义</td></tr>
<tr><td>单侧</td><td>根据部件和毛坯几何体只设置一个切削范围。单个只能修改顶层和底层，如下图所示
</td></tr>
</table>

① 仅在底部范围。

在【切削层】对话框中选择“仅在底部范围”复选框时，则在绘图区只保留关键切削层，该参数设定只加工关键切削层的深度，即只加工工件存在平面区域的深度，该参数常用于精加工。

② 切削深度。

切削深度可以分为总的切削深度和每一刀的深度，可以定义为全局切削深度和某个切削范围内的局部切削深度。

③ 插入范围。

使用“插入范围”可在当前的范围下增加一个新范围。

④ 删除当前范围。

使用“删除当前范围”可删除当前的范围。当删除一个范围时，所删除范围下的一个范围将会进行扩展，以自顶向下的方式填充缝隙。如果删除仅有的一个范围时，系统将恢复默认的切削范围，该范围将从整个切削体积的顶部延伸到底部。

⑤ 测量开始位置。

顶部：从第一个切削范围的顶部开始测量范围深度值。

范围顶部：从当前突出显示的范围的顶部开始测量范围深度值。

范围底部：从当前突出显示的范围的底部开始测量范围深度。也可使用滑尺来修改范围底部的位置。

WCS 原点：从工作坐标系原点处开始测量范围深度值。

【空间范围】：型腔铣切削参数下面大部分设置与前面学的面铣一样，这里重点学习空间范围下面的过程工件。该选项主要用于二次开粗，是型腔铣中很重要的一个操作。如图 3.7 所示，包括三个选项："无""使用 3D" 和"使用基于层的"。

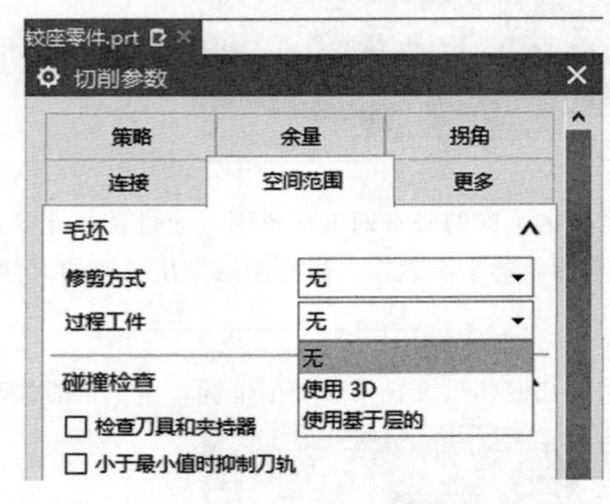

图 3.7 "过程工件"选项

① 无。

"无"选项是指在操作中不使用处理中的工件。也就是直接使用几何体父节点组中指定的毛坯几何体作为毛坯来进行切削，不能使用之前操作加工后的剩余材料作为当前操作的毛坯几何体。

② 使用 3D。

"使用 3D"选项是使用小平面几何体来表示剩余材料。选择该选项可以将前一次操作加工后剩余的材料作为当前操作的毛坯几何体，而且要有子父集关系，避免再次切削已经切削过的区域。

③ 使用基于层的。

"使用基于层的"选项和"使用 3D"类似，也是使用之前操作后的剩余材料作为当前操作的毛坯几何体并且使用之前操作的刀轴矢量，操作都必须位于同一几何父节点组内。使用该选项可以高效地切削之前操作中留下的弯角和阶梯面。

其中，"使用 3D"和"使用基于层的"都有"最小移除量"的选项，最小移除量是用来确定在使用处理中的工件、刀具夹持器或参考刀具时要移除的最少材料量。使用处理中的工件作为毛坯时，尤其是在较大的部件上，软件可能生成刀轨以移除小切削区域中的材料。在最小材料移除量设置的情况下，刀轨上移除量小于指定量的任何段均受到抑制，所以仅在较大的切削区域中生成刀轨。

另外，"无"和"使用 3D"还可以配合参考刀具选项使用，由于加工中刀具半径决定侧

壁之间的材料残余，刀具底角半径决定侧壁与底面之间的材料残余量，所以可以使用参考刀具来加工上一个刀具未加工到的剩余材料。

在【切削参数】对话框的“空间范围”选项卡中，可以设定参考刀具，设定此参数可以创建清角刀轨。

设置的参考刀具跟前一把刀具相比，可以放大也可以缩小，还可以是一把假想的刀具。

注意：如果用参考刀具清角，切削模式建议选用跟随部件。参考刀具生成的刀路只认刀具大小，不认 IPW，所以刀具容易直接扎在工件上，使用时要特别注意检查刀路的安全性。

2. **深度轮廓铣**

(1) 深度轮廓铣概述。

深度轮廓铣案例：凸柱

深度轮廓铣也称为等高轮廓铣，是一种特殊的型腔铣工序，只加工零件实体轮廓与表面轮廓，与型腔铣中指定为轮廓铣削方式加工有点类似。

深度轮廓铣是一种固定的轴铣削操作，通过多个切削层来加工零件表面轮廓。在深度轮廓铣操作中，除了可以指定部件几何体外，还可以指定切削区域作为部件几何体的子集，方便限制切削区域。如果没有指定切削区域，则将对整个零件进行切削。该模块经常应用到陡峭曲面（或斜面）的精加工和半精加工，如图 3.8 所示。

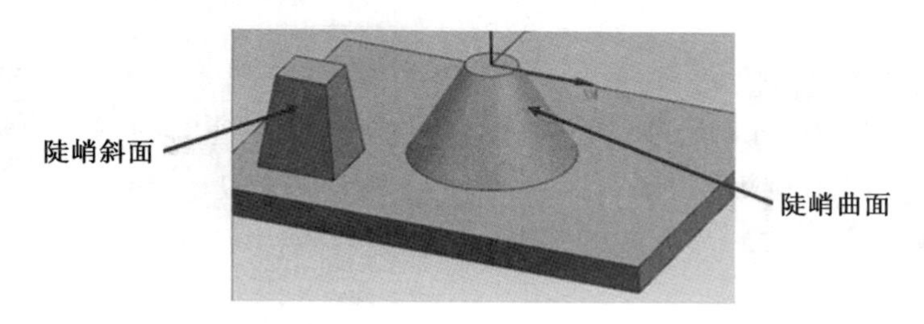

图 3.8　深度轮廓铣示例图

(2) 深度轮廓铣特点。

① 深度轮廓铣用于切除零件表面上的少许余量，以达到零件的半精加工要求或最终精加工要求。

② 深度轮廓铣刀轨为水平层状，切削层垂直于刀具轴线，每一切削层都切削到零件轮廓，如图 3.9 所示是典型零件深度轮廓铣刀轨示意图。

③ 深度轮廓铣可以不需要毛坯几何体。

④ 深度轮廓铣可以使用在操作中选择的或从铣削区域几何组中继承的切削区域。

⑤ 深度轮廓铣具有陡峭空间范围可定义。

⑥ 当首先进行深度切削时，深度轮廓铣按形状进行排序，而型腔铣按区域进行排序，因此，深度轮廓铣将使得岛部件形状上的所有层都将在移至下一个岛之前进行切削。

⑦ 深度轮廓铣对高速加工尤其有效。可以在一个操作中切削多个层，可以在一个操作中切削多个特征，可以对薄壁部件按层进行切削，也可以使刀具和材料保持恒定接触。

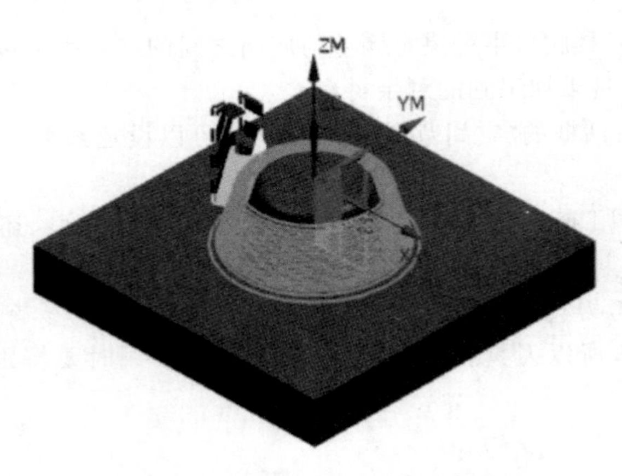

图 3.9　深度轮廓铣刀轨示意图

(3) 创建深度轮廓铣操作。

在【创建工序】对话框中选择加工类型为“mill_contour”,并在工序子类型中选择“深度轮廓铣”的图标,按【确定】后弹出对话框如图 3.10 所示。深度轮廓铣的参数与型腔铣基本相同,下面只对深度轮廓铣特有的参数选项进行说明。

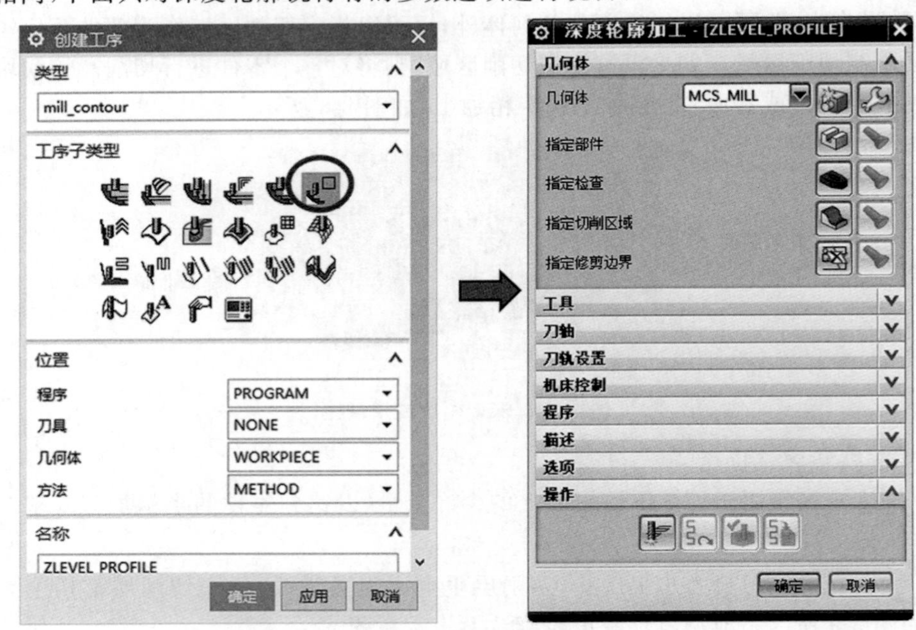

图 3.10　深度轮廓铣创建图

(4) 深度轮廓铣参数设置。

【陡峭空间范围】:深度轮廓铣加工外部参数“陡峭空间范围”主要用于设置陡峭的角度,部件的陡峭角度由刀轴和曲面法向之间的角度来定义,即为曲面法向与曲面竖直方向的夹角,如图 3.11 所示(表示只铣 45° 以上的陡峭角度)。陡峭空间范围分为“无”和“仅陡峭”的两种。当陡峭空间范围设置为“无”时,NX 软件会对部件的所有切削区域进行加工。当陡峭空间范围设置为“仅陡峭”时,NX 软件仅对陡峭角度大于等于指定角度的区

域进行加工。“陡峭角度”是深度轮廓铣区别于其他型腔铣操作的一个关键参数。部件上任何给定点处的陡峭角度可定义为刀轴和曲面法向之间的角度。陡峭角度用于区分陡峭与非陡峭区域。陡峭区域是指部件的陡峭角度大于指定陡峭角度的区域。

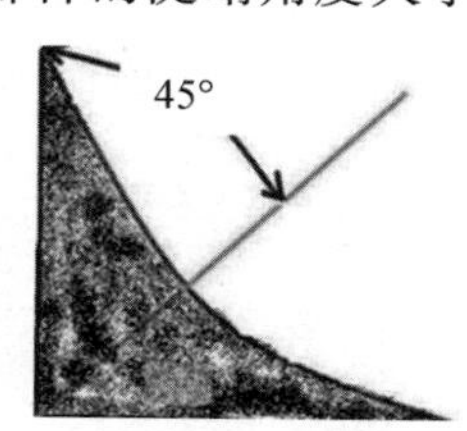

图 3.11　陡峭角度为 45° 示意图

【合并距离】:合并距离值决定了连接切削移动的端点时刀具要跨过的距离。指在刀具切削过程中,当刀具运动的两个端点之间的距离小于用户指定的合并距离时,系统把这两个端点进行合并,以减少刀具不必要的退刀运动,从而提高加工效率。如图 3.12 所示为分别设置不同合并距离的刀路结果。

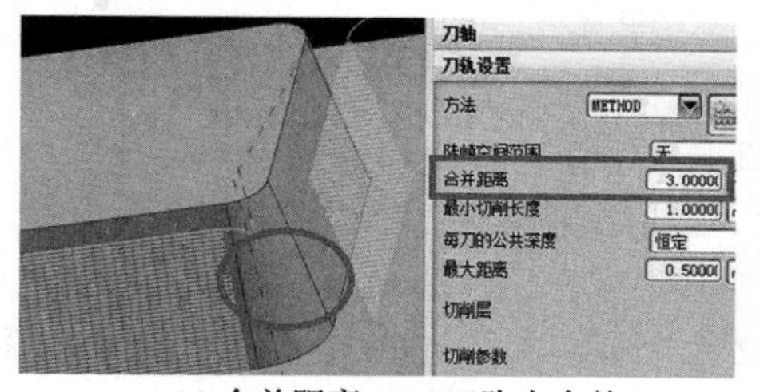

(a) 合并距离3 mm刀路未合并

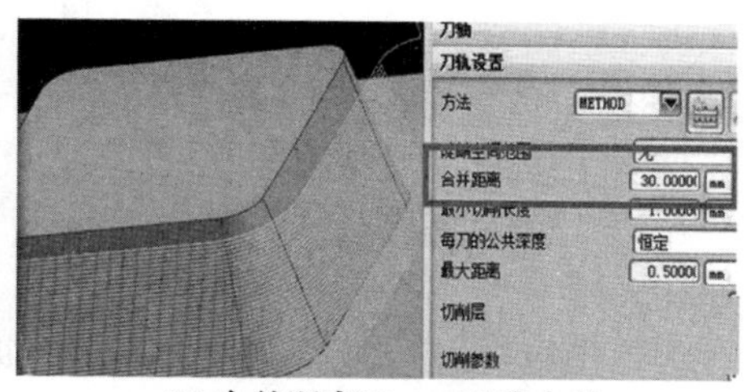

(b) 合并距离30 mm刀路合并

图 3.12　合并距离示例图

【最小切削长度】:最小切削长度用于消除小于指定值的刀轨段。指定合适的最小切削长度,可以消除零件岛屿区域内的刀具路径,因为切削运动距离小于指定的最小切削长度值,系统不会在该处创建刀具路径。主要是局部避让比较窄的区域,防止一些比较薄的筋条变形等。

【切削顺序】:切削顺序是深度轮廓铣的内部参数,单击深度轮廓铣操作对话框中的切削参数,系统弹出如图 3.13 所示对话框。当切削方向选择顺铣或逆铣时,切削顺序有三种选择:层优先、深度优先、始终深度优先;当切削方向选择混合时,切削顺序只有两种选择:深度优先、始终深度优先。

深度轮廓与按切削区域排列切削轨迹的型腔铣不同,深度轮廓铣是按形状排列切削轨迹的。在深度轮廓铣中可以按“深度优先”对形状执行轮廓铣,也可以按“层优先”对形状执行轮廓铣。在前者中,是在加工完一个形状后才进行下一个形状的加工;在后者中,所有形状都是在特定层中执行轮廓铣的,该层加工完之后才切削下一层中的各个形状,这种情况会产生很多跳刀,只在特定场合使用,一般结构采用深度优先或始终深度优先。

【延伸路径】:该选项主要用来设定刀具在切入切出时的刀轨,它包括“在边上延伸”“在边上滚动刀具”“在刀具接触点下继续切削”。

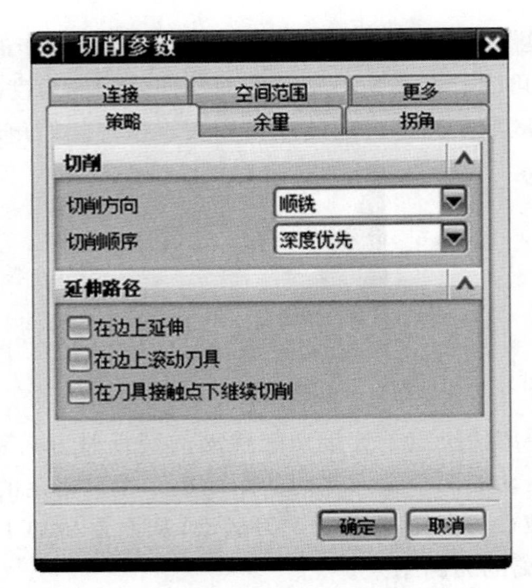

图 3.13　切削顺序设置

① 在边上延伸。

该选项用于避免刀具切削外部边缘时停留在边缘处。常使用该选项来加工部件周围多余的材料。通过它在刀轨刀路的起点和终点添加切削移动,以确保刀具平滑地进入和退出部件。

系统根据所选的切削区域来确定边缘的位置,因此,如果选择的实体不带切削区域,则没有可延伸的边缘。刀路将以相切的方式在切削区域的所有外部边缘上向外延伸,如图 3.14 所示。

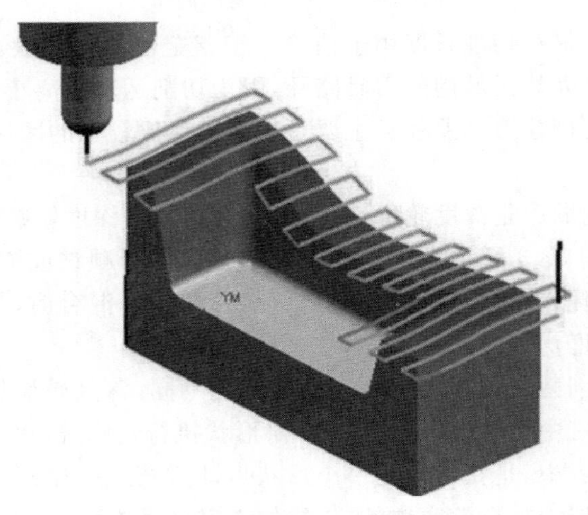

图 3.14　在边上延伸示意图

② 在边上滚动刀具。

该选项用于控制是否发生边缘滚动。边缘滚动通常是一种不希望出现的情况。发生在驱动轨迹的延伸超出部件表面的边缘时,刀具在仍与部件表面接触的同时试图达到边界,此时刀具沿着部件表面的边缘滚过很可能会过切部件。当选中“在边上滚动刀具”复选框时，允许发生边缘滚动，如图 3.15 所示。

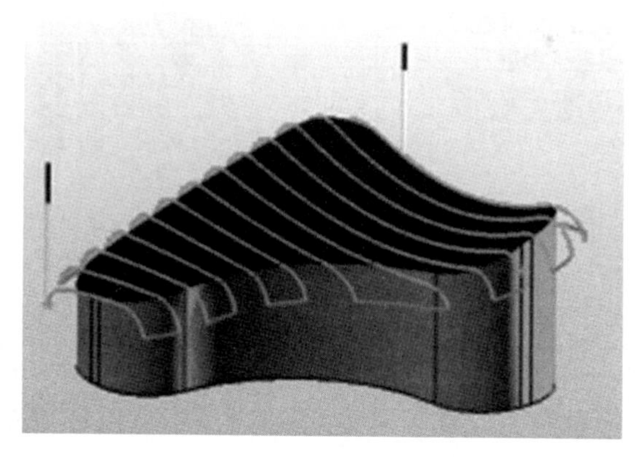

图 3.15 在边上滚动刀具示意图

【层到层】：层到层是一个专用于深度轮廓铣的切削参数。使用层到层主要用于确定刀具从一层到下一层的走刀方式，使用该选项可切削所有的层而无须抬刀到安全平面。它包括如图 3.16 所示的四个选项："使用转移方法""直接对部件进刀""沿部件斜进刀""沿部件交叉斜进刀"。

注意：这个层与层之间的选项与切削方向的选择有关，当切削方向选择顺铣或逆铣时才有四个选项，若为混合时，只有"使用转移方法""直接对部件进刀" 两个选项。

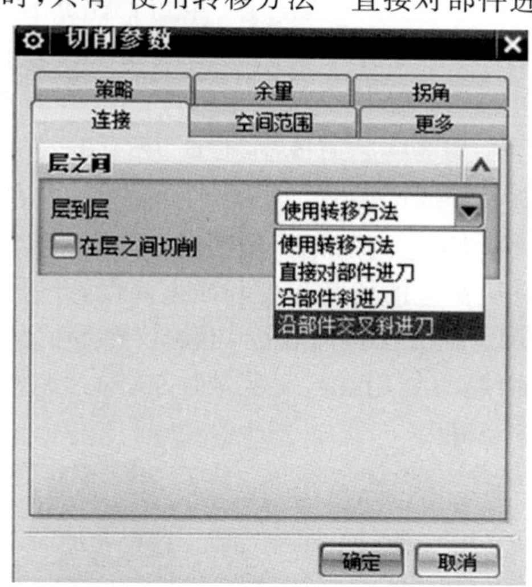

图 3.16 层与层连接设置

① 使用转移方法。

该选项将使用在进刀 / 退刀设置中所指定的任何信息。如图 3.17 所示，刀具在完成每个刀路后都会抬刀至安全平面，然后进刀。该方法安全，但提刀太多，适用于封闭形状工件的精加工。

② 直接对部件进刀。

该选项将跟随部件，与普通步距运动相似，消除了不必要的内部进刀，如图 3.18 所

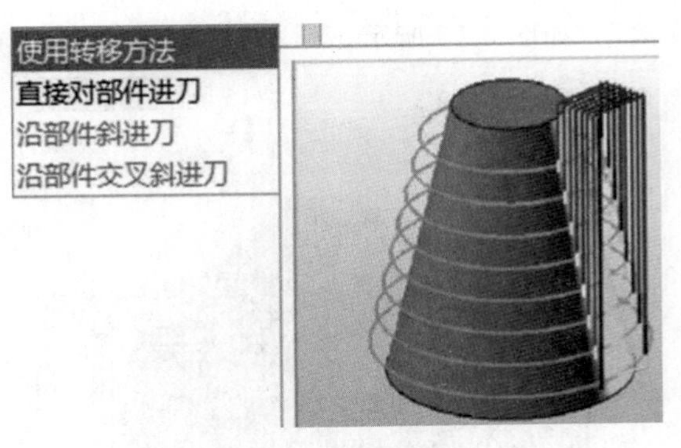

图 3.17　使用转移方法示意图

示,直接对部件进刀是一种快速的直线移动,不执行过切或碰撞检查。该方法提刀较少,但进入下一层为直线,该方式对刀具磨损大。

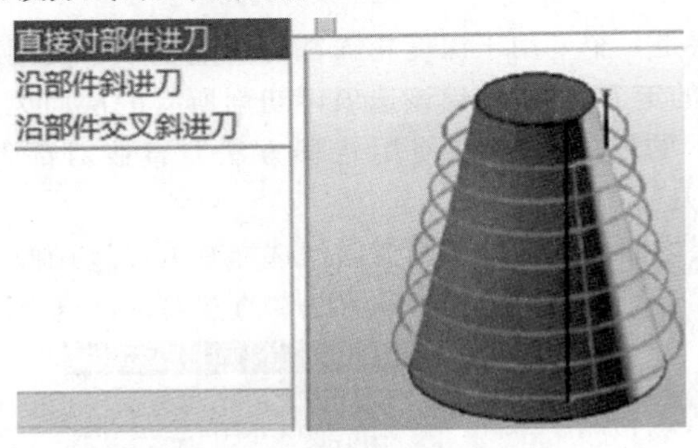

图 3.18　直接对部件进刀示意图

③ 沿部件斜进刀。

该选项跟随部件从一个切削层到下一个切削层,斜削角度为进刀 / 退刀设置中指定的倾斜角度,这种切削具有更恒定的切削深度和残余高度,并且能在部件顶部和底部生成完整的刀路,如图 3.19 所示。该方法提刀较少,但建议熟悉工况者使用,且进刀速度需调整,各层起点为一组平行曲线,只能用在封闭区域加工,通过调整角度,可变为螺旋走刀。

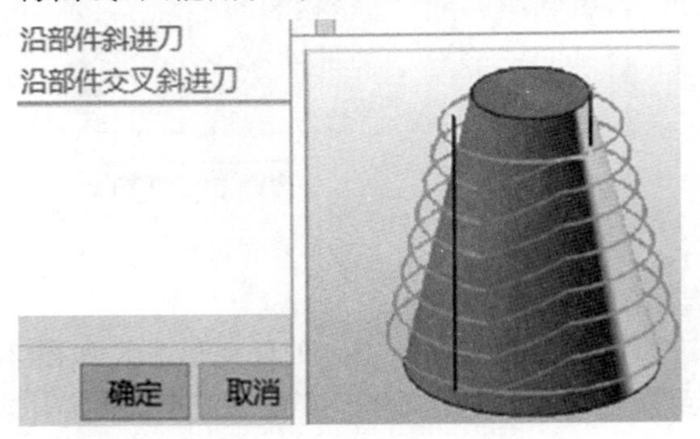

图 3.19　沿部件斜进刀示意图

④ 沿部件交叉斜进刀。

该方法与“沿部件斜进刀”相似，不同的是在斜切进下一层之前完成每个刀路，使进刀线首尾相接，特别适合高速加工。特点是提刀较少，进入下一层起点为上一层终点位置，各层起点为一条连续曲线，如图 3.20 所示。需要注意的是，该方法只能用于封闭形状加工。

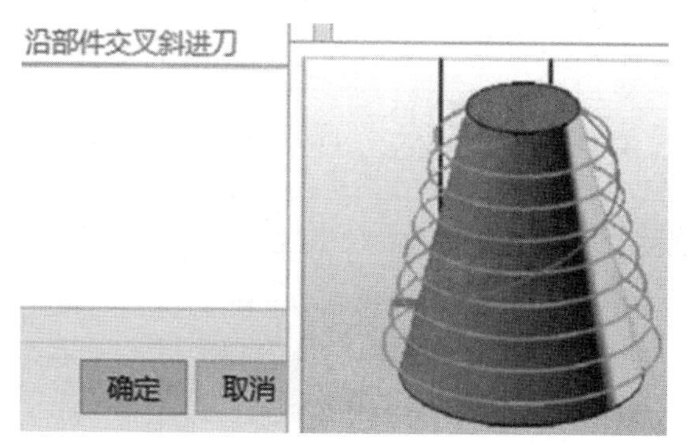

图 3.20　沿部件交叉斜进刀示意图

项目实施

1. 工艺过程

根据球铰支座的零件结构，该项目的工艺过程设计如图 3.21 所示。

球铰支座项目分析

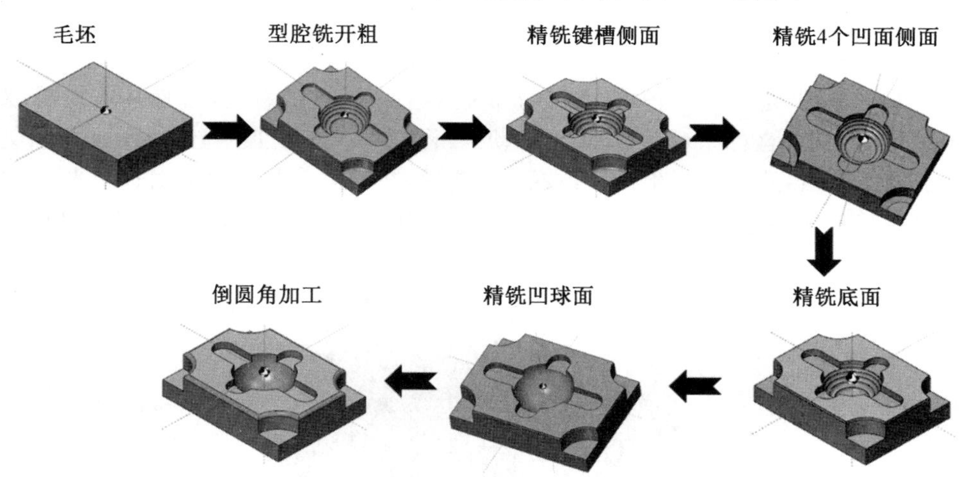

图 3.21　球铰支座工艺过程图(彩图见附录二)

2. 加工工序卡

根据零件结构及工艺过程，编制加工工序卡，如表 3.2 所示。

表 3.2　球铰支座加工工序卡

<table>
<tr><td colspan="3" rowspan="2"></td><td>工序卡名称</td><td>零件图号</td><td>材料</td><td>夹具</td><td colspan="2">使用设备</td></tr>
<tr><td>球铰支座的编程加工</td><td>图 3.1</td><td>45</td><td>虎钳</td><td colspan="2">三轴数控铣床</td></tr>
<tr><td>工步</td><td>工步内容</td><td>加工策略</td><td>刀具号</td><td>刀具规格</td><td>主轴转速
/(r·min^{-1})</td><td>进给量
/(mm·min^{-1})</td><td>余量
/mm</td></tr>
<tr><td>1</td><td>开粗</td><td>型腔铣</td><td>01</td><td>ϕ16R1 铣刀</td><td>3 200</td><td>2 000</td><td>0.5</td></tr>
<tr><td>2</td><td>精铣键槽侧面</td><td>平面铣</td><td>02</td><td>ϕ10 四刃立铣刀</td><td>3 500</td><td>1 800</td><td>0.3</td></tr>
<tr><td>3</td><td>精铣 4 个凹面侧面</td><td>平面铣</td><td>02</td><td>ϕ10 四刃立铣刀</td><td>3 500</td><td>1 800</td><td>0.3</td></tr>
<tr><td>4</td><td>精铣底面</td><td>面铣</td><td>02</td><td>ϕ10 四刃立铣刀</td><td>3 500</td><td>1 800</td><td>0.1</td></tr>
<tr><td>5</td><td>精铣凹球面</td><td>深度轮廓铣</td><td>03</td><td>R4 球刀</td><td>4 000</td><td>1 500</td><td>0.1</td></tr>
<tr><td>6</td><td>倒圆角</td><td>深度轮廓铣</td><td>03</td><td>R4 球刀</td><td>4 000</td><td>1 500</td><td>0.1</td></tr>
</table>

球铰支座编程加工

3. 项目实施步骤

(1) 建立坐标系。

打开零件模型，进入加工模块，在工序导航器空白处点击右键，选择几何视图，双击“MCS-MILL”，选择坐标系对话框，采用自动判断的方式，选择工件上表面的几何中心作为工件坐标系原点，建立加工坐标系，按【确定】后，在安全设置选项下面选择平面，选取模型上表面往上偏移 30 mm 的位置为安全平面，如图 3.22 所示，按【确定】后退出。

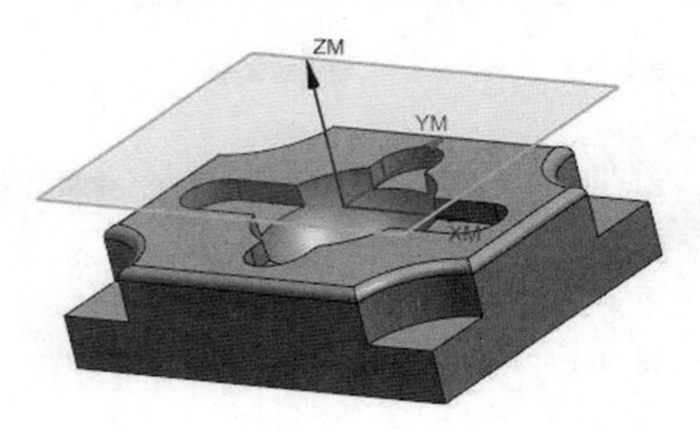

图 3.22　建立球铰支座加工坐标系及安全平面

(2) 创建部件及毛坯几何体。

在工序导航器中双击“WORKPIECE”，弹出【创建几何体】对话框。分别点击“指定部件”和“指定毛坯”创建部件几何体和毛坯几何体。部件几何体选模型零件本身，毛坯

几何体选用包容块的方式创建六面都为零碰零的精坯，创建如图 3.23 所示，按【确定】后退出。

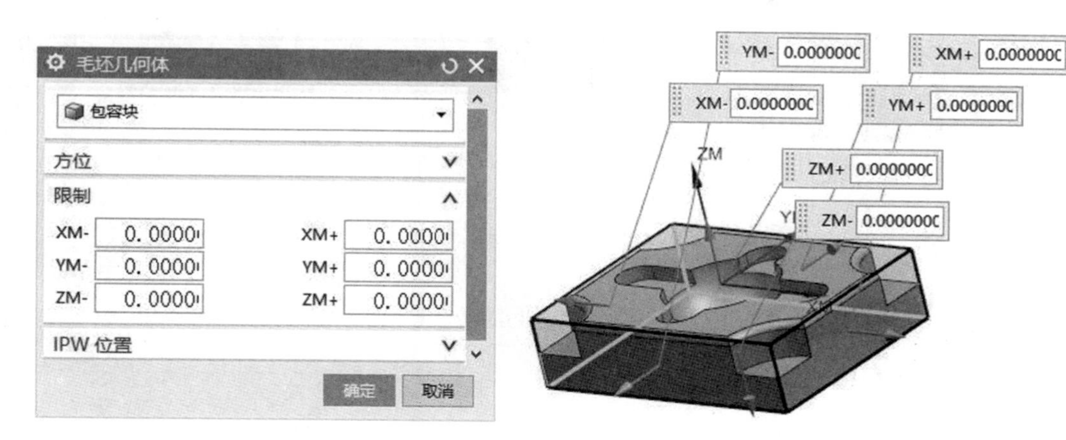

图 3.23 创建毛坯

(3) 创建刀具。

在工序导航器空白处点击右键，选择机床视图，在未用项上点击右键，插入刀具或点击菜单栏的“创建刀具”图标。根据上面工序卡中对应的刀具，依次在【创建刀具】对话框中选择对应的刀具子类型进行创建。1 号粗加工铣刀，选择类型为“mill_contour”，刀具子类型为“MILL”(铣刀)，修改名称为 D16R1，如图 3.24(a) 所示，按【确定】后弹出对话框，把直径改为 16 mm，下半径为 1 mm，刀具号及补偿号都为 1 mm，如图 3.24(b) 所示。再用同样的方法创建 2 号立铣刀，创建刀具参数如图 3.24(c) 所示。接着创建球刀头，刀具子类型选择“BALL-MILL”(球刀) 如图 3.24(d) 所示，修改对应参数如图 3.24(e) 所示，按【确定】后完成刀具创建。

(4) 创建工序 —— 型腔铣开粗。

① 创建型腔铣工序。

在工序导航器的空白处右击选择程序顺序视图，在 PROGRAM 上点击右键，选择插入工序，或点击“创建工序”图标，弹出【创建工序】对话框，类型选择“mill_contour”，工序子类型选择型腔铣，其他设置如图 3.25(a) 所示。按【确定】后进入【型腔铣】对话框，设置如图3.25(b) 所示，不指定切削区域。

② 切削参数设置。

点击“切削参数”的图标，设置余量选项卡如图 3.26 所示，侧面留 0.3 mm 余量，底面留0.1 mm余量；设置连接选项卡如图 3.27 所示，即开放刀路选择“变换切削方向”；策略选项卡如图3.28 所示，切削顺序设置为“深度优先”，拐角选项卡设置所有刀路光顺半径为刀具直径的 10%，如图 3.29 所示。

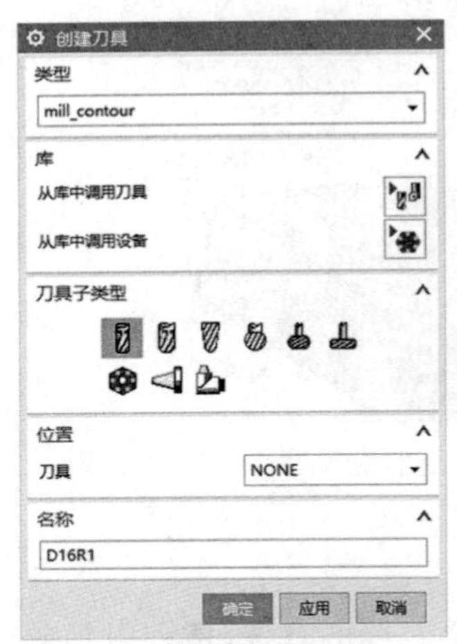

(a) 创建立铣刀对话框

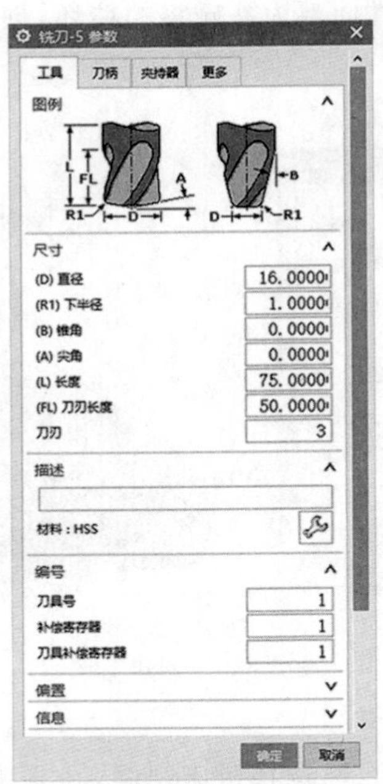

(b) 创建1号刀

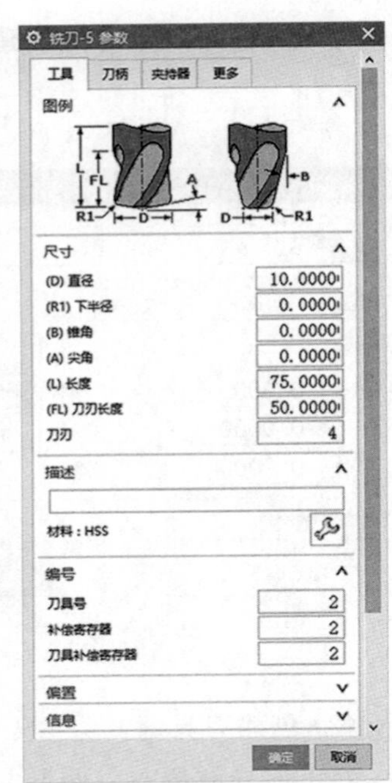

(c) 创建2号刀

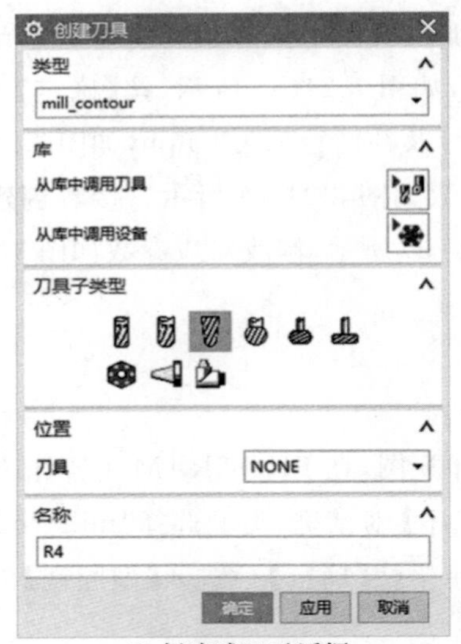

(d) 创建球刀对话框

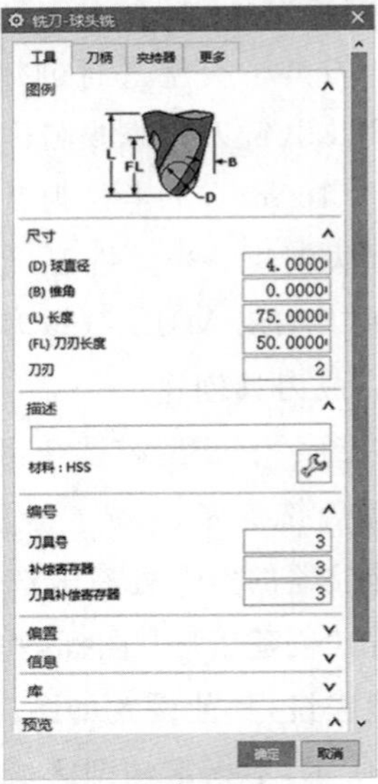

(e) 创建3号刀

图 3.24　创建球铰支座刀具

(a) 创建型腔铣工序界面

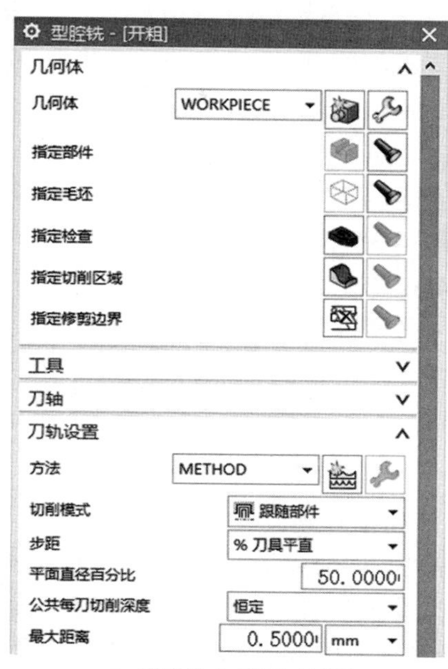

(b) 型腔铣主界面对话框

图 3.25 创建球铰支座型腔铣工序

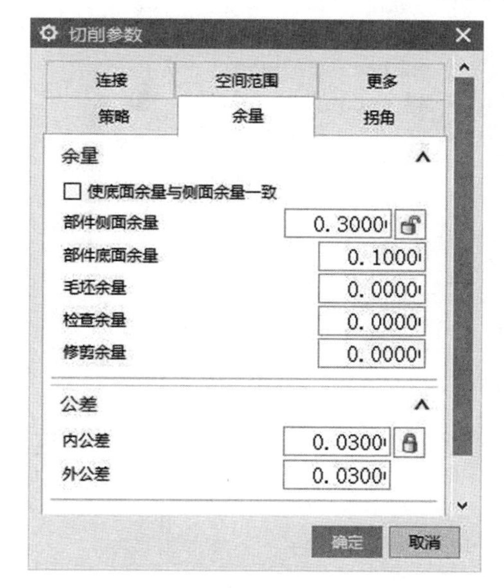

图 3.26 球铰支座开粗余量设置

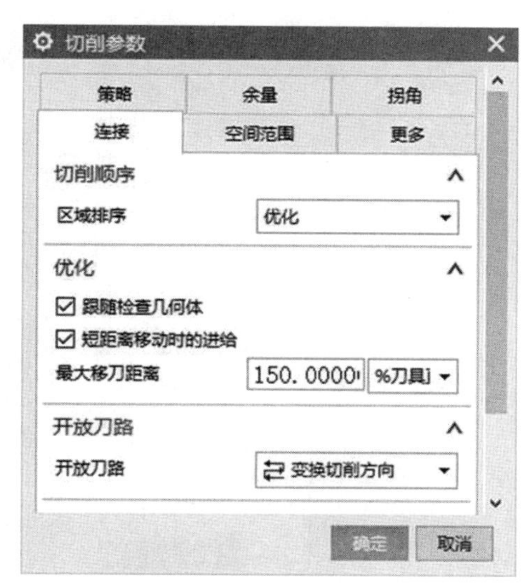

图 3.27 球铰支座开粗连接设置

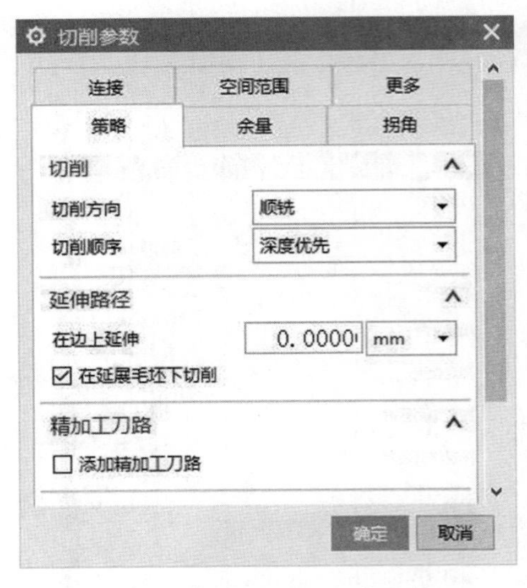

图 3.28 球铰支座开粗策略设置

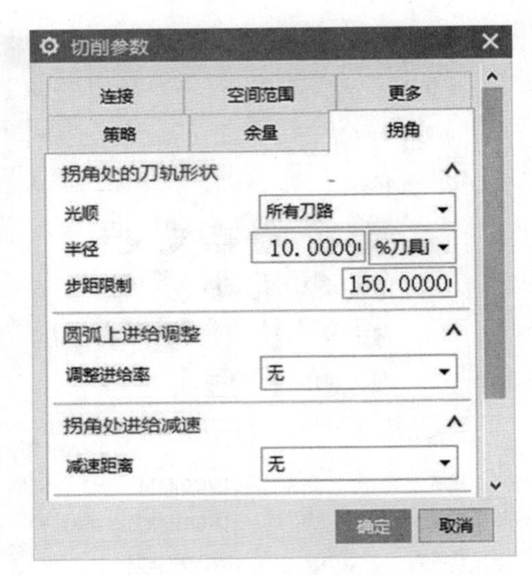

图 3.29 球铰支座开粗拐角设置

③ 非切削移动设置。

点击“非切削移动”的图标，进刀选项设置封闭区域进刀类型设为“螺旋”，开放区域进刀类型设为“线性”，参数设置如图 3.30 所示，转移快速选项卡，把区域内的转移类型改为“前一平面”，距离为3 mm，其他默认设置，如图 3.31 所示。

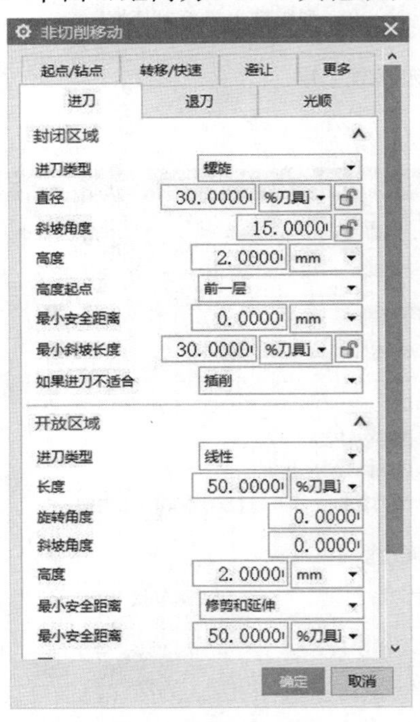

图 3.30 球铰支座开粗进刀设置

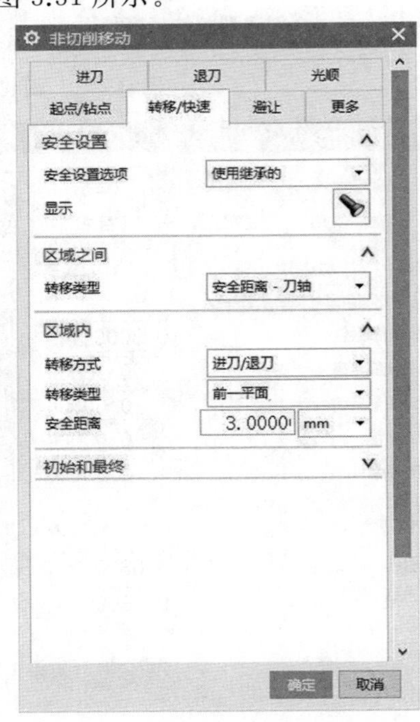

图 3.31 球铰支座开粗转移 / 快速设置

④ 进给率和转速设置。

进给率和转速设置如图 3.32 所示，主轴转速为 3 200 r/min，进给率为2 000 mm/min。

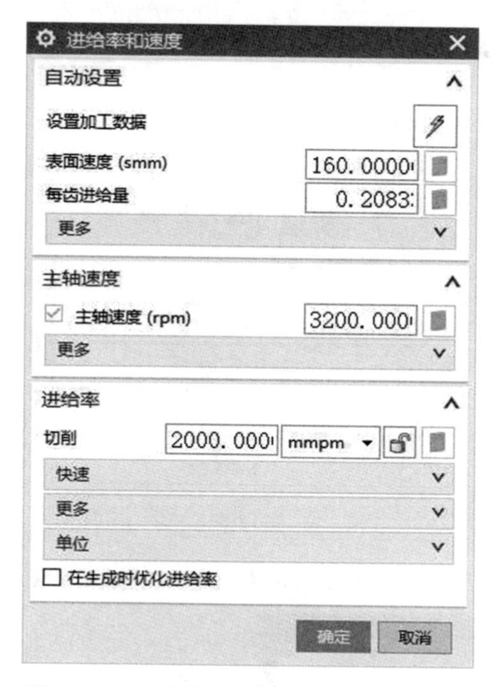

图 3.32　球铰支座开粗进给率和转速设置

⑤ 生成刀路。

其他均采用软件默认设置,点击【确认】,生成刀路如图 3.33 所示。

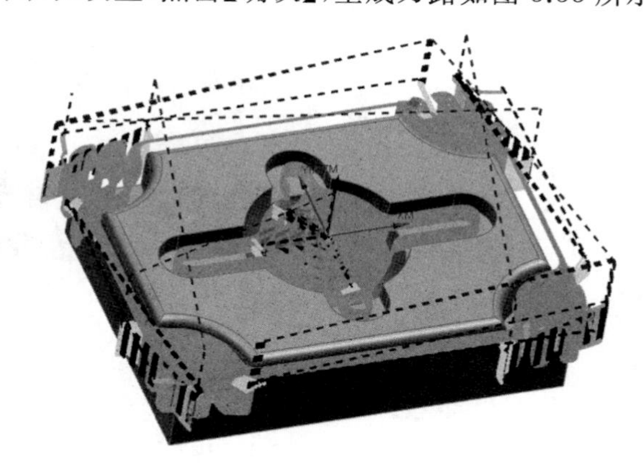

图 3.33　球铰支座开粗刀路

(5) 创建工序 —— 精铣键槽侧面及 4 个凹面侧面。

① 创建平面铣的工序。

点击"创建工序"图标,类型选择"mill_planar",工序子类型选"平面铣",刀具选用D10 的四刃立铣刀,几何体选择"WORKPIECE",如图 3.34 所示,按【确定】后弹出对话框,切削模式选用轮廓,刀具平直百分比取 30%,部件边界用曲线的方式选择已经画好的键槽的封闭曲线草图,如图 3.35 所示,"指定底面"选择键槽的底部。

图 3.34　创建精铣键槽侧面的平面铣工序

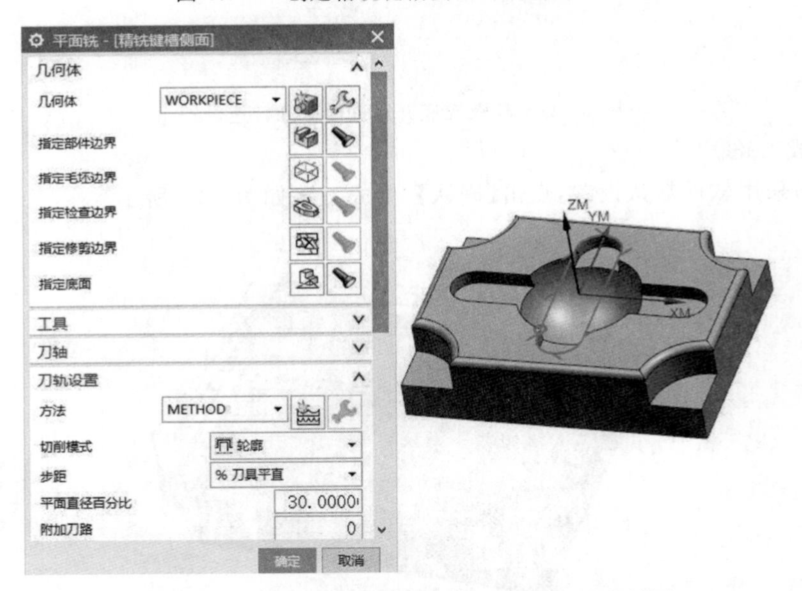

图 3.35　精铣键槽侧面的平面铣工序界面及边界图

② 切削参数设置。

点击“切削参数”的图标，设置余量选项卡如图 3.36 所示，部件余量为 0，最终底面余量为 0.05 mm；内外公差改为 0.01 mm。其他选项卡为默认设置。

③ 非切削移动设置。

点击“非切削移动”的图标，进刀选项设置封闭区域进刀类型选择“与开放区域相同”，开放区域进刀类型为“圆弧”，参数设置如图 3.37 所示，起点 / 钻点选项卡中，设置重叠距离为 0.5 mm，如图3.38 所示。其他默认设置。按【确定】后返回主界面。

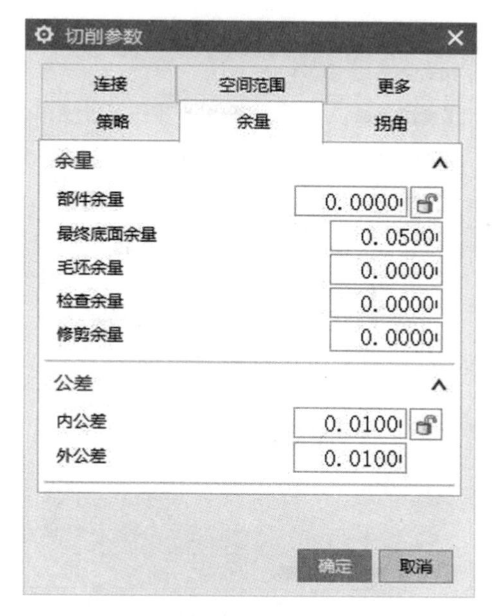

图 3.36 精铣键槽侧面余量设置

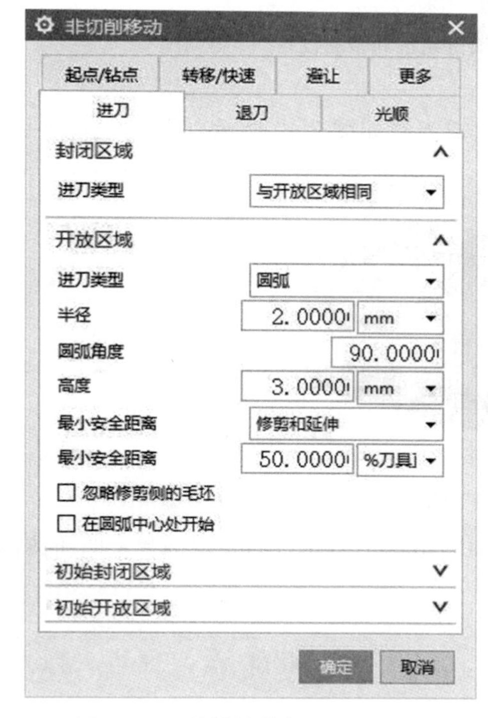

图 3.37 精铣键槽侧面进刀设置

图 3.38 精铣键槽侧面起点 / 钻点设置

④ 进给率和转速设置。

进给率和转速设置如图 3.39 所示，主轴转速为 3 500 r/min，进给率为1 800 mm/min。

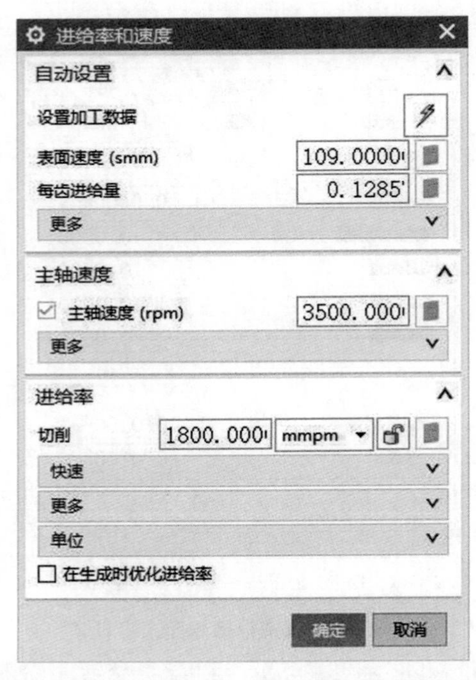

图 3.39　精铣键槽侧面进给率和转速设置

⑤ 生成刀路。

其他均采用软件默认设置，点击【确认】，生成刀路如图 3.40 所示。

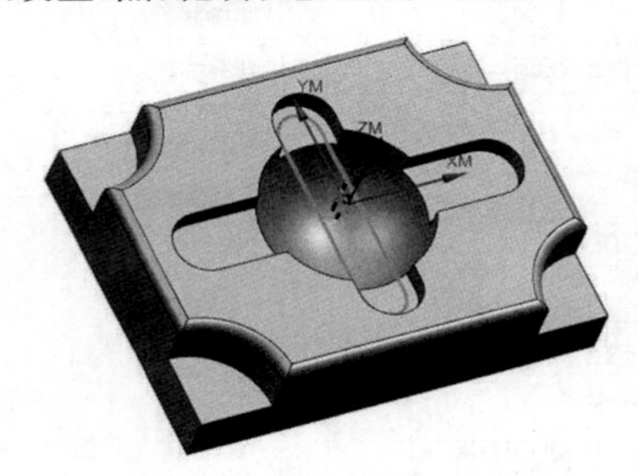

图 3.40　精铣键槽侧面刀路

⑥ 用上面同样的方法生成另一个键槽侧面的精加工刀路（图 3.41）及 4 个凹面侧面精加工刀路，如图 3.42 所示。

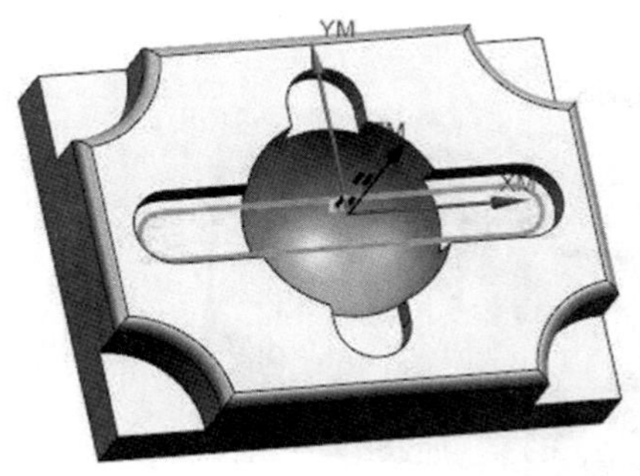

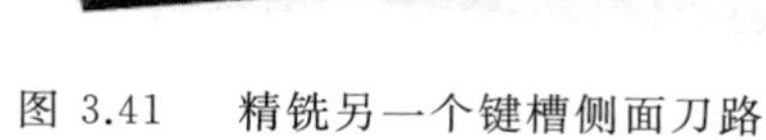
图 3.41　精铣另一个键槽侧面刀路

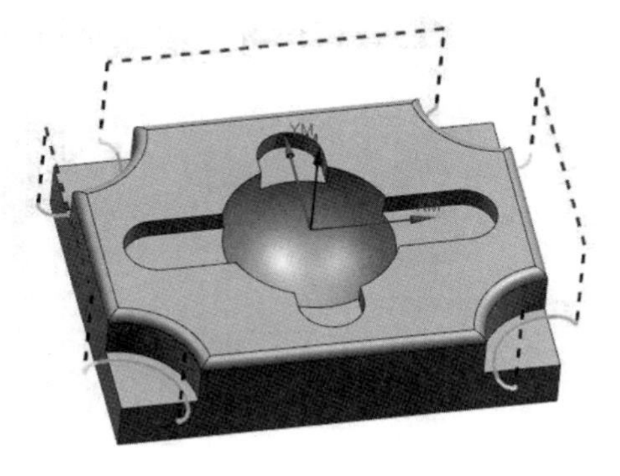

图 3.42　精铣 4 个凹面侧面刀路

(6) 创建工序 —— 精铣底面。

① 创建带边界面铣的工序。

点击“创建工序”图标，类型选择“mill_planar”，工序子类型选“带边界面铣”，刀具选用 D10 的四刃立铣刀，几何体选择“WORKPIECE”，如图 3.43 所示，按【确定】后弹出对话框，切削模式选用跟随部件，刀具平直百分比取 30%，部件边界采用面的方式选择各加工表面，如图 3.44 所示。

图 3.43　创建精铣底面的面铣工序

② 切削参数设置。

点击“切削参数”的图标，设置余量选项卡如图 3.45 所示，部件余量为 0.05 mm，最终底面余量为 0；内、外公差改为 0.01 mm。连接选项卡开放刀路改为“变换切削方向”如图

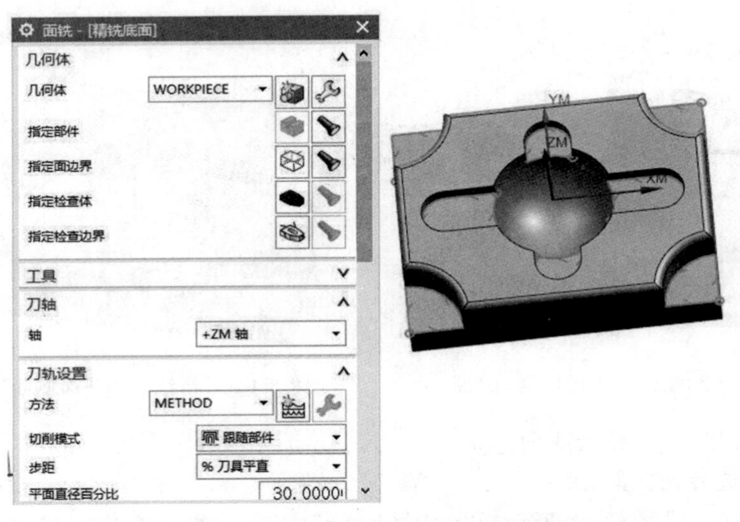

图 3.44　精铣底面的面铣工序界面及面边界图

3.46 所示，其他选项卡为默认设置。

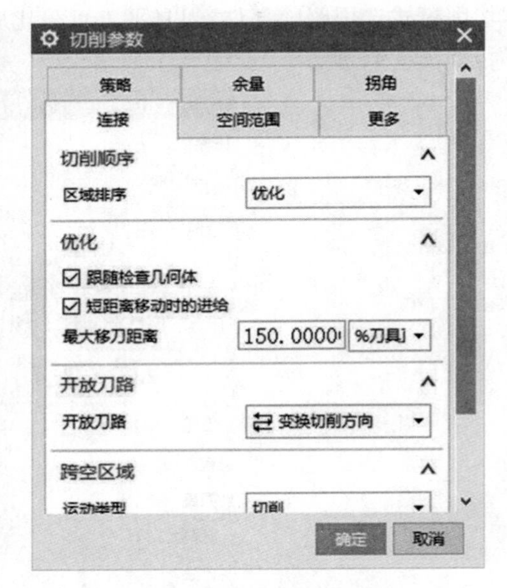

图 3.45　精铣底面余量设置　　　　图 3.46　精铣底面连接设置

③ 非切削移动设置。

点击“非切削移动”的图标，进刀选项设置封闭区域进刀类型选择“与开放区域相同”，开放区域进刀类型为“线性”，参数设置如图 3.47 所示，其他默认设置。按【确定】后返回主界面。

④ 进给率和转速设置。

进给率和转速设置如图 3.48 所示，主轴转速为 3 500 r/min，进给率为1 800 mm/min。

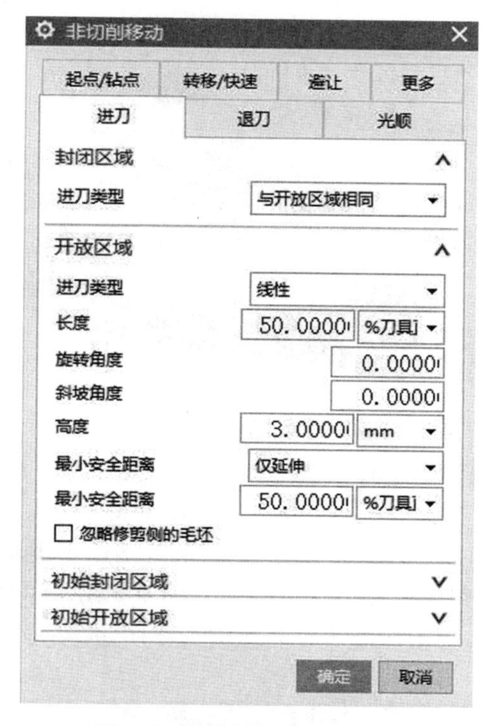

图 3.47　精铣底面进刀设置

图 3.48　精铣底面进给率和转速设置

⑤ 生成刀路。

其他均采用软件默认设置，点击【确认】，生成精铣底面刀路如图 3.49 所示。

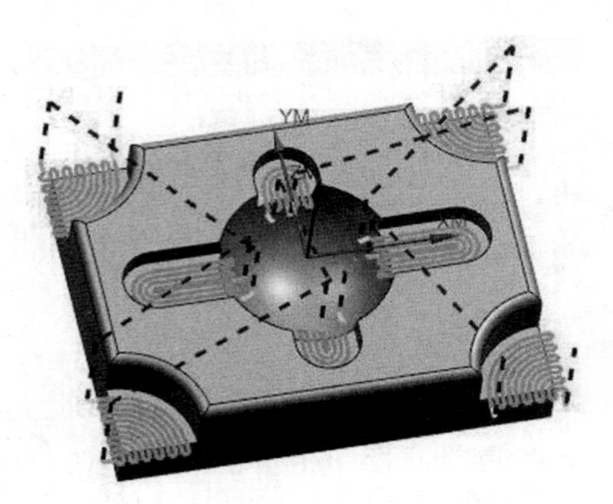

图 3.49　精铣底面刀路

(7) 创建工序 —— 精加工球面。

① 创建深度轮廓铣工序。

点击“创建工序”图标，类型选择“mill_contour”，工序子类型选择“深度轮廓铣”，刀具选用R4的球头铣刀，几何体选择“WORKPIECE2”，如图3.50所示，按【确定】后弹出对话框，设置如图3.51所示，切削区域选择如图所示球面，公共每刀切削深度设为“恒定”，最大距离设置为0.1 mm。

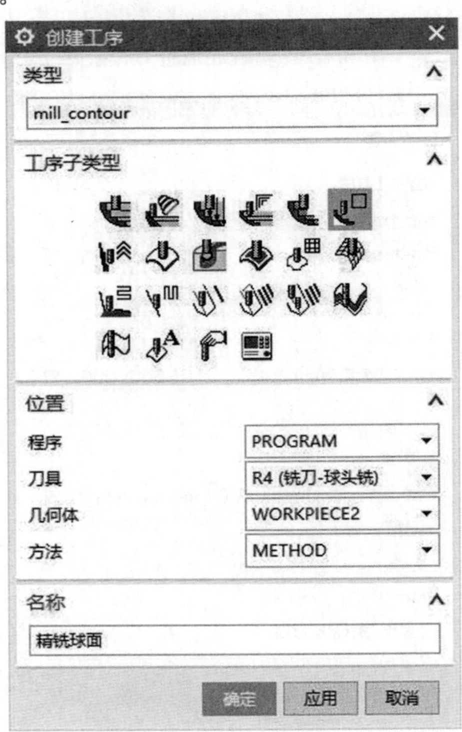

图 3.50　创建精加工球面的深度轮廓铣工序

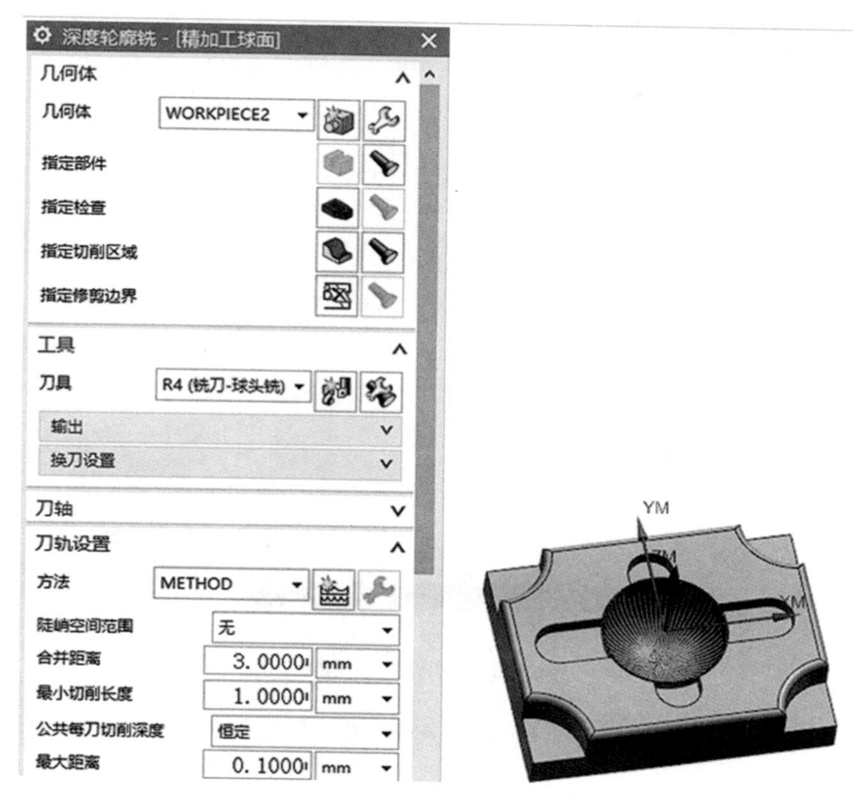

图 3.51　精加工球面的深度轮廓铣界面

注意：由于原来的球面已被两个键槽分割了一部分，不完整，因此此处的球面需要建模方式下重新构建一个完整的球面供切削区域选择，并把该部分单独设为一个部件，即为“WORKPIECE2”。

② 切削参数设置。

点击“切削参数”的图标，设置余量选项卡如图 3.52 所示，所有余量都为 0，策略选项卡中，切削顺序设为“始终深度优先”如图 3.53 所示，连接选项卡层到层设为“沿部件斜进刀”，斜坡角为 3°，如图 3.54 所示，其他选项卡为默认设置。

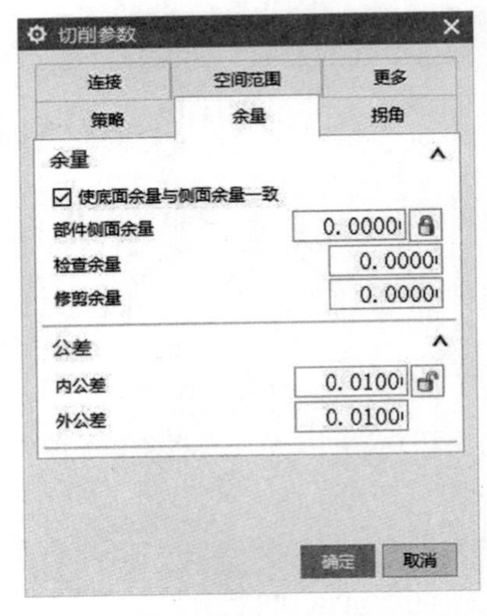

图 3.52　精加工球面余量设置

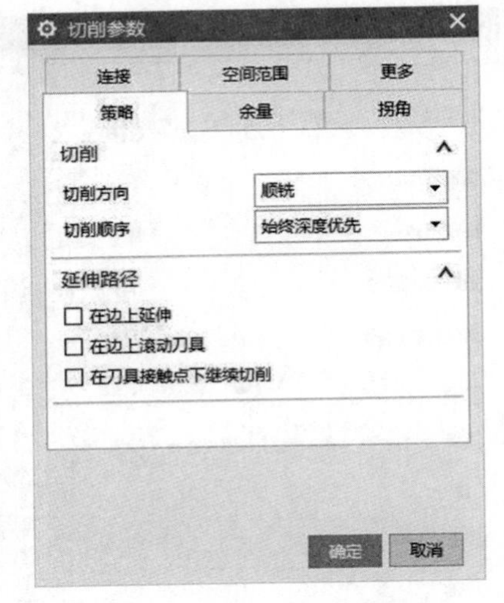

图 3.53　精加工球面策略设置

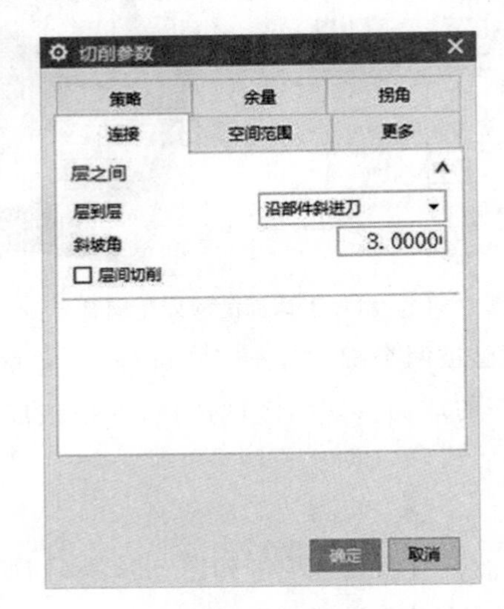

图 3.54　精加工球面连接设置

③ 非切削移动设置。

点击“非切削移动”的图标，进刀选项设置封闭区域进刀类型选择“与开放区域相同”，开放区域进刀类型为“圆弧”，参数设置如图 3.55 所示，其他默认设置。按【确定】后返回主界面。

④ 进给率和转速设置。

进给率和转速设置如图 3.56 所示，主轴转速为 4 000 r/min，进给率为1 500 mm/min。

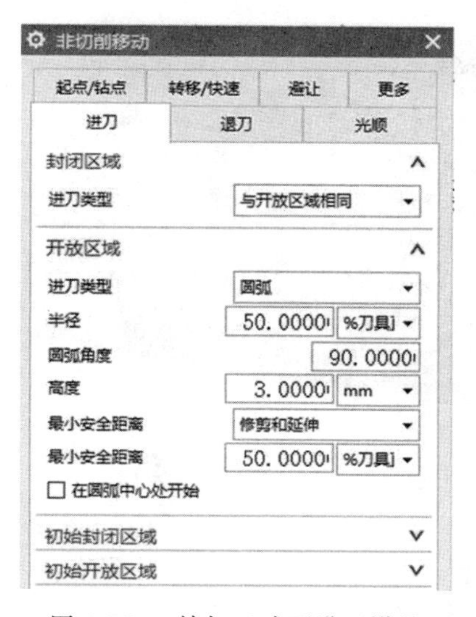

图 3.55　精加工球面进刀设置

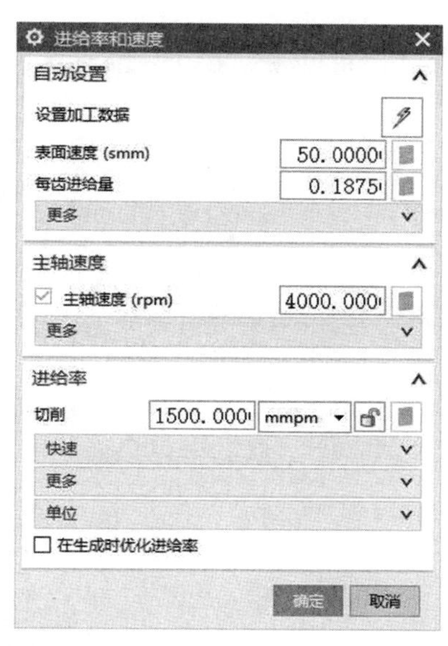

图 3.56　精加工球面进给率和转速设置

⑤ 生成刀路。

其他均采用软件默认设置，点击【确认】，生成精加工球面刀路如图 3.56 所示。

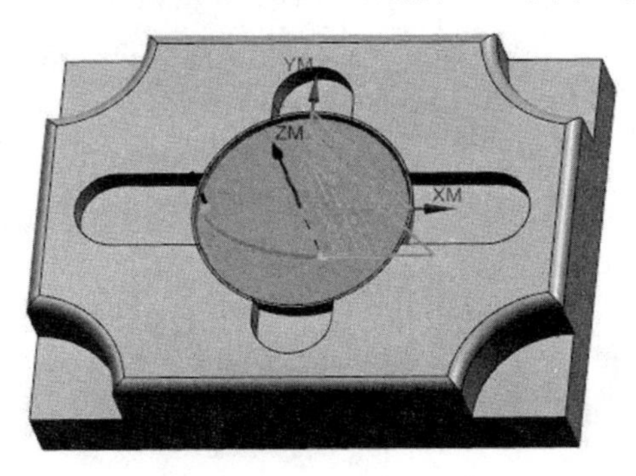

图 3.57　精加工球面刀路

(8) 创建工序 —— 倒圆角。

倒圆角跟上面精铣球面的策略和设置一样，只是切削区域发生了改变，切削区域选择 8 个倒圆角的面，如图 3.58 所示。生成刀路如图 3.59 所示。

(9) 仿真加工。

在工序导航器的程序顺序图中拾取所有的刀路轨迹，单击右键，按【刀轨】→【确认】，弹出【刀轨可视化】对话框，点击播放键，调整播放速度，进行 3D 仿真的结果如图 3.60 所示。

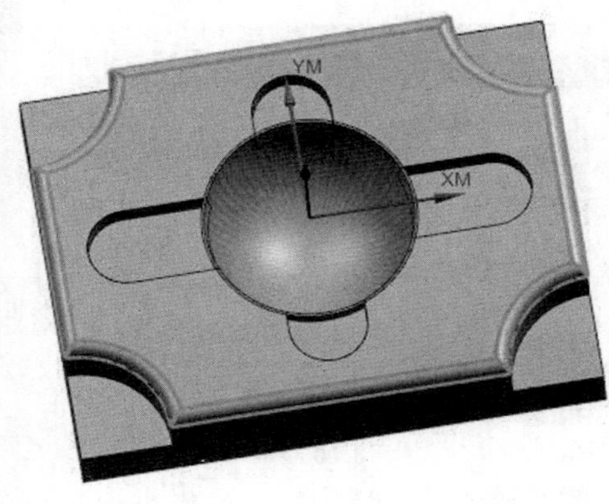

图 3.58　倒圆角区域

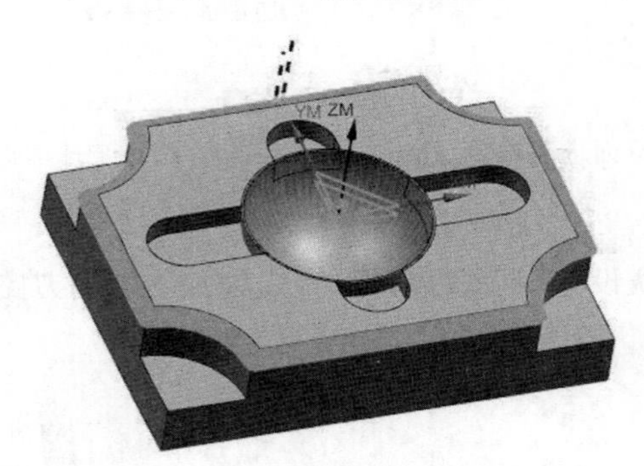

图 3.59　倒圆角刀路

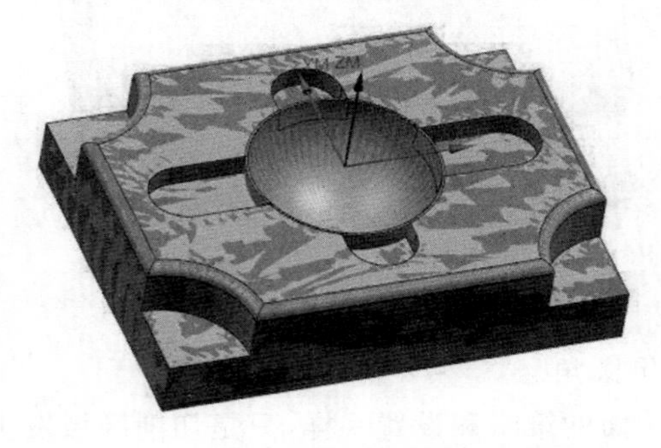

图 3.60　球铰支座仿真结果

(10) 后处理。

在工序导航器的拾取要后处理的轨迹，单击右键，选择“后处理”，弹出【后处理】对话框，选择合适的后处理器(这里选择 MILL_3_AXIS)，指定合适的文件路径和文件名称，单位设为公制，按【确定】后完成后处理，生成 NC 代码。如图 3.61 所示为拾取精加工球面的后处理 NC 代码加工程序界面。

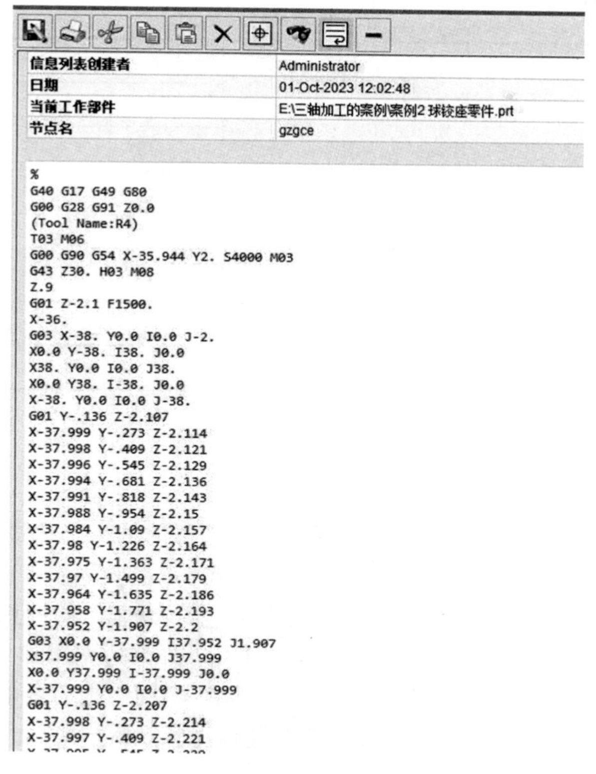

信息列表创建者	Administrator
日期	01-Oct-2023 12:02:48
当前工作部件	E:\三轴加工的案例\案例2 球铰座零件.prt
节点名	gzgce

```
%
G40 G17 G49 G80
G00 G28 G91 Z0.0
(Tool Name:R4)
T03 M06
G00 G90 G54 X-35.944 Y2. S4000 M03
G43 Z30. H03 M08
Z.9
G01 Z-2.1 F1500.
X-36.
G03 X-38. Y0.0 I0.0 J-2.
X0.0 Y-38. I38. J0.0
X38. Y0.0 I0.0 J38.
X0.0 Y38. I-38. J0.0
X-38. Y0.0 I0.0 J-38.
G01 Y-.136 Z-2.107
X-37.999 Y-.273 Z-2.114
X-37.998 Y-.409 Z-2.121
X-37.996 Y-.545 Z-2.129
X-37.994 Y-.681 Z-2.136
X-37.991 Y-.818 Z-2.143
X-37.988 Y-.954 Z-2.15
X-37.984 Y-1.09 Z-2.157
X-37.98 Y-1.226 Z-2.164
X-37.975 Y-1.363 Z-2.171
X-37.97 Y-1.499 Z-2.179
X-37.964 Y-1.635 Z-2.186
X-37.958 Y-1.771 Z-2.193
X-37.952 Y-1.907 Z-2.2
G03 X0.0 Y-37.999 I37.952 J1.907
X37.999 Y0.0 I0.0 J37.999
X0.0 Y37.999 I-37.999 J0.0
X-37.999 Y0.0 I0.0 J-37.999
G01 Y-.136 Z-2.207
X-37.998 Y-.273 Z-2.214
X-37.997 Y-.409 Z-2.221
```

图 3.61 精加工球面的 NC 代码

项目评价

球铰支座项目考核评分表见表 3.3。

表 3.3 球铰支座项目考核评分表

考核类别	考核内容	评价(0 ～ 10 分)			
		差	一般	良好	优秀
		0 ～ 3	4 ～ 6	7 ～ 8	9 ～ 10
技能评价	能完成项目的理论知识学习				
	能通过有效资源解决学习中的难点				
	能制定正确的工艺顺序				
	能选择合理的加工刀具和切削参数				
	能创建项目的刀具路径				
	能进行仿真加工并验证刀具路径				
	能后处理出所有的加工程序				

续表3.3

考核类别	考核内容	评价(0 ～ 10 分)			
		差	一般	良好	优秀
		0 ～ 3	4 ～ 6	7 ～ 8	9 ～ 10
职业素养	协作精神、执行能力、文明礼貌				
	遵守纪律、沟通能力、学习能力				
	创新性思维和行动				
总计					
考核者签名：					

项目小结

本项目以铰球支座零件为例，讲解曲面型腔类零件的加工工艺过程，并详细介绍了每道工序的操作方法。从本项目实施过程总结出以下几点经验供参考。

（1）使用自动编程加工零件时，一般可以遵循“轻拉快跑”的原则，即采用小切削量、大进给速度的方式，这样不但可以保护刀具，而且可以提高效率和加工质量。

（2）在设置工艺过程时，一定要科学合理安排顺序，同一把刀具的工序尽量集中。

（3）实体仿真时，一定要设置好毛坯，仿真过程注意观察，如有过切或欠切的地方，必须检查清楚，重新生成合理的刀路。

拓展训练

1. 根据图 3.62 所示的零件特征，制订合理的工艺路线，设置正确的加工参数，生成刀具路径，进行仿真加工，后处理出加工程序，并在机床上加工出该零件。

图 3.62　凸模零件

2. 根据图 3.63 所示的零件特征，制订合理的工艺路线，设置正确的加工参数，生成刀具路径，进行仿真加工，后处理出加工程序，并在机床上加工出该零件。

图 3.63　凹模零件

3. 根据图 3.64 所示的零件特征，制订合理的工艺路线，设置正确的加工参数，生成刀具路径，进行仿真加工，后处理出加工程序，并在机床上加工出该零件。

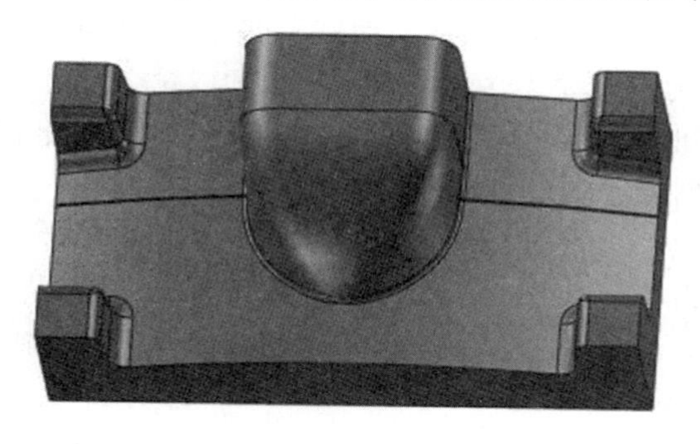

图 3.64　凸台曲面零件

思政园地

马钧的故事之观察思维创造

——轮盘发石车的发明

马钧是三国时期魏国机械大师，有“天下之名巧”美誉，马钧不但在机械上的发明是多方面的，在军用武器制造上也卓有成就。

改进诸葛亮发明的连弩后，马钧又研制了一种新武器——发石车。它能将又重又大的石块发射出去，用于攻城破阵，常常把敌兵砸得头破血流。但是，如果对方在城上或阵地上悬挂浸湿的牛皮，石块砸上去只发出“噗，噗，咚，咚”的响声，人躲在这种又牢又韧的牛皮背后，一点也伤不着。该如何提高发石车的发射力量呢？马钧决定进一步改进。

一次，马钧看见小驴拉碾磨面。碾盘上的麦粒随着碾盘飞快地转动，靠近碾盘中心的只是滚动着，而靠近碾盘边的却飞出了碾盘。而且离中心越远，飞出去的速度越大。他眼睛一亮，似有所悟，迅速转动的物体是不是力量更大呢？接下来，马钧模仿碾盘的样子，用一根绳子系一块石头在头顶绕圈挥舞，而后甩出去——就像投掷铅球一样。经过几次试验，马钧发现，自己挥舞的速度越快，所用的绳子越长，石头飞出去就越远。由此，马钧改进了发石车的设计方案，制成了一架轮盘式发石车。

由此可见，敏锐的观察力是创造性思维的前提。同样是学习，缺乏观察和思维能力的人，他的学习总体上处于被动状态，学习的结果往往表现为只是单纯的知识的积累和叠加，没有能动地解决问题，没有知识的创新；而富于创造性思维能力的人，他的学习则是有机的、能动的，他会自觉地将从书本中学习到的知识加以融会贯通来认知并解决身边的事物和问题，他会在掌握知识的同时，主动运用知识，结合实际，提出新的问题，进行新的思考和探索，产生知识的创新。

（以上内容来源于点子库—家庭山故事网
https://jtshan.com/d.php? cat=3&id=32647）

项目 4　卡盘模具的编程加工

项目描述

该项目是某企业要求生产的卡盘模具，如图 4.1 所示，该产品的毛坯是ϕ150 mm×33 mm 的圆柱体，材料为铝合金 6063，圆柱的外表面已经精加工至尺寸。要求根据设计好的三维图，制订合理的加工工艺，编制加工程序，完成该项目的生产加工。

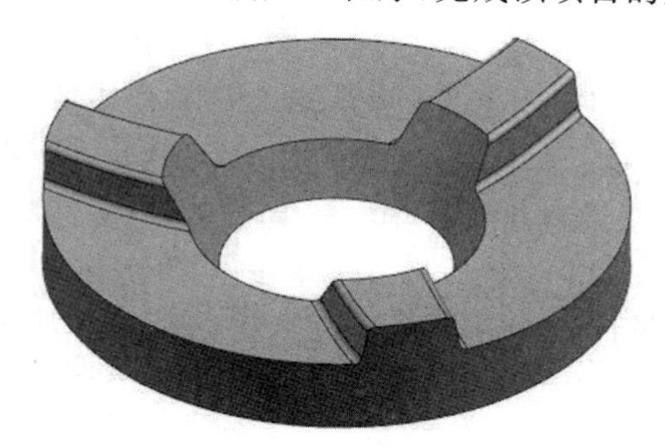

图 4.1　卡盘模具

项目分析：卡盘模具零件主要以曲面结构为主，通过该项目学习曲面类零件的加工方法，在编程中要应用型腔铣、深度轮廓铣、固定轮廓铣、多刀路清根等操作，并通过该项目进一步学习刀路的裁剪、优化等操作。

课前导学

单项选择题，请把正确的答案填在括号中。

1. 以下(　　)是固定轮廓铣的图标。

A.　　　　B.　　　　C.　　　　D.

2. 以下关于固定轮廓铣说法错误的是(　　)。

A. 固定轮廓铣的驱动和加工方法很多，通过选择不同的驱动方式和走刀方式，可以产生用于曲面加工的不同的刀具路径

B. 固定轮廓铣操作是 NX 软件加工的精髓，是曲面精加工和半精加工的主要操作

C. 固定轮廓铣主要用于粗加工，以便快速去除曲面多余的材料

D. 固定轮廓铣操作的原理是首先通过驱动几何体产生驱动点，然后将驱动点投影到工件几何体上，通过计算得到刀位轨迹

3. 以下哪个是固定轮廓铣最常用的驱动方法？（　　）

A. 曲线与点　　B. 边界驱动　　C. 螺旋驱动　　D. 区域铣削

4. 下面所述特点不属于球头铣刀特点的是（　　）。

A. 可以进行轴向、径向切削　　B. 常用于曲面精加工

C. 加工效率高　　D. 底刃处切削条件差

5. 加工时，为了让刀具在工件表面加工而不会在边缘处留下毛边，可选择（　　）。

A. 在边上延伸　　B. 在边上滚动刀具

C. 在凸角上延伸　　D. 清根

6.（　　）每一刀切削都采用圆弧进刀的方式，是通过平行线投影到工件表面来生成路径的切削模式。

A. 平行线　　B. 径向线　　C. 单向步进　　D. 单向轮廓

7. 采用（　　）方式进刀，刀具沿垂直于刀轴的圆弧轨迹进刀。

A. 圆弧－垂直于刀轴　　B. 圆弧－垂直于部件

C. 圆弧－平行于刀轴　　D. 圆弧－相切逼近

8. 进行圆柱曲面精加工时，下列方案中最为合理的方案是（　　）。

A. 球头刀行切法　　B. 球头刀环切法

C. 立铣刀环切法　　D. 立铣刀行切法

9. 固定轮廓铣通常用于（　　）。

A. 粗加工去除大量材料　　B. 加工具有陡峭角度的特征

C. 高速切削以提高加工效率　　D. 精确控制刀具沿复杂曲面的路径

项目4课前导学参考答案

10. 在固定轮廓铣中，以下（　　）因素不是影响刀具路径生成的关键因素。

A. 工件的几何形状　　B. 刀具的选择和尺寸

C. 机床的运动限制　　D. 操作员的经验和技能

知识链接

（1）固定轮廓铣概述。

固定轮廓铣操作是NX软件加工的精髓，是曲面精加工和半精加工的主要操作。固定轮廓铣操作的原理是首先通过驱动几何体产生驱动点，然后将驱动点投影到工件几何体上，再通过工件几何体上的投影点计算得到刀位轨迹点，最后通过所有刀位轨迹点和设定的非切削运动计算出所需的刀位轨迹，如图4.2所示。

固定轮廓铣案例：曲面凸模

固定轮廓铣的驱动和加工方法很多，通过选择不同的驱动方式和走刀方式，可以产生用于曲面加工的不同的刀具路径。所以固定轮廓铣的适用范围非常广，几乎应用于所有曲面工件的精加工和半精加工。

（2）固定轮廓铣特点。

① 刀具运动是沿复杂的曲面进行三轴联动，常用于半精加工和精加工，也可用于粗加工。

② 可设置是灵活多样的驱动方式和驱动几何体，从而得到简捷而精准的刀位轨迹。

③ 提供了智能化的清根操作。

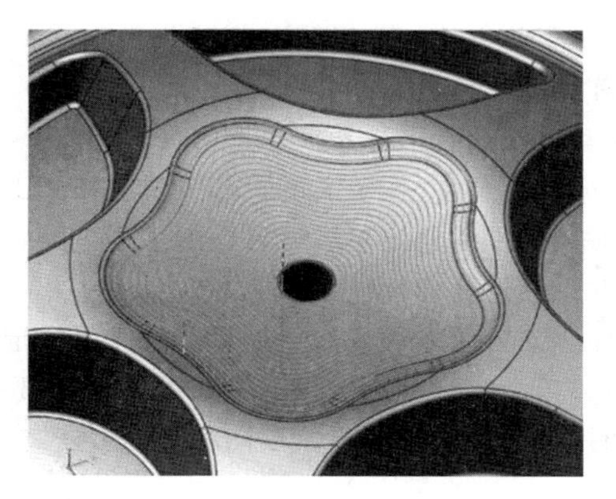

图 4.2 固定轮廓铣刀轨示意图

④ 非切削方式设置灵活。

(3) 创建固定轮廓铣的操作。

在【创建工序】对话框中选择加工类型为“mill_contour”,并在工序子类型中选择“固定轮廓铣”的图标,按【确定】后弹出【固定轮廓铣】对话框,如图 4.3 所示。固定轮廓铣最关键的参数是驱动方法、切削参数以及非切削移动的应用。

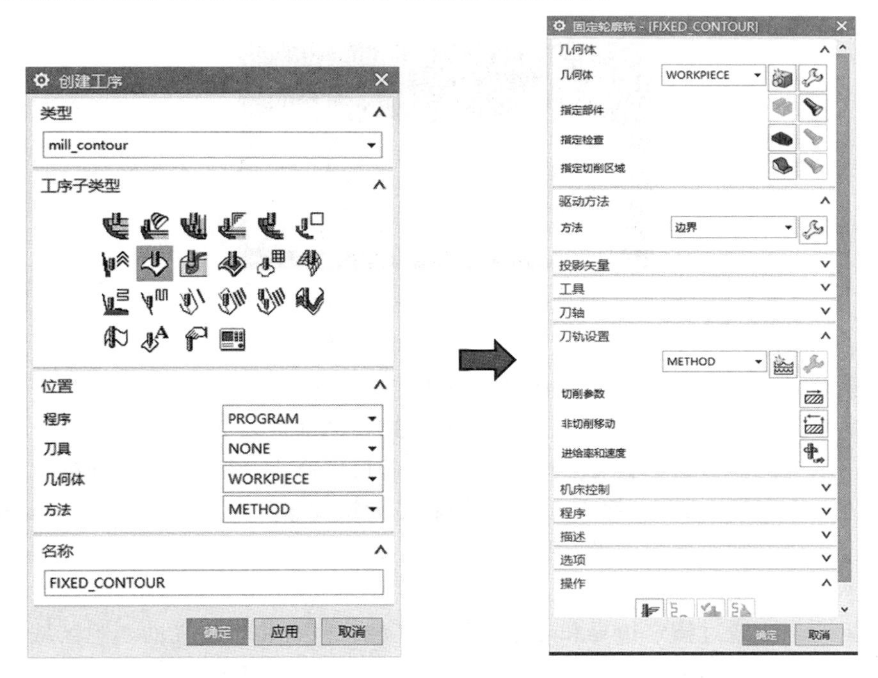

图 4.3 固定轮廓铣创建

(4) 固定轮廓铣参数。

【部件几何体】:指被加工的几何体,可以选择实体、曲面、小平面体或面。指定的部件几何体与驱动几何体区域合起来使用,共同定义切削区域。为避免碰撞和过切,应当选择整个部件作为部件几何体,然后指定切削区域或指定修剪边界来限制切削部分。

【驱动几何体】:是用于产生驱动点的几何体,可以是曲线或曲面。

【驱动方法】:驱动点产生的方法。可以是在曲线上产生一系列的驱动点,也可以是在曲面上一定面积内产生阵列的驱动点。

【投影矢量】:定义驱动点投影到工件几何体上的投影方向。

【驱动点】:从驱动几何体上产生,按定义的投影矢量投影到工件几何体上的点。

以上几个基本概念有助于理解固定轮廓铣刀轨的生成过程,下面将对驱动方法、切削参数及非切削移动三个知识点进行详细讲解。

驱动方法定义了创建驱动点的方法。所选择的驱动方法决定能选择的驱动几何体类型,以及可用的投影矢量、刀轴和切削模式,驱动方法的选择主要由需要加工的表面的形状和复杂性,以及刀轴和投影矢量要求决定。不同的驱动方法需要不同的驱动设置。

① 曲线与点驱动。

曲线 / 点驱动方法通过选择曲线或指定点定义驱动几何,刀轨沿曲线生成,主要用于在曲面上雕刻图案。选择曲线时,驱动点沿指定的曲线生成;曲线可以是平面曲线或空间曲线,其形式可以是封闭的或开放的、连续的或非连续的。指定点驱动方式是在指定点之间按顺序连接成直线段,并沿直线段生成刀轨,如图 4.4 所示。

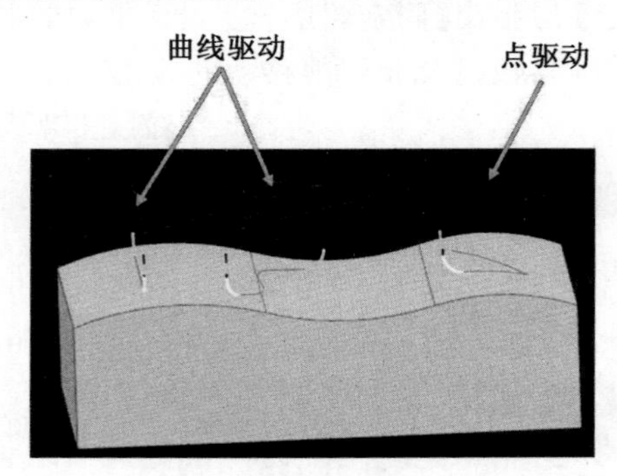

图 4.4　曲线与点驱动示意图

② 螺旋驱动。

螺旋驱动方法定义从指定的中心点向外螺旋的驱动。驱动点在垂直于投影矢量并包含中心点的平面上创建,沿着投影矢量投影到所选择的部件表面上,如图 4.5 所示。

螺旋驱动方法步进式不会突然改变方向,因此可以产生光顺、稳定的向外过渡刀轨。螺旋驱动方法中通过中心点、螺旋方向、步距和最大螺旋半径来控制刀轨,适合圆柱面、球面等结构,刀路均匀,而且中间没有抬刀。

③ 边界驱动。

边界驱动方法通过指定边界和环定义切削区域。系统将已定义的切削区域的驱动点按照指定的投影矢量的方向投影到部件表面,生成刀轨,如图 4.6 所示。边界可由曲线、片体或固定边界产生,若使用环产生边界,则工件几何体必须是片体。

边界驱动方法在加工部件表面最为常用,它需要最少的刀轴和投影矢量控制。边界驱动方法与平面铣的工件方式大致上相同,但是,与平面铣不同的是,边界驱动方法可以用来创建允许刀具沿着复杂表面轮廓的精加工操作。边界驱动方法常用于工件的半精加工和精加工。

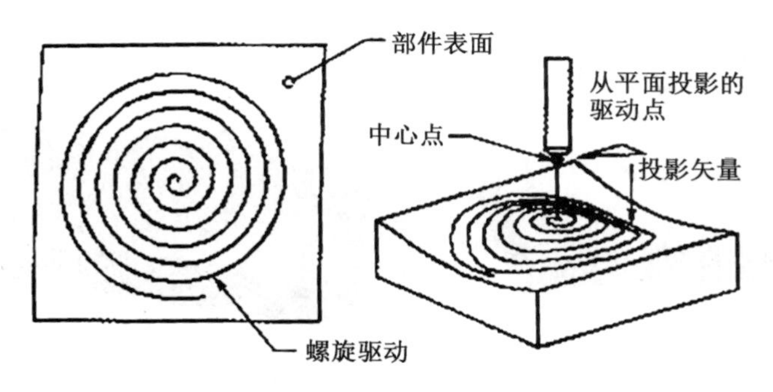

图 4.5　螺旋驱动示意图

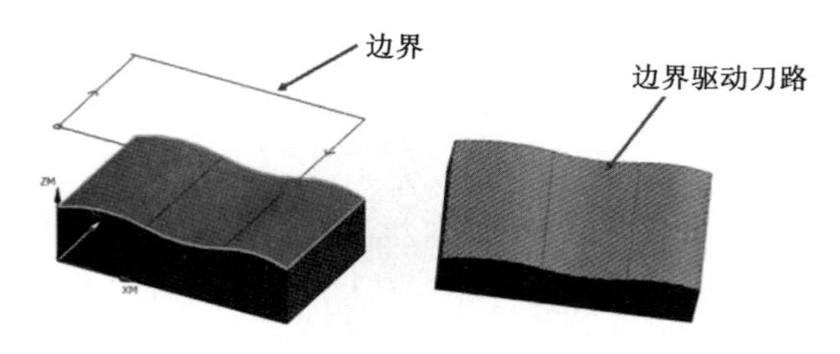

图 4.6　边界驱动示意图

④ 区域铣削。

区域铣削是固定轮廓铣中最常用的驱动方法,是通过指定切削区域范围来生成刀具轨迹的一种操作方法,如图 4.7 所示。类似于边界驱动方法,但是它不需要驱动几何体,而且使用一种稳固的自动免碰撞空间范围计算方法。切削区域可以通过选择曲面区域、片体或面来定义。如果切削区域没指定,则整个工件几何体将被系统默认为切削区域。

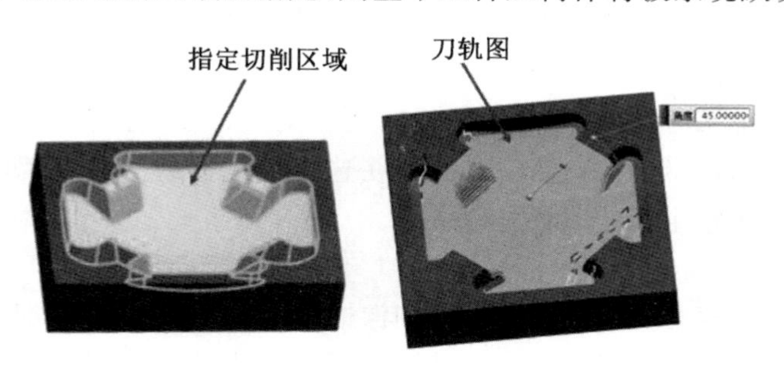

图 4.7　区域铣削示意图

⑤ 曲面驱动。

该驱动方法通过曲面走向,创建一组阵列的、位于驱动面上的驱动点,然后沿投影矢量方向投影到零件面上而生成刀轨,如图 4.8 所示。

如果未定义部件表面,则可以直接在驱动曲面上创建刀轨,驱动曲面不要求一定是平面,但是其栅格必须按一定的栅格行序或列序进行排列。相邻的曲面必须共享一条公共边,且不能包含超出在“首选项”中定义的链公差的缝隙。总之,曲面驱动对被加工的曲面有较高的要求。曲面驱动更多地用在多轴加工中,对柱面、凹槽结构比较实用。

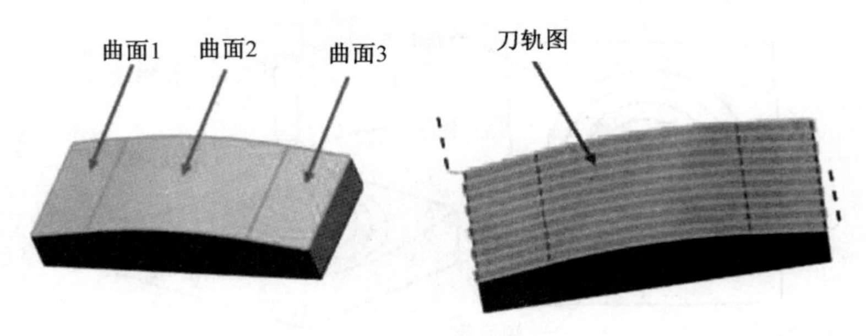

图 4.8 曲面驱动示意图

⑥ 流线驱动。

流线驱动是以交叉曲线来定义驱动曲面，从而控制加工区域。流线可以灵活地创建刀轨，其驱动路径由流线和交叉线产生，如图 4.9 所示。

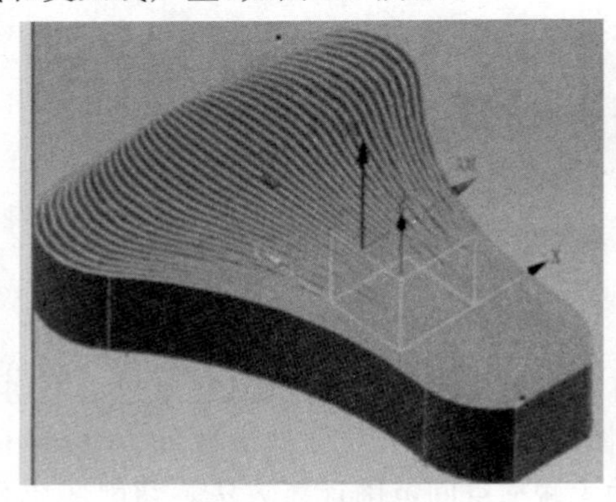

图 4.9 流线驱动示意图

流线铣适用于轮廓为流线型的零件的精加工，加工时要注意设置合适的驱动参数，步距数就是控制刀轨密集程度的参数。

在操作流线铣加工方法时，需要定义流曲线和交叉曲线，流曲线就是确定单个刀轨的形状的曲线，这个参数一定要选择，交叉曲线在选择完合适的流曲线后可以不定义，实际情况可以点击预览观察生成的曲线是否合理。

⑦ 清根驱动。

清根驱动方法能够沿着部件表面形成的沟槽和回角生成刀轨。处理器使用基于最佳实践的一些规则自动确定清根的方向和顺序。使用该驱动方法创建刀具路径时，系统使其与部件尽可能保持接触并最小化非切削移动，尽管自动确定的切削顺序在大多数情况下都是令人满意的，但此驱动方法提供了手动组合功能，用于优化刀轨。清根加工主要针对大的刀具不能进入的部位进行残料加工，如图 4.10 所示。因此，清根加工的刀具直径小，且使用在精加工之后。

(5) 切削参数。

理解和掌握固定轮廓铣的切削参数，可以控制生成更好的刀轨，下面介绍一些重要参数。

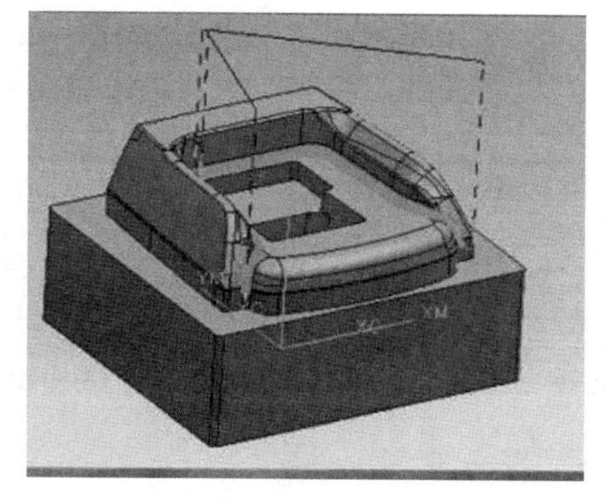

图 4.10　清根驱动示意图

① 在凸角上延伸。

“在凸角上延伸”参数用于控制当刀具跨过工件内部凸边缘时，不随边缘滚动，使刀具避免始终压住凸边缘，如图 4.11 所示为在凸角上延伸设置与否的对比图，如图4.11(a)所示，当不勾选时，刀具绕着凸角滚；如图 4.11(b) 所示，当勾选时，刀具不执行退刀或进刀操作，只稍微抬起。在指定的最大凸角外，不再发生抬刀现象。

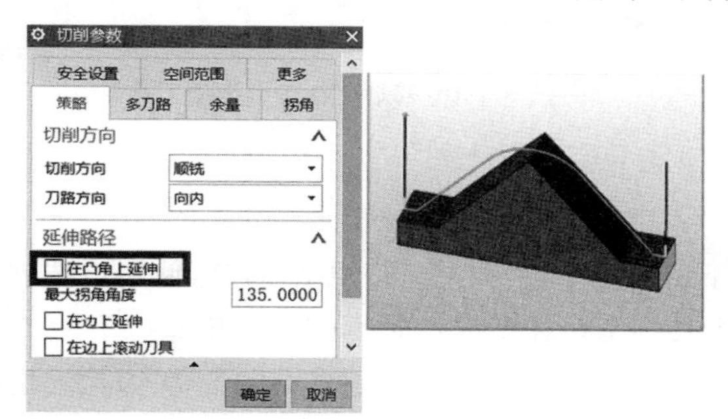

(a) 不勾选“在凸角上延伸”

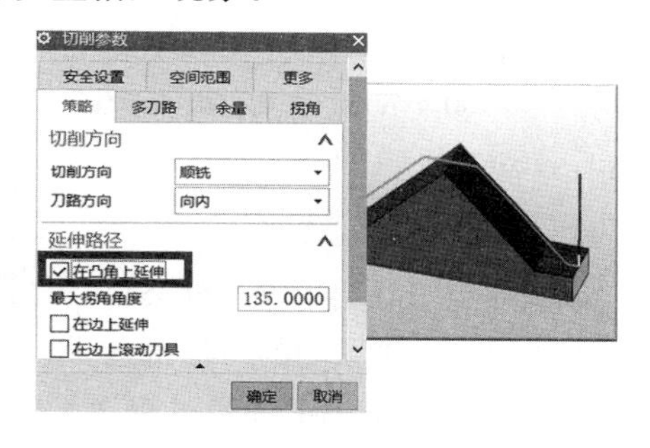

(b) 勾选“在凸角上延伸”

图 4.11　在凸角上延伸

② 在边上延伸。

“在边上延伸”参数用于控制当工件侧面还有余量时，刀具在工件表面加工而不会在边缘处留下毛边。如图 4.12 所示，进行边上是否延伸设置对比，当不勾选时，如图4.12(a)所示，刀具轨迹就在选择加工的区域内；当勾选时，如图 4.12(b) 所示，刀位轨迹沿工件边缘延伸，使被加工的表面完整光顺。

③ 在边上滚动刀具。

“在边上滚动刀具”是当驱动路径延伸到工件表面以外产生的，在【切削参数】对话框中，图 4.13 所示为是否设置在边上滚动刀具的对比图，图 4.13(a) 所示为没有移除边缘跟踪的示意图，缩短了刀轨长度，避免了刀具滚过边缘可能产生的过切；图 4.13(b) 所示是设置了在边缘滚动刀具的示意图，刀具在边上往下滚动，所以一般不设置在边上滚动刀具。

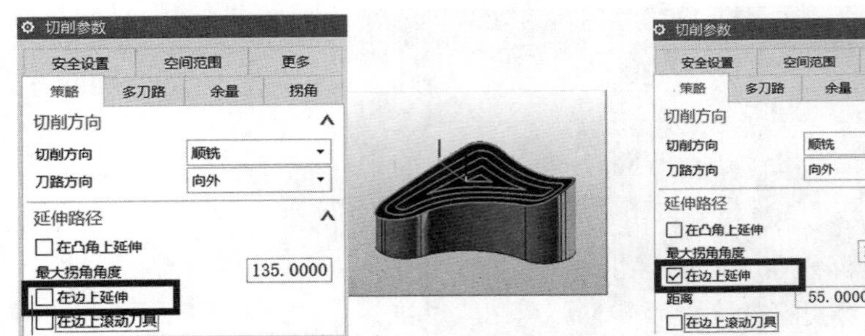

(a) 不勾选“在边上延伸”　　(b) 勾选“在边上延伸”

图 4.12　在边上延伸

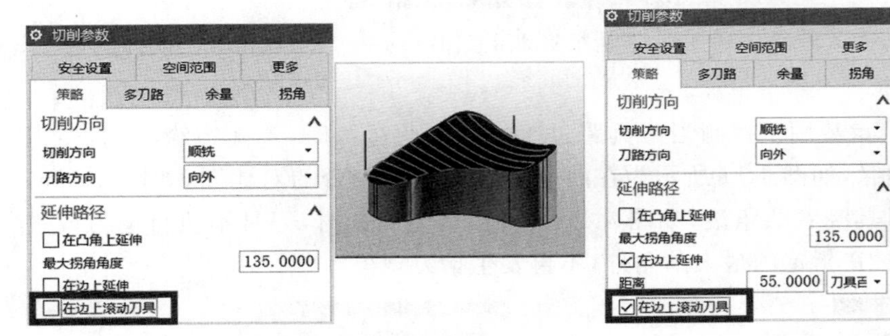

(a) 不勾选“在边上滚动刀具”　　(b) 勾选“在边上滚动刀具”

图 4.13　在边上滚动刀具

④ 多刀路。

该选项用于分层切除工件余料，类似于型腔铣中的分层加工，不同的是，使用该选项产生的刀轨都为三轴联动的刀位轨迹，每一个切削层都在工件表面的一个偏置面上产生。

该选项常使用于工件经过粗加工或半精加工后，局部余量较大、无法一次切除的情况下，其定义有两种方式，如图 4.14(a) 所示为“刀路”方式，部件余量偏置为0.9 mm，刀路数每层深度为 3 mm；如图 4.14(b) 所示为“增量”方式，每层切削增量为0.2 mm，部件余量偏置为0.6 mm，计算可得切削层数为 3，两种定义方法形式不同，但实际得到的刀轨是相同的。

⑤ 陡峭空间范围。

许多工件型面都较复杂，为了避免切削负载的急剧变化，可以通过定义一个陡峭角度的参数来约束刀轨的切削区域，陡峭空间范围就会根据刀轨的陡峭角度限制切削区域。它可用于控制残余高度和避免将刀具插入到陡峭曲面上的材料中。陡峭角度能够帮助用户确定系统何时将部件表面识别为陡峭的。例如，平缓的曲面的陡峭角度为 0°，而竖直壁的陡峭角度为 90°。

软件计算各接触点的部件表面角度，并将其与陡峭角度进行比较。只要实际表面角超出用户指定的陡峭角度，软件就认为表面是陡峭的。生成刀轨后，以上所示的超出用户指定的陡峭角度的曲面组成封闭的“接触”条件边界清理实体。如图 4.15 所示，它分为“无”“非陡峭”“定向陡峭”“陡峭和非陡峭”“陡峭”五种。

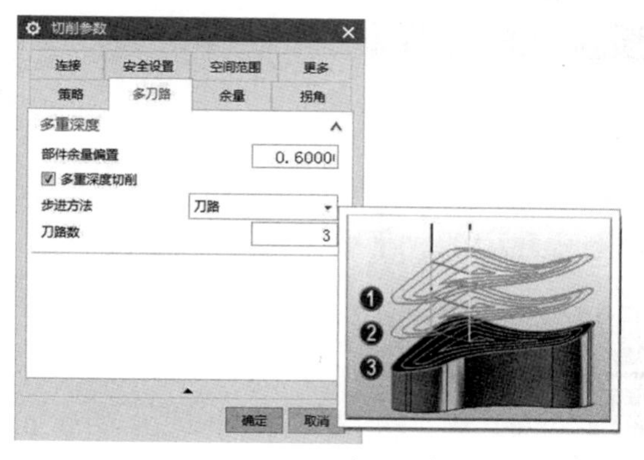

(a) “刀路”方式

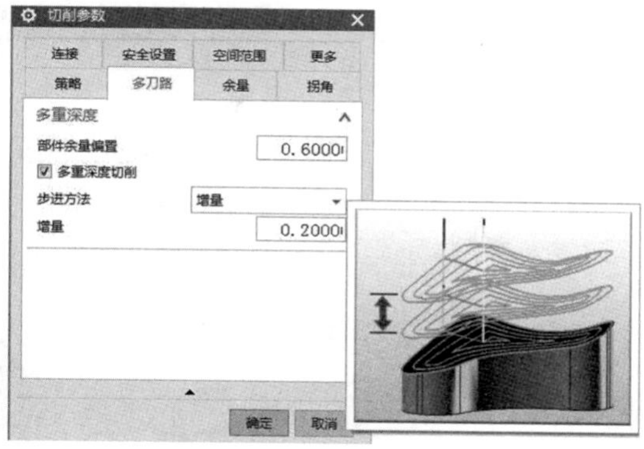

(b) “增量”方式

图 4.14 多刀路设置

图 4.15 陡峭空间范围

无：就是不限制角度，都按平坦的区域来进行加工。

非陡峭：就是通过角度限制加工浅滩区域，比如设置角度为 30°，小于这个值的都属于浅滩，会产生刀路，大于这个角度的就不产生刀路。

定向陡峭：设置定向陡峭的时候，只在设定的角度以上加工，比如设定向角度为 70°，那就是说明只加工角度在 70° ～ 90° 之间的面（90° 垂直面）。

陡峭和非陡峭：这种方式既加工陡峭的面，也加工非陡峭的面，它与“无”的区别在于可以在陡峭和非陡峭区域设置不同的走刀方式。

陡峭：设定陡峭角度，系统识别陡峭角度进行生成刀路。

⑥ 步距。

步距的控制，首先是在一个平面内创建切削模式，然后投射到工件的表面。因此，投射到平坦的表面，行距和残留余量会较均匀；而投射到陡的表面，行距和残留余量会出现不均匀的现象。在固定轮廓铣的区域铣削驱动方法中，步距的选项有“恒定”“残余高度”“刀具平直百分比”“变量平均值”，如图 4.16 所示。当设置“恒定”步距后，不论曲面形状如何，轨迹间总保持均匀的距离。

（6）切削模式。

切削模式用于定义刀轨的形状。有些切削模式切削整个区域，而有些切削模式只沿切削区域的外周边进行铣削，有些切削区域跟随切削区域的形状进行切削，而有些切削模

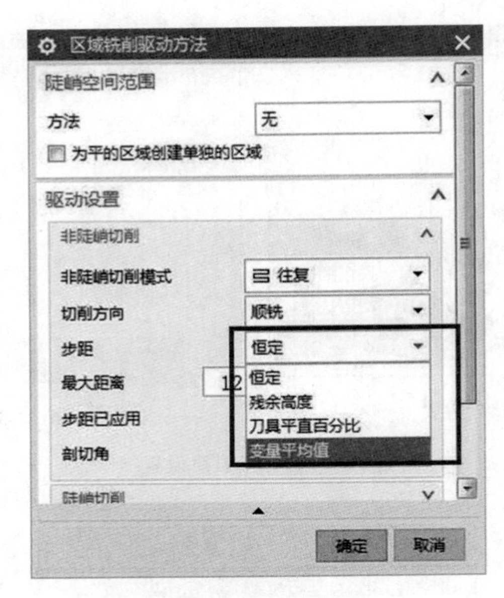

图 4.16　步距

式独立于切削区域的形状进行切削。

固定轮廓铣除了跟型腔铣的切削模式有类似的地方，比如都有跟随周边、轮廓加工、平行线的切削方式，但是固定轮廓铣还有更多种切削模式可选择，比如径向线、同心圆等，如图 4.17 所示。下面分别进行说明。

① 跟随周边。

这种模式中，刀具跟随切削区域的外边缘进行加工，刀轨形状与切削区域形状有关，需要指定是顺铣还是逆铣，刀轨是从内向外，还是从外向内沿切削区域边缘形成。

② 轮廓加工。

这种模式中，刀具只沿切削区域的外围进行切削，通过指定附加刀路数，可以切除区域外围附近指定步距内的材料。

③ 平行线。

通过平行线投影到工件表面来生成路径的切削模式，可以指定不同的切削类型来确定刀轨在平行线间的转移情况，还可通过切削角度参数来指定平行线的方向，走刀模式可分为“单向”和“往复”两种模式。

④ 径向线。

通过用户定义或系统指定的最优中心点延伸出的一系列直线投影到工件表面来产生刀轨的切削模式。

⑤ 同心圆。

通过用户定义或系统指定的最优中心点为中心的一系列同心圆投影到工件表面来产生刀轨的切削模式，可以控制从内到外或从外到内进行切制。

⑥ 单向步进。

与平行线相似，是通过平行线投影到工件表面来生成路径的切削模式，区别在于进刀方式不同，平行线是采用直接线性进刀，而单向步进是每一刀切削都采用圆弧进刀的

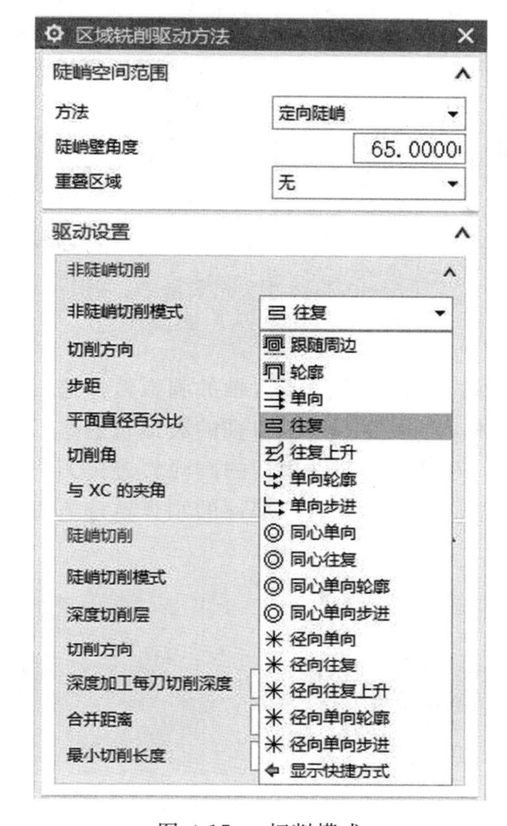

图 4.17 切削模式

方式。

⑦ 单向轮廓。

与单向步进相似，每一刀切削都采用圆弧进刀的方式，区别在于单向步进比较适用于非陡峭曲面；而单向轮廓是根据曲面轮廓的表面来生成步距的平均值，类似于步距已应用于"在平面上"和"在部件上"的区别。

我们一般是根据零件结构选择最合适的切削模式来生成合理、安全、高效的刀路。

(7) 非切削移动。

非切削移动用于描述刀具在切削运动之前、之后和切削过程的移动形式。固定轮廓铣中的非切削移动与平面铣中的非切削移动有许多相似之处，下面只对不同之处进行介绍。

开放区域的进刀类型："线性""线性 — 沿矢量""线性 — 垂直于部件""圆弧 — 垂直于刀轴""圆弧 — 平行于与刀轴""圆弧 — 相切逼近""圆弧 — 垂直于部件""点""顺时针螺旋""逆时针螺旋""插削""无"。

线性的类型如下。

① 线性。刀具以直线的方式直接进刀，如图 4.18 所示。

② 线性 — 沿矢量。通过矢量指定直线，采用直线方式直接进刀，如图 4.19 所示。

③ 线性 — 垂直于部件。刀轴沿垂直于部件侧表面的直线过刀，如图 4.20 所示。

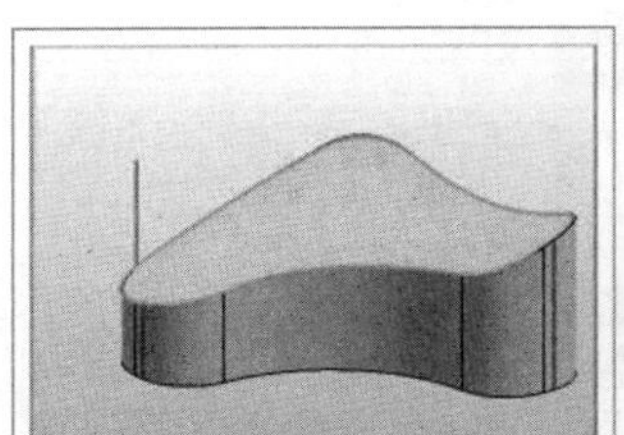
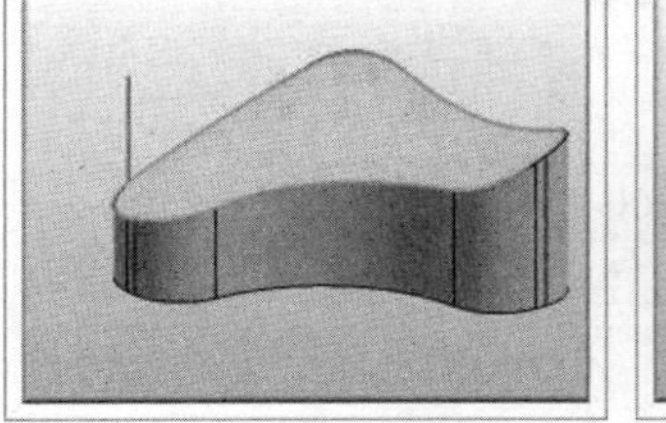

图 4.18 线性

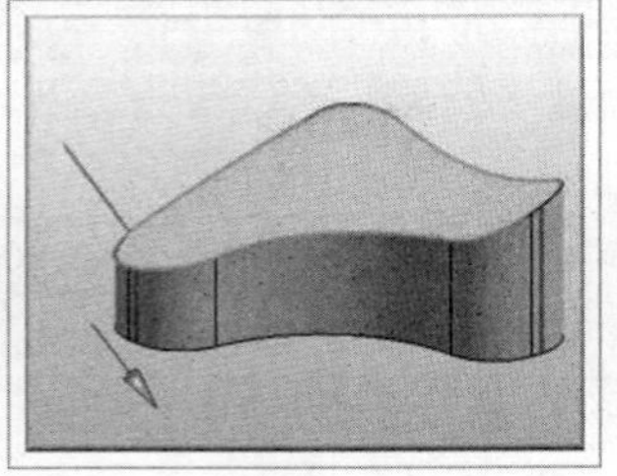

图 4.19 线性－沿矢量

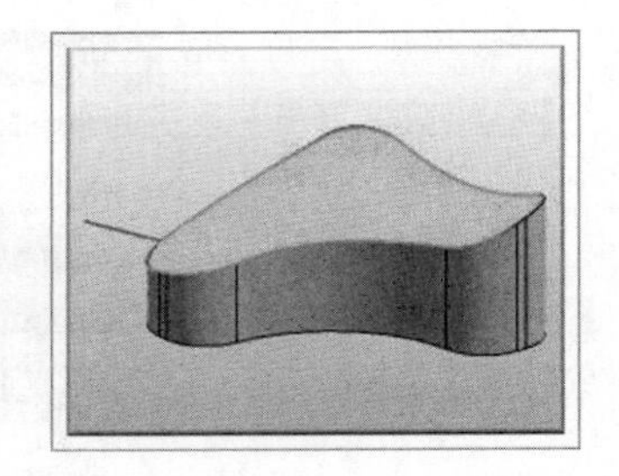

图 4.20 线性－垂直于部件

圆弧的类型如下。

① 圆弧－垂直于刀轴。刀具沿垂直于刀轴的圆弧轨迹进刀，如图 4.21 所示。

② 圆弧－平行于刀轴。刀具沿平行于刀轴的圆弧轨迹进刀，如图 4.22 所示。

③ 圆弧－相切逼近。刀具沿与部件相切的圆弧轨迹进刀，如图 4.23 所示。

④ 圆弧－垂直于部件。刀具沿垂直于部件的圆弧轨迹进刀，如图 4.24 所示。

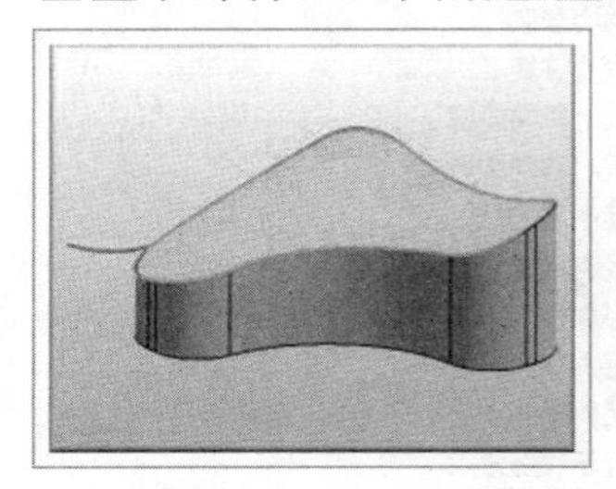

图 4.21 圆弧－垂直于刀轴

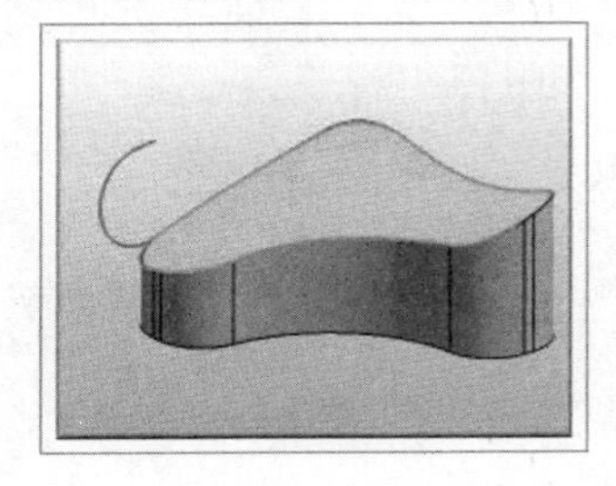

图 4.22 圆弧－平行于刀轴

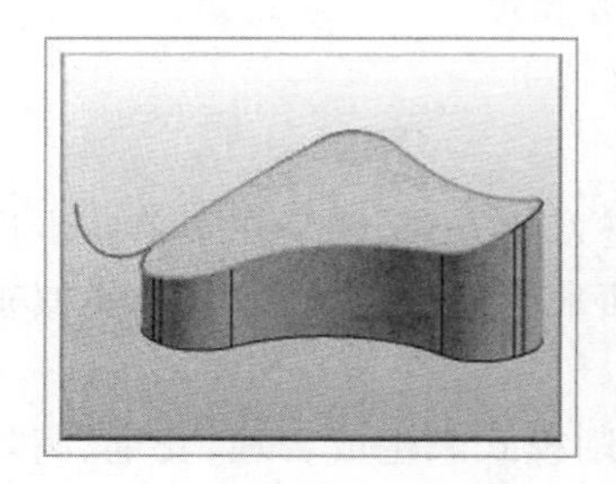

图 4.23 圆弧－相切逼近

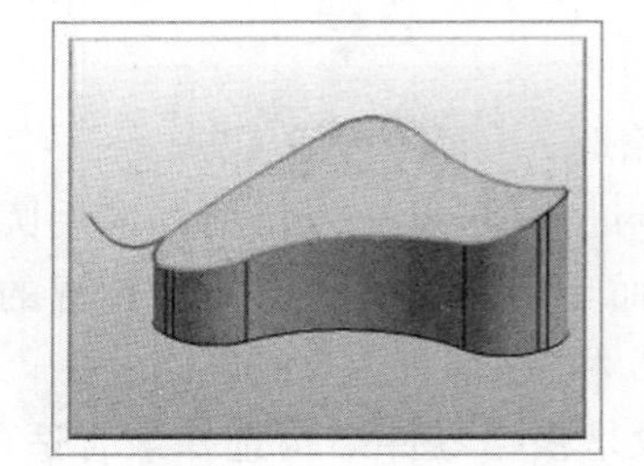

图 4.24 圆弧－垂直于部件

螺旋的类型如下。

① 顺时针螺旋。刀具沿一个顺时针盘旋的螺旋线轨迹进刀，如图 4.25 所示。

② 逆时针螺旋。刀具沿一个逆时针盘旋的螺旋线轨迹进刀，如图 4.26 所示。

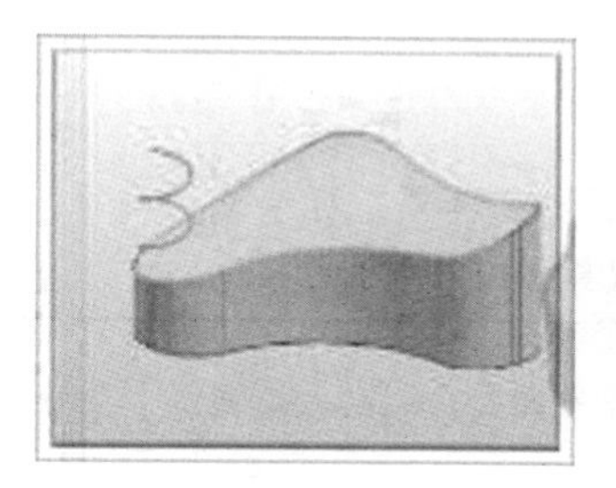

图 4.25　顺时针螺旋

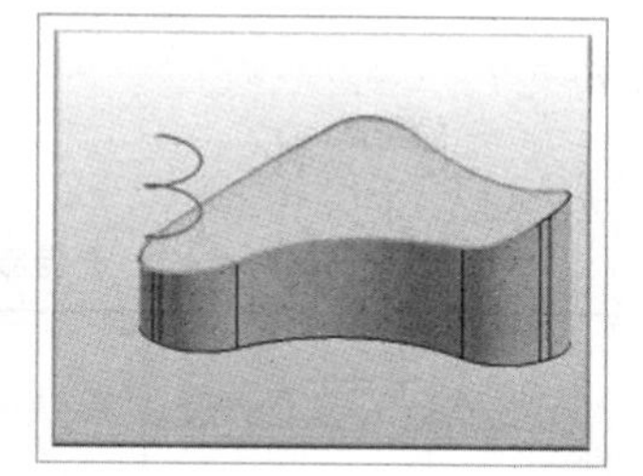

图 4.26　逆时针螺旋

插削。

刀具以插削的方式进刀，如图 4.27 所示。

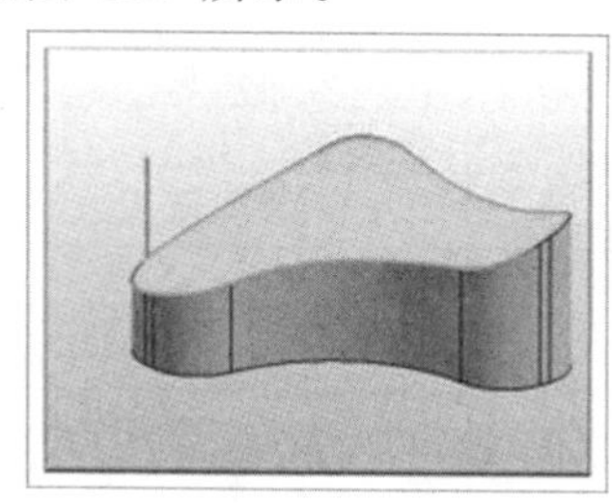

图 4.27　插削

项目实施

卡盘模具项目分析

1. 工艺过程

根据卡盘模具的零件结构，该项目的加工工艺过程规划如图 4.28 所示。

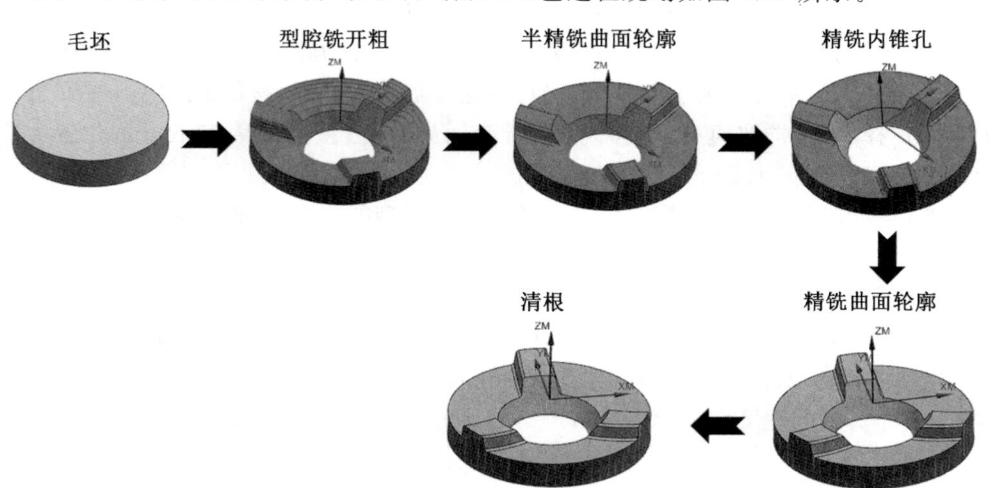

图 4.28　卡盘模具工艺过程图(彩图见附录二)

2. 加工工序卡

根据零件结构及工艺过程，编制加工工序卡如表 4.1 所示。

表 4.1　卡盘模具加工工序卡

<table>
<tr><td colspan="3" rowspan="2"></td><td>工序卡名称</td><td>零件图号</td><td>材料</td><td>夹具</td><td>使用设备</td></tr>
<tr><td>卡盘模具的编程加工</td><td>图 4.1</td><td>45</td><td>卡盘</td><td>三轴数控铣床</td></tr>
<tr><td>工步</td><td>工步内容</td><td>加工策略</td><td>刀具号</td><td>刀具规格</td><td>主轴转速/(r·min^{-1})</td><td>进给量/(mm·min^{-1})</td><td>背吃刀量/mm</td></tr>
<tr><td>1</td><td>开粗</td><td>型腔铣</td><td>01</td><td>$\phi12R0.5$ 铣刀</td><td>2 800</td><td>2 000</td><td>0.3</td></tr>
<tr><td>2</td><td>半精加工曲面</td><td>固定轮廓铣</td><td>02</td><td>$R4$ 球刀</td><td>3 800</td><td>1 600</td><td>0.2</td></tr>
<tr><td>3</td><td>精加内锥孔面</td><td>深度轮廓铣</td><td>02</td><td>$R4$ 球刀</td><td>3 800</td><td>1 600</td><td>0.3</td></tr>
<tr><td>4</td><td>精加工曲面</td><td>区域轮廓铣</td><td>03</td><td>$R2$ 球刀</td><td>4 000</td><td>1 500</td><td>0.1</td></tr>
<tr><td>5</td><td>清根</td><td>多刀路清根</td><td>03</td><td>$R2$ 球刀</td><td>4 000</td><td>1 500</td><td>0.1</td></tr>
</table>

3. 项目实施步骤

卡盘模具编程加工

(1) 建立坐标系。

打开零件模型，进入加工模块，在工序导航器空白处点击右键，选择几何视图，双击"MCS-MILL"，选择坐标系对话框，采用动态的方式，Z 轴方向上移 33 mm，即选择工件毛坯上表面的几何中心作为工件坐标系原点，建立加工坐标系，按【确定】后，在安全设置选项下面选择平面，选取模型下表面(因为上表面为曲面)往上偏移 60 mm 的位置为安全平面，如图 4.29 所示，按【确定】后退出。

注意：也可以选择先在建模模块下面建立一个模型的包容体，然后利用圆柱包容体来建立工件坐标系和安全平面。

(2) 创建部件及毛坯几何体。

在工序导航器的双击"WORKPIECE"，弹出【创建几何体】对话框。分别点击"指定部件"和"指定毛坯" 创建部件几何体和毛坯几何体。部件几何体选模型零件本身，毛坯几何体选用包容圆柱体的方式创建尺寸为 ϕ150 mm × 33 mm 的毛坯，如图 4.30 所示，按【确定】后退出。

(3) 创建刀具。

在工序导航器空白处点击右键，选择机床视图，在未用项上点击右键，插入刀具或点击菜单栏的"创建刀具" 图标。根据上面工序卡中对应的刀具，依次在【创建刀具】对话框中选择对应的刀具子类型进行创建。创建方法跟前面相应章节讲的一样，创建结果如图 4.31 所示，按【确定】后退出刀具创建。

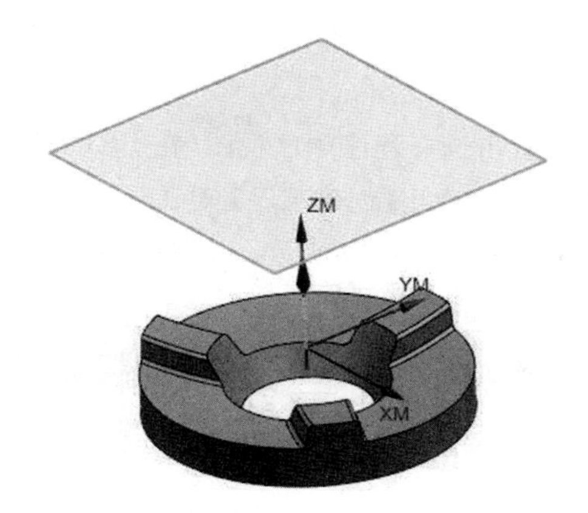

图 4.29 建立卡盘模具加工坐标系及安全平面

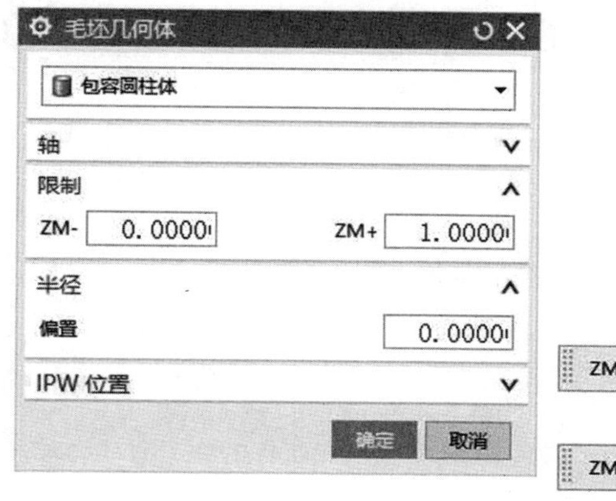

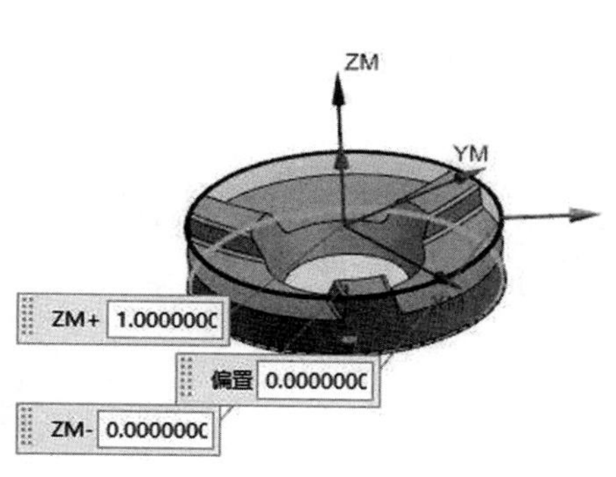

图 4.30 创建卡盘模具毛坯

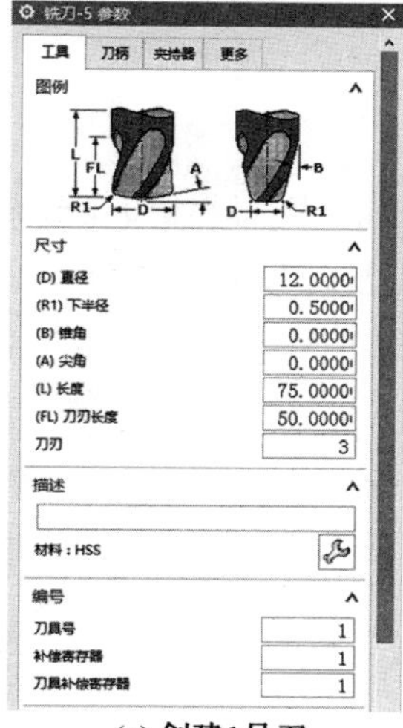

(a) 创建1号刀

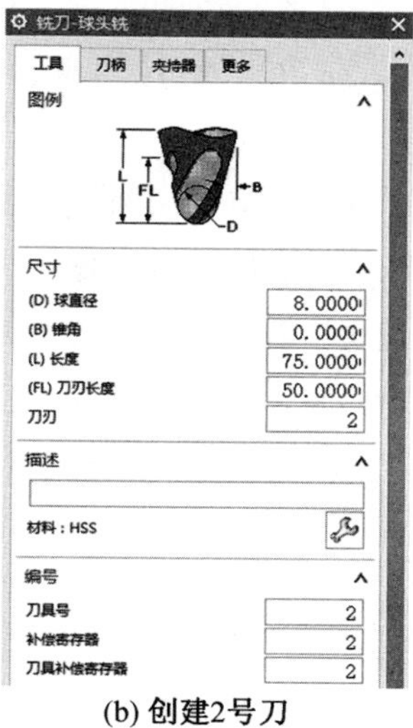

(b) 创建2号刀

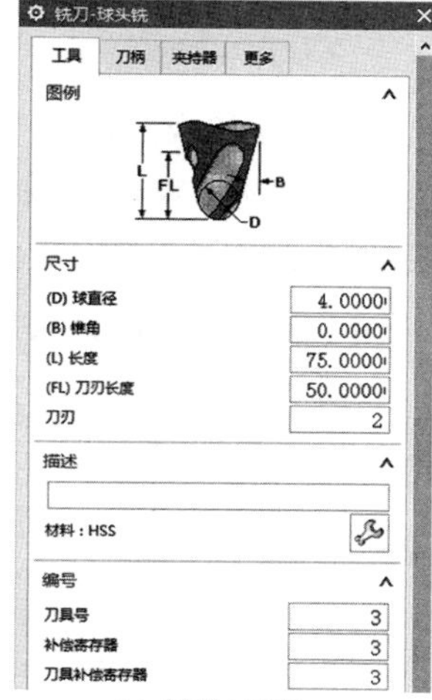

(c) 创建3号刀

图 4.31 创建卡盘模具刀具

(4) 创建工序 —— 型腔铣开粗。

① 创建型腔铣工序。

在工序导航器的空白处右击选择程序顺序视图，在 PROGRAM 上点击右键，选择插入工序，或点击“创建工序”图标，弹出【创建工序】对话框，类型选择“mill_contour”，工序子类型选择型腔铣，其他设置如图 4.32(a) 所示。按【确定】后进入【型腔铣】对话框，设置如图4.32(b) 所示，不指定切削区域。

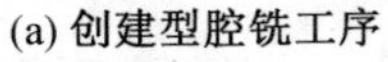
(a) 创建型腔铣工序

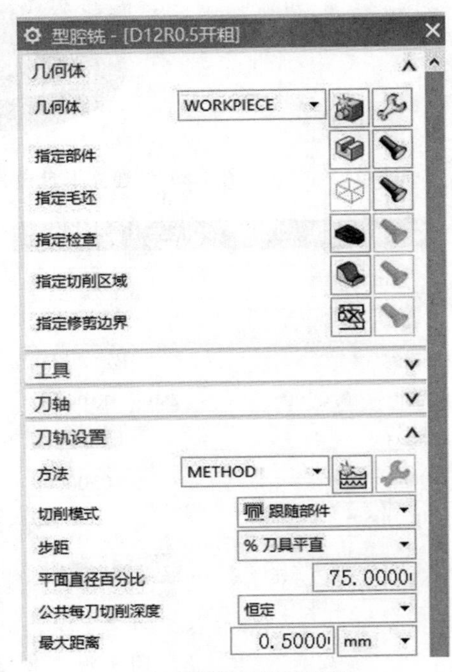

(b)【型腔铣】对话框

图 4.32　创建型腔铣开粗工序

② 切削参数设置。

点击“切削参数”的图标，设置余量选项卡如图 4.33 所示，底面、侧面都留0.3 mm 余量，设置连接选项卡如图 4.34 所示，即开放刀路选择“变换切削方向”；策略选项卡如图 4.35 所示，切削顺序设置为“深度优先”，拐角选项卡设置所有刀路光顺半径为刀具直径的 10%，如图 4.36 所示。

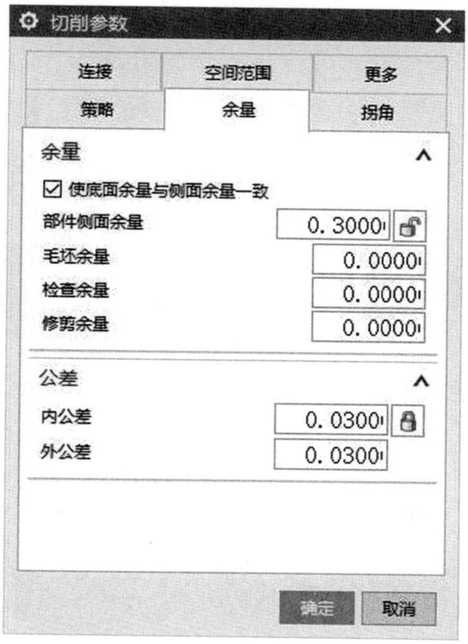

图 4.33　型腔铣开粗余量设置

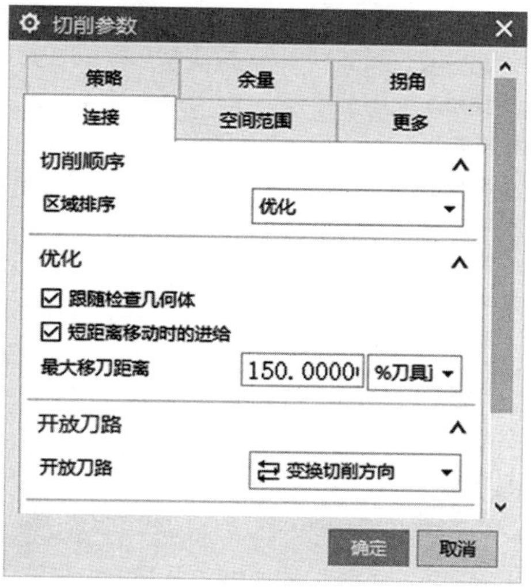

图 4.34　型腔铣开粗连接设置

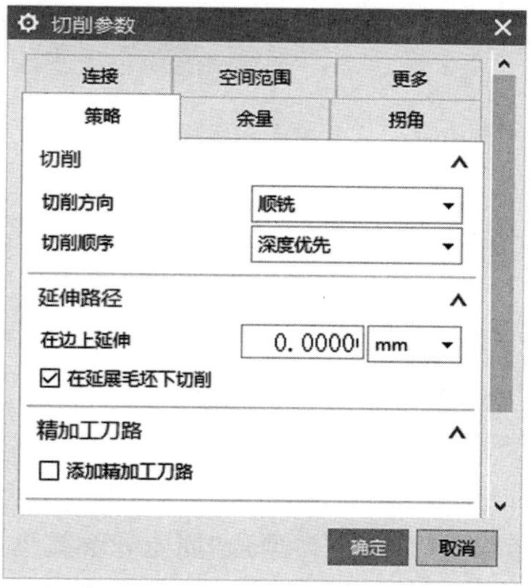

图 4.35　型腔铣开粗策略设置

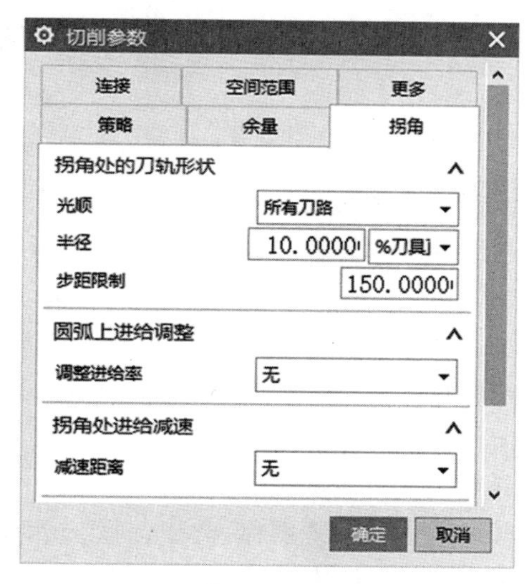

图 4.36　型腔铣开粗拐角设置

③ 非切削移动设置。

点击“非切削移动”的图标，进刀选项设置封闭区域进刀类型为“沿形状斜进刀”，开放区域进刀类型为“线性”，参数设置如图 4.37 所示。转移/快速选项卡中，把区域内的转移类型改为“前一平面”，距离为 3 mm，其他默认设置，如图 4.38 所示。

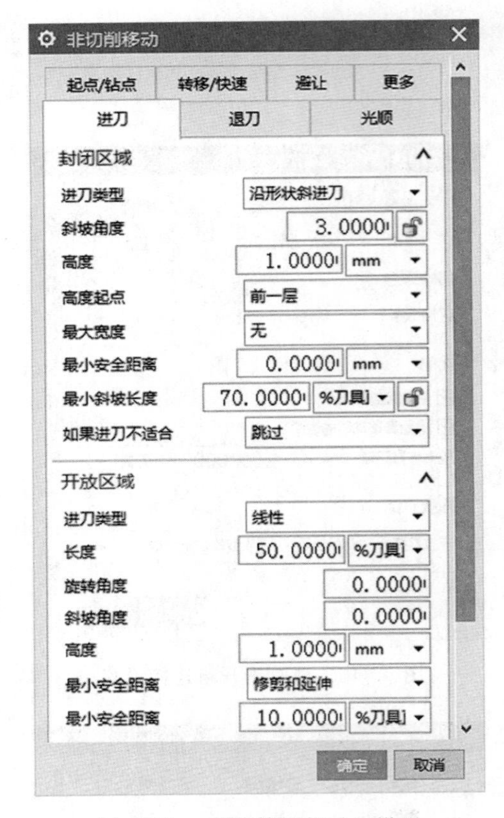

图 4.37　型腔铣开粗进刀设置

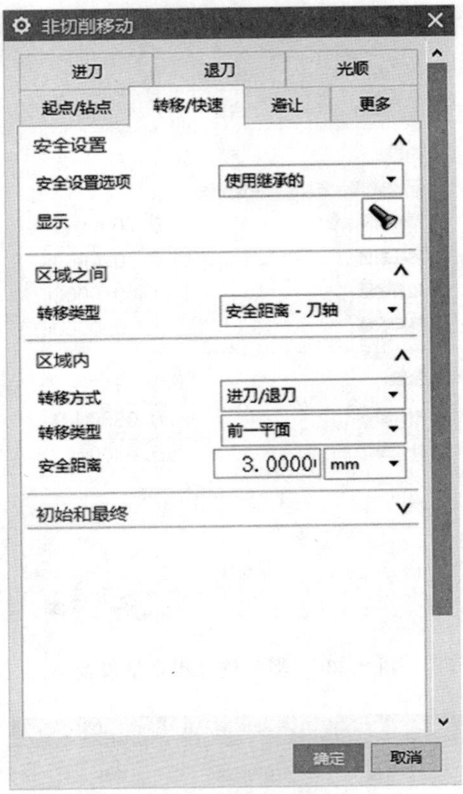

图 4.38　型腔铣开粗转移 / 快速设置

④ 进给率和转速设置。

进给率和转速设置如图 4.39 所示，主轴转速为 2 800 r/mm，进给率为2 000 mm/min。

⑤ 生成刀路。

其他均采用软件默认设置，点击【确认】，生成刀路如图 4.40 所示。

(5) 创建工序 —— 半精加工曲面。

① 创建固定轮廓铣的工序。

点击“创建工序”图标，类型选择“mill_contour”，工序子类型选“固定轮廓铣”，刀具选用R4球刀，几何体选择“WORKPIECE”，如图 4.41 所示，按【确定】后弹出对话框，切削区域指定轮廓上表面的所有曲面，驱动方法选择“区域铣削”，如图 4.42 所示。

② 驱动方法设置。

点击“编辑”图标，弹出对话框，陡峭空间范围选择“无”，非陡峭切削模式选择“同心往复”，刀路中心指定为内锥孔的圆心，刀路方向“向内”，步距为“恒定”，最大距离设置为 0.3 mm，如图 4.43 所示。

③ 切削参数设置。

点击“切削参数”的图标，设置余量选项卡如图 4.44 所示，部件余量为 0.1 mm，策略

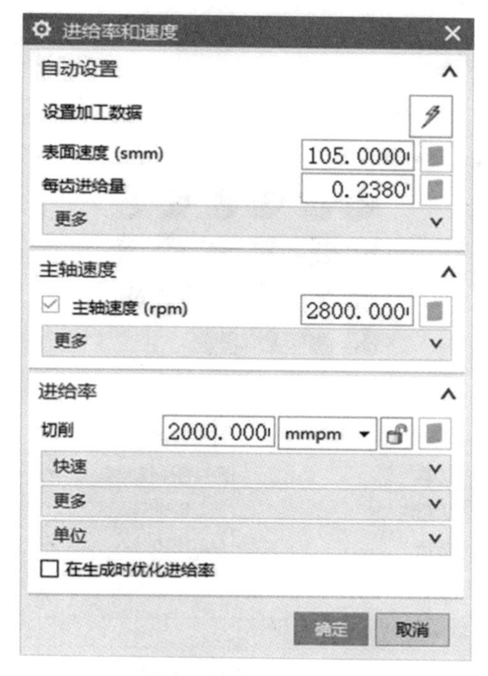

图 4.39 型腔铣开粗进给率和转速设置

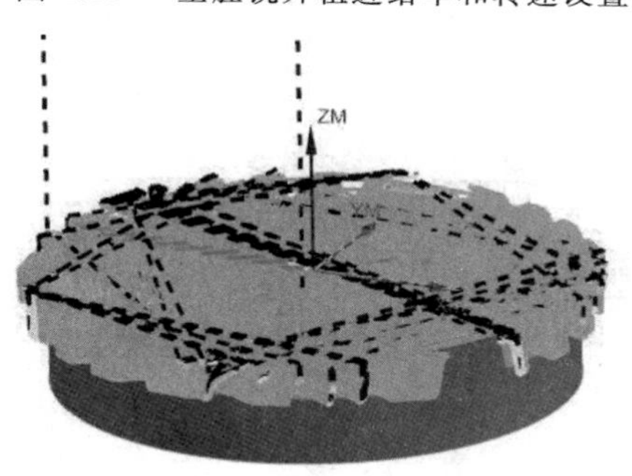

图 4.40 型腔铣开粗刀路

选项卡如图 4.45 所示，刀路方向为“向内”，勾选“在边上延伸”，延伸距离为 0.5 mm。其他选项卡为默认设置。

图 4.41　创建半精加工曲面固定轮廓铣工序

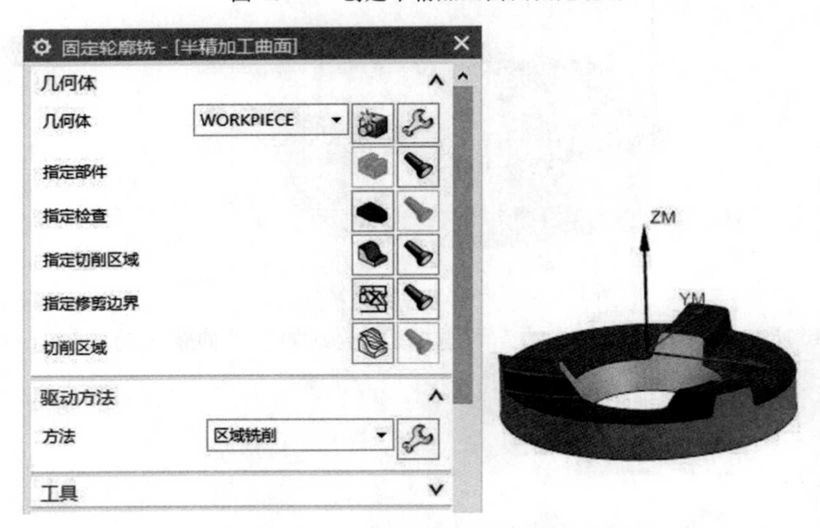

图 4.42　半精加工曲面固定轮廓铣工序界面及切削区域图

图 4.43　半精加工曲面驱动方法设置

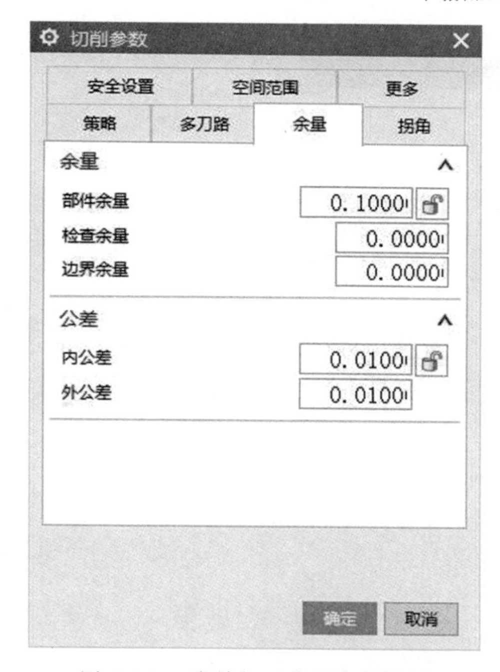

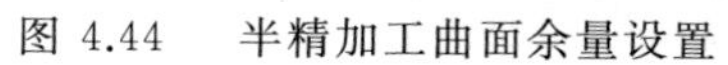
图 4.44　半精加工曲面余量设置

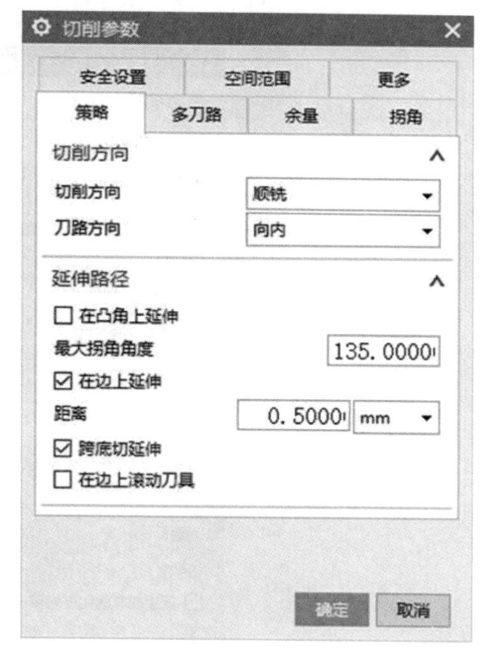

图 4.45　半精加工曲面策略设置

④ 非切削移动设置。

点击“非切削移动”的图标，进刀类型为“圆弧 — 平行于刀轴”，其他默认设置，如图4.46所示，按【确定】后返回主界面。

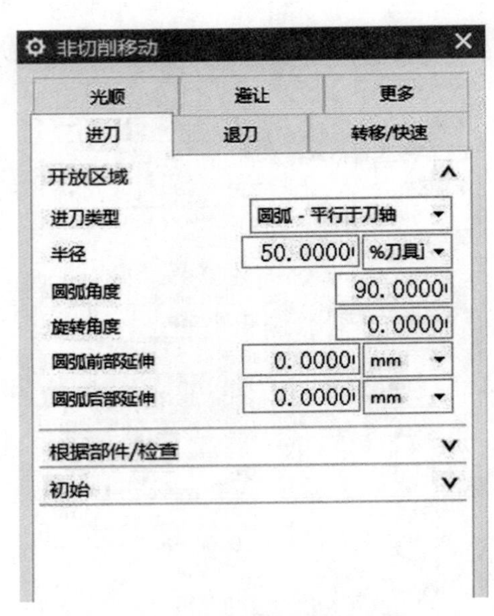

图 4.46　半精加工曲面进刀设置

⑤ 进给率和转速设置。

进给率和转速设置如图 4.47 所示，主轴转速为 3 800 r/min，进给率为1 600 mm/min。

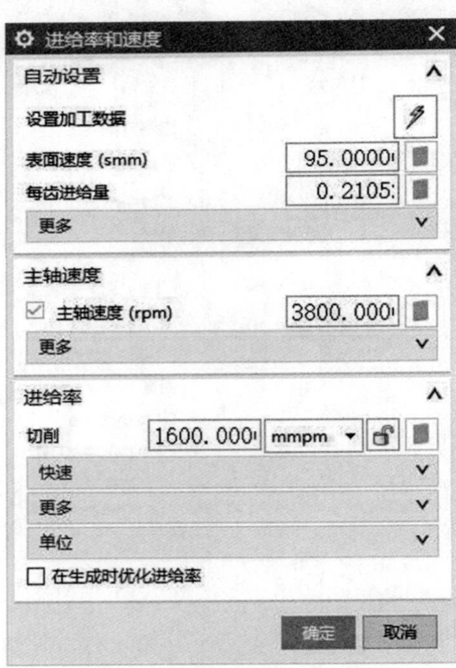

图 4.47　半精加工曲面进给率和转速设置

⑥ 修剪刀路。

为提高加工效率，使刀轨更简洁，将多余的刀路进行修剪。方法是点击“指定修剪边界”图标，选择曲线的方式，选取模型底面圆的边界，裁剪掉该边界以外的刀路，再添加新集，曲线方式选取内锥孔最上面的边界，裁剪掉该边界以内的刀路，如图 4.48 所示，按【确认】后退回主界面。

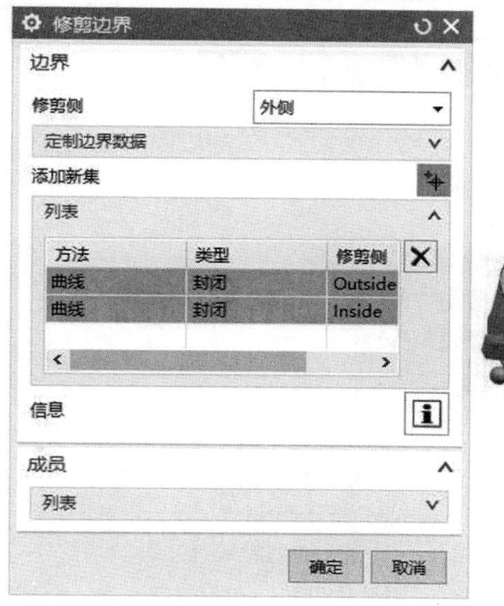

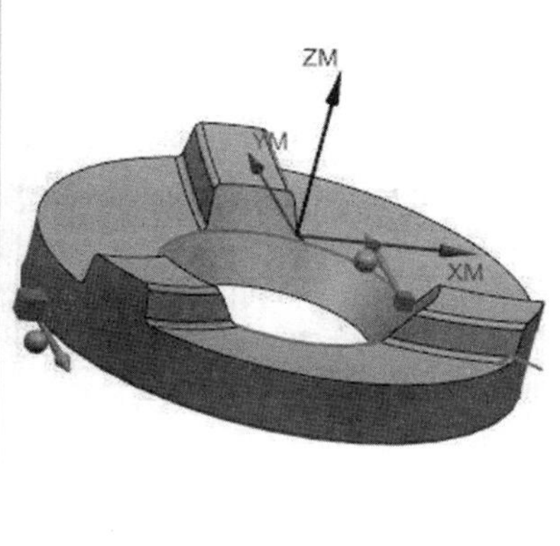

图 4.48　半精加工曲面裁剪边界

⑦ 生成刀路。

其他均采用软件默认设置，点击【确认】，生成刀路如图 4.49 所示。

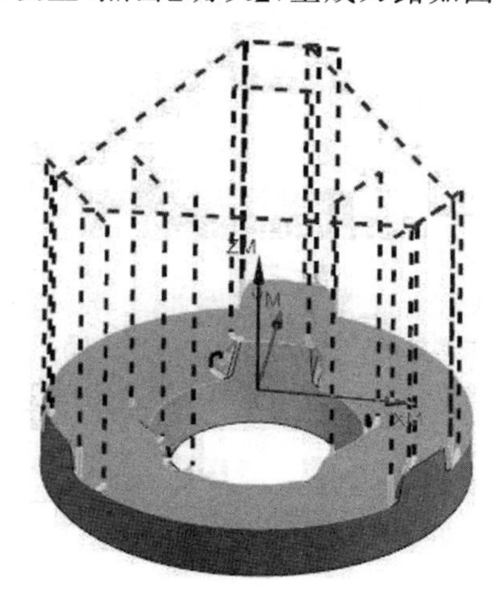

图 4.49　半精加工曲面刀路

(6) 创建工序 —— 精加工内锥孔。

① 创建深度轮廓铣工序。

点击"创建工序" 图标,类型选择"mill_contour",工序子类型选择深度轮廓铣,刀具选用R4的球头铣刀,几何体选择"WORKPIECE2",如图4.50所示,按【确定】后弹出对话框,设置如图4.51所示,切削区域选择如图所示圆锥面,公共每刀切削深度设为"恒定",最大距离设置为0.3 mm。

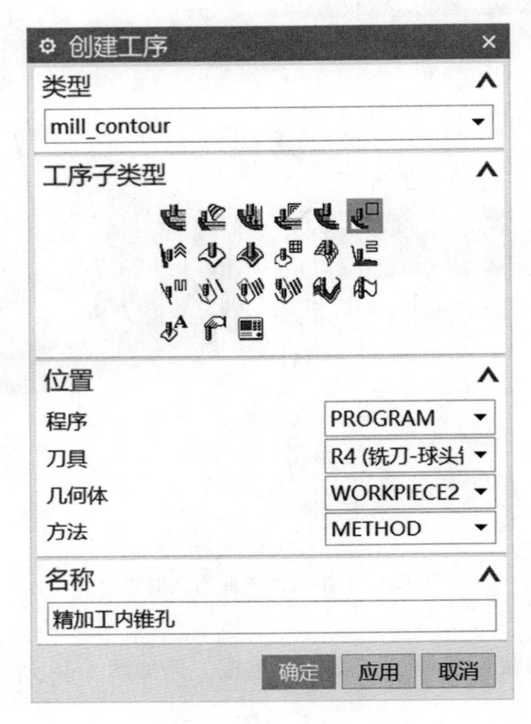

图 4.50　创建精加工内锥孔深度轮廓铣工序

注意:为了加工圆锥孔是连续的。此处的圆锥面需要在建模方式下重新构建一个完整的圆锥面供切削区域选择,并把该部分单独设为一个部件,即为"WORKPIECE2"。

② 切削参数设置。

点击"切削参数" 的图标,设置余量选项卡如图4.52所示,所有余量都为0,策略选项卡,切削顺序设为"始终深度优先",如图4.53所示,连接选项卡层到层设为"沿部件斜进刀",斜坡角为3°,如图4.54所示,其他选项卡为默认设置。

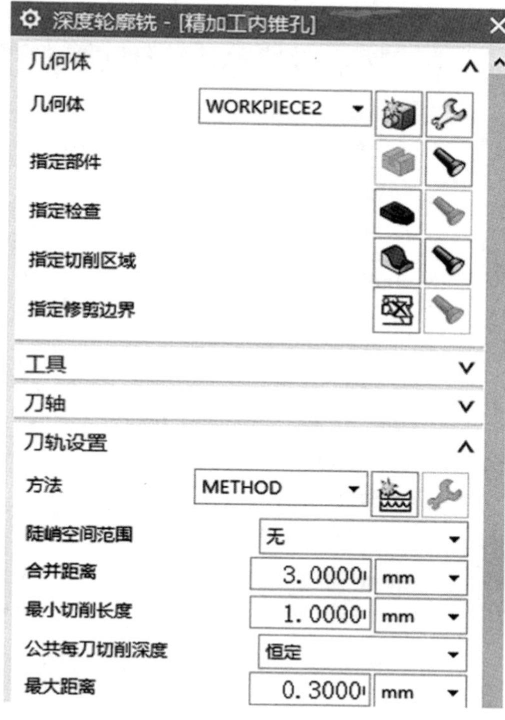

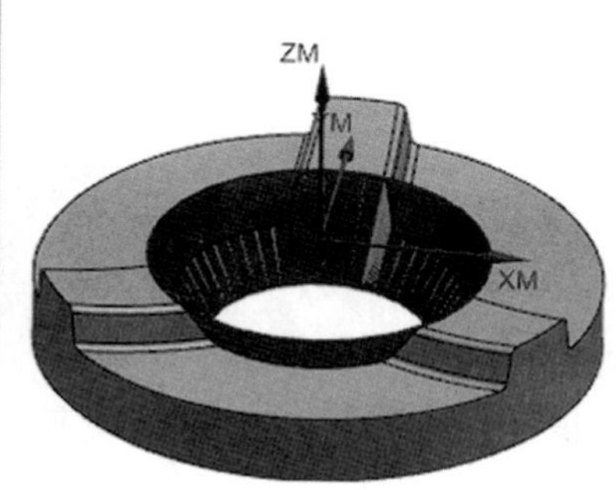

图 4.51　精加工内锥孔深度轮廓铣界面

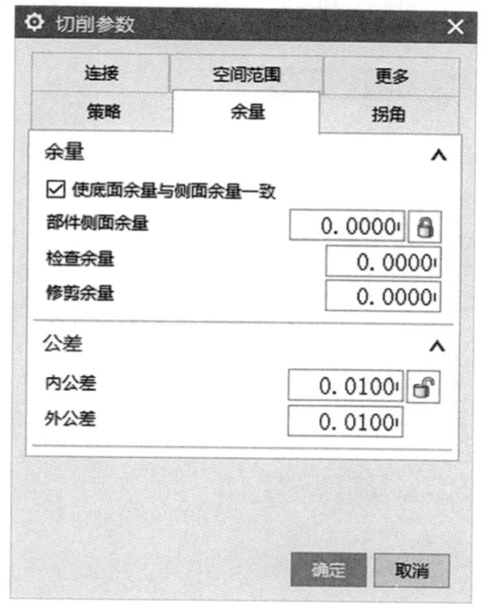

图 4.52　精加工内锥孔余量设置

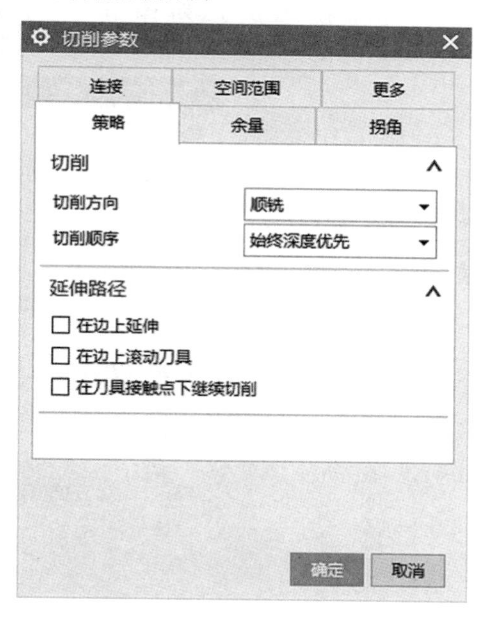

图 4.53　精加工内锥孔策略设置

③ 非切削移动设置。

点击“非切削移动”的图标，进刀选项设置封闭区域进刀类型选择“与开放区域相同”，开放区域进刀类型为“圆弧”，参数设置如图 4.55 所示，其他默认设置，按【确定】后返回主界面。

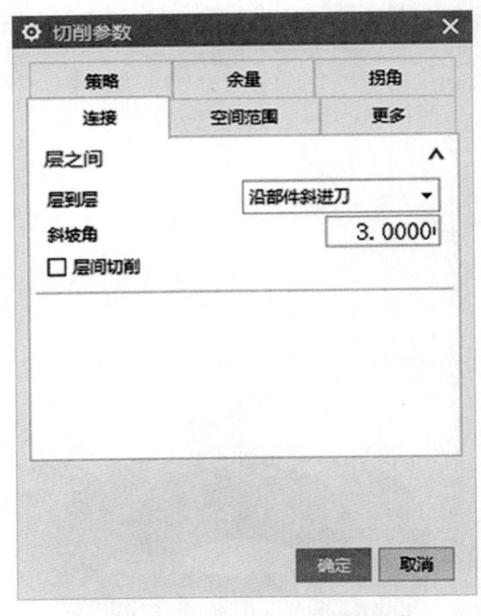

图 4.54　精加工内锥孔连接设置

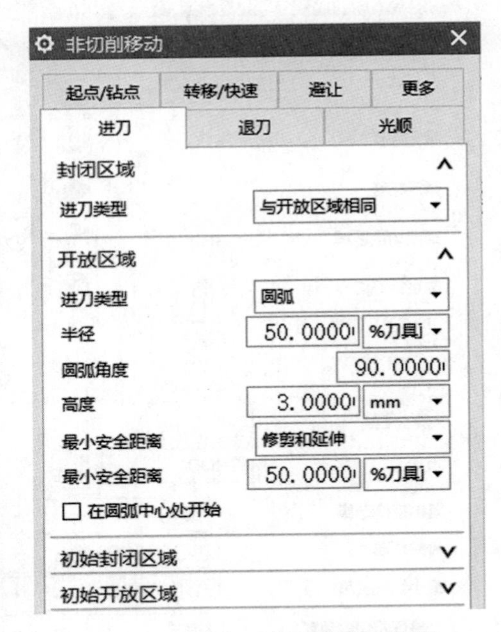

图 4.55　精加工内锥孔进刀设置

④ 进给率和转速设置。

进给率和转速设置如图 4.56 所示，主轴转速为 3 800 r/min，进给率为1 600 mm/min。

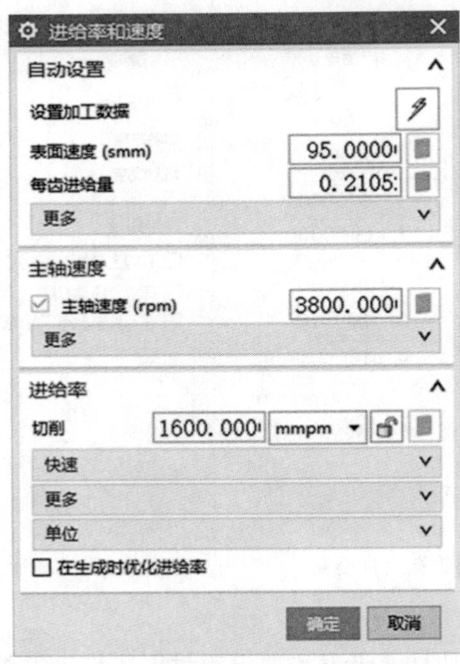

图 4.56　精加工内锥孔进给率和转速设置

⑤ 生成刀路。

其他均采用软件默认设置,点击【确认】,生成精加工内锥孔的刀路,如图 4.57 所示。

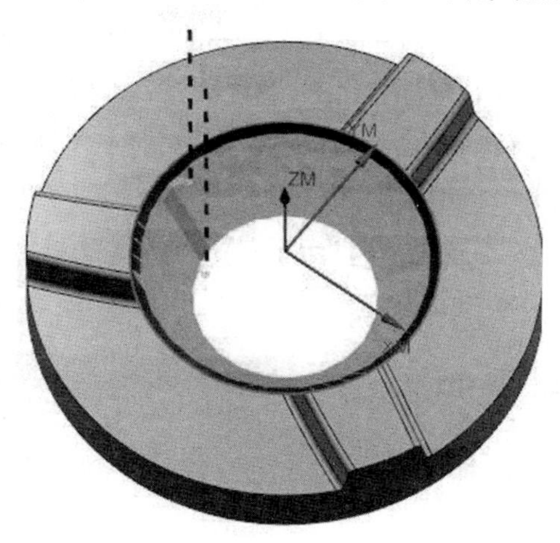

图 4.57　精加工内锥孔刀路

(7) 创建工序 —— 精加工曲面。

精加工曲面的方法,与上面半精加工曲面方法一致,不同之处是把刀具改为 R2 的 3 号刀,把余量改为 0,可以复制上面工步 2 的工序粘贴后进行相应的修改。生成的刀路如图 4.58 所示。

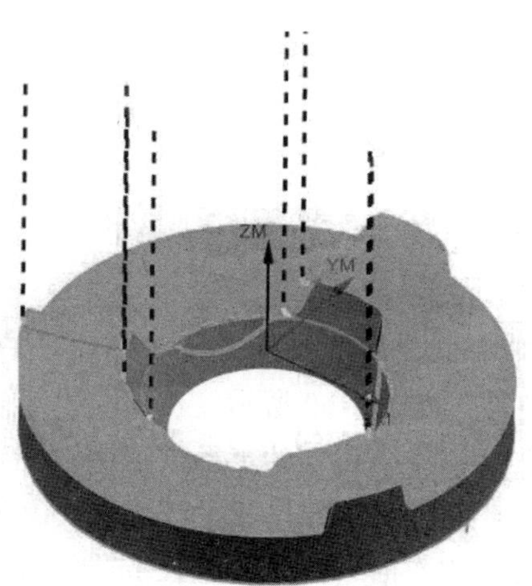

图 4.58　精加工曲面刀路

(8) 创建工序 —— 清根。

① 创建清根工序。

点击“创建工序”图标,类型选择“mill_contour”,工序子类型选择固定轮廓铣,刀具选用 R2 球刀,几何体选择“WORKPIECE”,如图 4.59(a) 所示,按【确定】后弹出对话框,切削区域指定轮廓上表面的所有曲面,驱动方法选择“清根”,如图 4.59(b) 所示。

(a)

(b)

图 4.59 创建清根工序

② 设置清根方法。

点击“编辑”图标,弹出对话框,清根类型设置为“多刀路”,步距设置为0.1 mm,每侧步距数为 2,顺序“由内向外”,如图 4.60 所示。

注意:清根操作时,首先要测量清根处的半径值,再根据半径值设定刀具,如果刀具设置不合理,会造成清根失败,不产生刀路。清根的类型有“单刀路”“多刀路”“参考刀具偏置”,可以灵活选用。当选择多刀路时,每侧步距数一定要设置,不然系统会报警。

③ 生成清根刀路。

其他均采用软件默认设置,点击【确认】,生成清根刀路如图 4.61 所示。

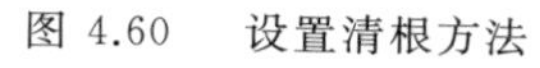

图 4.60 设置清根方法

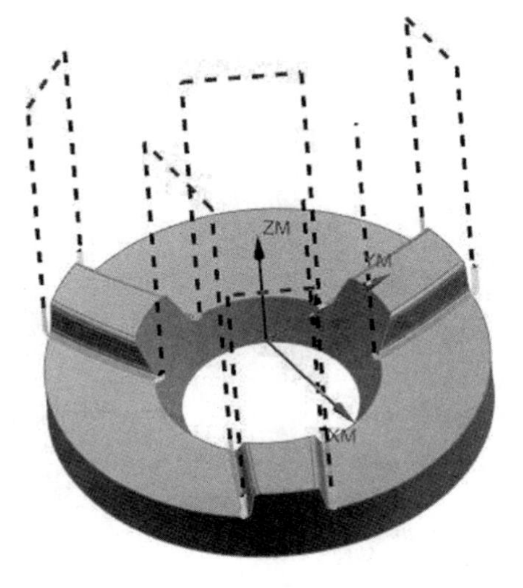

图 4.61 清根刀路

(9) 仿真加工。

在工序导航器的程序顺序图中拾取所有的刀路轨迹,单击右键,按【刀轨】→【确认】,弹出【刀轨可视化】对话框,调整仿真的速度,最终仿真的结果如图 4.62 所示。

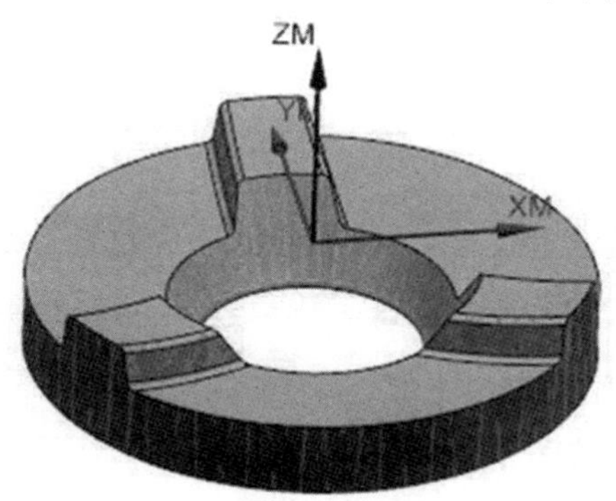

图 4.62 卡盘模具仿真加工

(10) 后置处理。

在工序导航器中拾取要后处理的轨迹,单击右键,选择"后处理",弹出【后处理】对话框,选择合适的后处理器(这里选择 MILL_3_AXIS),指定合适的文件路径和文件名称,单位设为公制,按【确定】后完成后处理,生成 NC 代码。如图 4.63 所示为拾取多刀路清根的后处理 NC 代码加工程序界面。

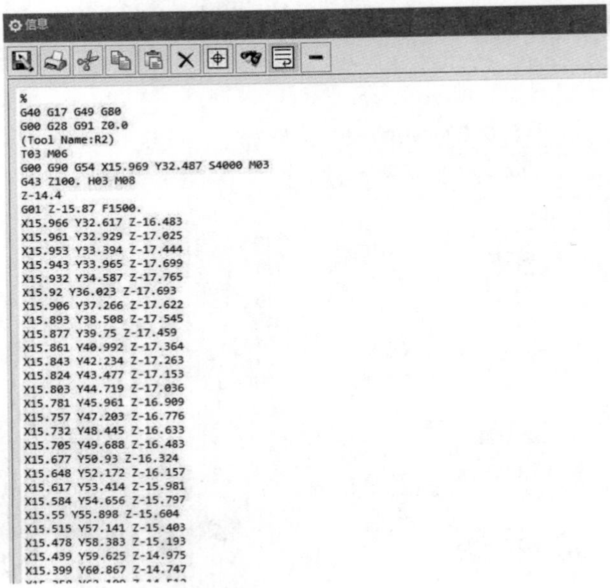

信息

```
%
G40 G17 G49 G80
G00 G28 G91 Z0.0
(Tool Name:R2)
T03 M06
G00 G90 G54 X15.969 Y32.487 S4000 M03
G43 Z100. H03 M08
Z-14.4
G01 Z-15.87 F1500.
X15.966 Y32.617 Z-16.483
X15.961 Y32.929 Z-17.025
X15.953 Y33.394 Z-17.444
X15.943 Y33.965 Z-17.699
X15.932 Y34.587 Z-17.765
X15.92 Y36.023 Z-17.693
X15.906 Y37.266 Z-17.622
X15.893 Y38.508 Z-17.545
X15.877 Y39.75 Z-17.459
X15.861 Y40.992 Z-17.364
X15.843 Y42.234 Z-17.263
X15.824 Y43.477 Z-17.153
X15.803 Y44.719 Z-17.036
X15.781 Y45.961 Z-16.909
X15.757 Y47.203 Z-16.776
X15.732 Y48.445 Z-16.633
X15.705 Y49.688 Z-16.483
X15.677 Y50.93 Z-16.324
X15.648 Y52.172 Z-16.157
X15.617 Y53.414 Z-15.981
X15.584 Y54.656 Z-15.797
X15.55 Y55.898 Z-15.604
X15.515 Y57.141 Z-15.403
X15.478 Y58.383 Z-15.193
X15.439 Y59.625 Z-14.975
X15.399 Y60.867 Z-14.747
```

图 4.63　清根后处理 NC 代码

项目评价

卡盘模具考核评分表见表 4.2。

表 4.2　卡盘模具项目考核评分表

考核类别	考 核 内 容	评价(0～10分)			
		差	一般	良好	优秀
		0～3	4～6	7～8	9～10
技能评价	能完成项目的理论知识学习				
	能通过有效资源解决学习中的难点				
	能制定正确的工艺顺序				
	能选择合理的加工刀具和切削参数				
	能创建项目的刀具路径				
	能进行仿真加工并验证刀具路径				
	能后处理出所有的加工程序				
职业素养	协作精神、执行能力、文明礼貌				
	遵守纪律、沟通能力、学习能力				
	创新性思维和行动				
总计					
考核者签名：					

项目小结

本项目以卡盘模具零件为例，讲解曲面类零件的加工工艺过程，并详细介绍了每道工序的操作方法。从本项目实施过程总结出以下几点经验供参考。

（1）在加工曲面类零件时，粗、精加工刀具都应该选择带有圆角的铣刀，以保证曲面加工质量。

（2）如果选择了往复的切削方式，为了让刀具充分与零件表面接触，切削方向可以定义为与 X 轴成 45° 角的走刀方式。

（3）加工曲面时，精加工应选用合适的球头铣刀，用以提高生产效率，保证曲面质量。

（4）清根加工，由于刀具直径较小，如果切削深度太大容易造成断刀，所以需要分多次清根完成加工。

拓展训练

1. 根据图 4.64 所示的零件特征，制订合理的工艺路线，设置正确的加工参数，生成刀具路径，进行仿真加工，后处理出加工程序，并在机床上加工出该零件。

图 4.64　法兰盖零件

2. 根据图 4.65 所示的零件特征，制订合理的工艺路线，设置正确的加工参数，生成刀具路径，进行仿真加工，后处理出加工程序，并在机床上加工出该零件。

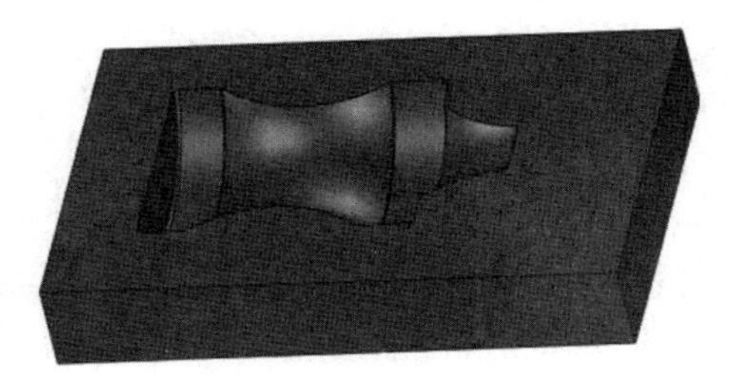

图 4.65　饮料瓶凹模

3. 根据图 4.66 所示的零件特征，制订合理的工艺路线，设置正确的加工参数，生成刀具路径，进行仿真加工，后处理出加工程序，并在机床上加工出该零件。

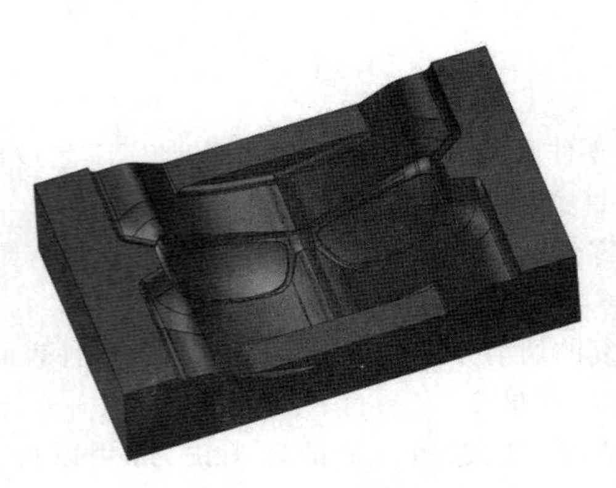

图 4.66　眼镜模具

安全生产教育

思政园地

安全生产责任意识　明规守纪的行业意识

事故经过：2002 年 4 月 23 日，陕西一煤机厂职工小吴正在摇臂钻床上进行钻孔作业。测量零件时，小吴没有关停钻床，只是把摇臂推到一边，就用戴手套的手去搬动工件，这时，飞速旋转的钻头猛地绞住了小吴的手套，强大的力量拽着小吴的手臂往钻头上缠绕。小吴一边喊叫，一边拼命挣扎，等其他工友听到喊声关掉钻床，小吴的手套、工作服已被撕烂，右手小拇指也被绞断。

事故分析：劳保用品不能随便使用。在旋转机械附近，操作者身上的衣服等物一定要收拾利索。如要扣紧袖口、不要戴围巾等。所以在操作旋转机械时一定要做到工作服的“三紧”，即：袖口紧、下摆紧、裤脚紧；不要戴手套、围巾；女工的发辫更要盘在工作帽内，不能露出帽外。不同的工种都有不同的操作规程。在生产工作场所，操作机器设备时，必须严格遵守操作规程，如果忽视操作规程，从某种意义上来讲，也就是忽视了自己的生命安全。

做什么事情都需具备“规范意识、规则意识”，明确“行有行规、国有国法”。正如荀子说的“人无礼则不生，事无礼则不成，国无礼则不宁。”对机械加工制造行业来说，安全生产是指在生产过程中的人身安全和设备安全。为了使劳动过程在符合安全要求的物质条件和工作秩序下进行，防止伤亡事故、设备事故及各种灾害的发生，要求机械行业的从业人员必须在规范的要求下，进行生产管理安全操作。

（以上内容来源于机械行业安全事故案例分析
http://www.abadaily.com/abrbs/abrb/201710/10/c41140.html）

模块 3　四轴铣削加工技术

模块简介

NX 软件 CAM 模块除了提供强大的三轴加工编程功能外，还提供了比较成熟的多轴加工模块，四轴加工就是其中之一。如下图所示的四轴加工，刀具除了同时做 X 轴、Y 轴、Z 轴三个方向的直线运动外，工件还能绕着 X 轴或 Y 轴做旋转运动，四轴加工改变了加工模式，增强了加工能力，解决了一些复杂零件的加工难题。本模块下面精选的三个项目都是四轴加工中具有代表性的典型案例，以项目为主线，详细讲解可变轮廓铣、投影矢量、刀轴控制方法、加工编程创建过程、参数设置和操作技巧等内容，读者通过本模块的学习，能掌握各种四轴零件结构的铣削编程及仿真加工技术。

知识目标

(1) 掌握可变轮廓铣策略。
(2) 掌握四轴的刀轴知识。
(3) 掌握四轴的各种矢量的概念。

技能目标

(1) 掌握四轴加工的创建过程。
(2) 掌握几何体、刀具、工序等的创建方法。
(3) 掌握各种四轴零件的仿真加工。

思政目标

(1) 提高学生的动脑和动手的能力,鼓励学生创新,培养敢为天下先的精神。

(2) 提高学生对劳动光荣,踏实肯干,能吃苦、能拼搏,追求精致的精神的领悟。

(3) 提高学生的社会责任感和使命感,培养学生的爱国情怀和家国情怀。

学习导航

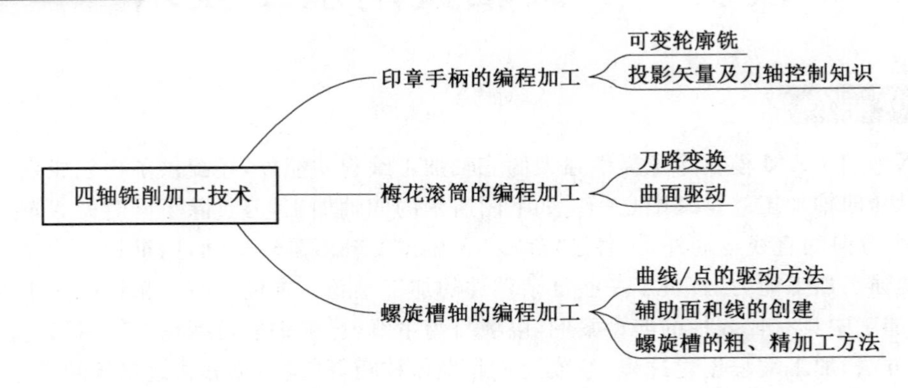

项目5　印章手柄的编程加工

项目描述

该项目是来源于生活中常见的印章手柄,如图5.1所示,该产品的毛坯尺寸是ϕ100 mm×120 mm的圆柱体,材料为铝合金。要求根据提供的零件三维模型,制订合理的加工工艺,编制加工程序,完成该项目的加工。

项目分析:这种异形轴头零件是机械加工中常见的一种轴类产品,也是四轴铣削中具有代表性的零件结构之一。手柄结构比较复杂,由曲面、圆弧面、过渡倒角及端面等结构特征组成。由于这种产品结构的特殊性,三轴或车削的方式都没有办法完成手柄部分曲面的加工,因此,必须采用四轴加工。

图 5.1　印章手柄

课前导学

单项选择题，请把正确的答案填在括号中。

1. 在多轴铣削加工中，(　　)为可变轮廓铣图标。

A.　　B.　　C.　　D.

2. 关于可变轮廓铣，说法错误的是(　　)。

A. 可变轮廓铣是复杂零件精加工的主要手段

B. 可变轮廓铣可以精确地控制刀轴和矢量投影，使刀具沿着非常复杂的曲面运动，是一种典型的多轴加工方法

C. 可变轮廓铣的加工原理与固定轴轮廓铣相似，刀轴一般都是固定的

D. 投影矢量和刀轴方位，以及驱动方法，这三个参数也是可变轮廓铣的三个非常重要的参数

3. 在 NX 中，可变轮廓铣主要用于实现(　　)加工目的。

A. 粗加工去除大量材料　　B. 精确控制刀具沿复杂曲面的路径

C. 高速切削以提高加工效率　　D. 加工具有陡峭角度的特征

4. 多轴机床铣削边界敞开的曲面时，(　　)。

A. 球头刀应由曲面的端点进刀　　B. 球头刀应由曲面的中点进刀

C. 球头刀应由曲面的边界外进刀　　D. 球头刀应由曲面的起点进刀

5. 一般四轴卧式加工中心所带的旋转工作台为(　　)

A. 轴 A　　B. 轴 B　　C. 轴 C　　D. 轴 D

6 多轴加工与三轴加工不同之处在于对刀具轴线(　　)的控制。

A. 距离　　B. 角度　　C. 方向　　D. 矢量

7. 数控铣床精加工曲面和变斜角轮廓外形时，不能采用(　　)。

A. 端铣刀　　B. 球头刀　　C. 环形刀　　D. 鼓形刀

8. 刀柄方向聚焦指向某一固定点是(　　)投影矢量类型。

A. 远离点　　B. 朝向点　　C. 远离直线　　D. 朝向直线

9. 在四轴加工中，投影矢量主要用于确定(　　)。

A. 刀具的进给方向　　B. 刀具的旋转方向

C. 刀具与工件的接触点　　D. 刀具在工件表面的切削深度

10. 在四轴加工中，刀轴的方向(　　)。

A. 决定了切削力的大小　　B. 决定了切削速度的大小

C. 决定了切削表面的质量　　D. 决定了切削深度的大小

项目5课前导学参考答案

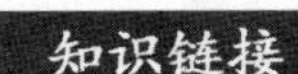

知识链接

可变轮廓铣

1. 可变轮廓铣概述

可变轮廓铣是铣削加工中最为复杂的加工操作，通常应用于航空航天、船舶等精密领域产品加工，是复杂零件精加工的主要手段。可变轮廓铣可以精确地控制刀轴和矢量投影，使刀具沿着非常复杂的曲面运动，是一种典型的多轴加工方法。它通过把驱动点从驱动曲面投影到部件几何体上来创建刀轨，驱动点由曲线、边界、面或曲面等驱动几何体生成，并沿着指定的投影矢量投影到部件几何体上，然后刀具定位到部件几何体进行移动以生成刀轨，如图5.2所示。

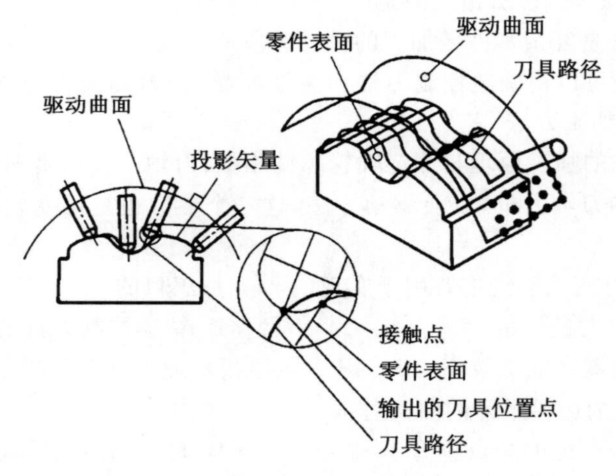

图5.2　可变轮廓铣

注意：可变轮廓铣的加工原理与固定轴轮廓铣相似，不同之处在于三轴加工的刀轴一般都是固定的，而可变轮廓铣则需要指定投影矢量和刀轴方位，以及驱动方法，这三个参数也是可变轴加工的三个非常重要的参数。

2. 可变轮廓铣操作步骤

可变轮廓铣操作的创建步骤与其他铣削方式相似，只是增加了刀轴和投影矢量控制选项，基本步骤如下。

(1) 创建程序、刀具、几何体和加工方法4个父节点组。

(2) 创建可变轮廓铣操作。

在【创建工序】对话框中选择加工类型为“mill_multi-axis”,并在工序子类型中选择“可变轮廓铣”的图标,按【确定】后弹出【可变轮廓铣】对话框,如图 5.3 所示。

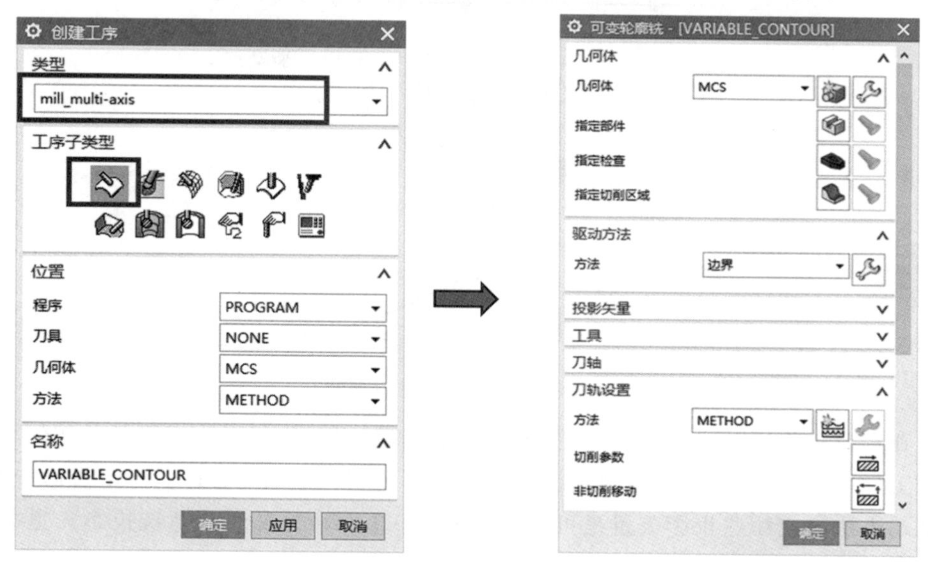

图 5.3 创建可变轮廓铣工序

(3) 选择驱动方法和投影矢量。

(4) 设置切削参数。

(5) 设置非切削移动参数。

(6) 设置进给率和转速等。

(7) 设置“刀轴控制”选项。

(8) 刀具路径生成及仿真。

3. 可变轮廓铣驱动方法

驱动方法定义了创建刀轨所需的驱动点。某些驱动方法允许沿一条曲线创建一串驱动点,而某些驱动方法允许在边界内或在所选曲面上创建驱动点阵列。驱动点一旦被定义,就可用于创建刀轨,如果没有选择部件几何体,则刀轨直接从“驱动点”创建,否则,驱动点投射到部件表面以创建刀轨,如图 5.4 所示。

选择合适的驱动方法,应该由加工表面的形状复杂性以及刀轴和投影矢量的要求决定,所选的驱动方法取决于可以选择的驱动几何体的类型以及可用的投影矢量、刀轴和切削类型。驱动方法在固定轮廓铣中进行了详细的讲解,可参考项目 4 中相应的内容。

4. 投影矢量与刀轴控制

(1) 投影矢量。

投影矢量是指产生在驱动面上的刀位点如何投影到工件表面,从而生成真正的刀具

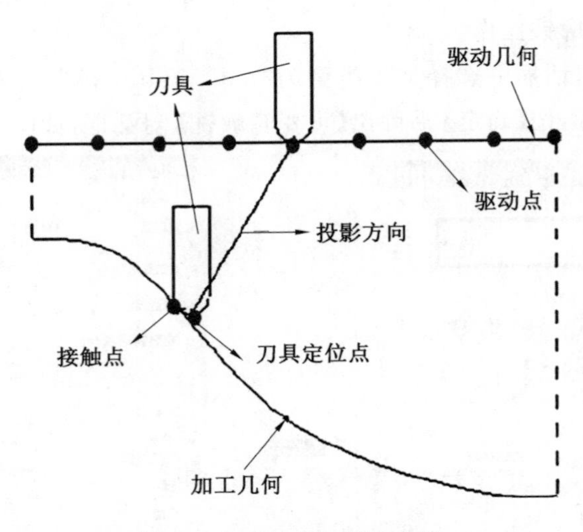

图 5.4　驱动点投影原理图

轨迹。在选定加工区域之后，驱动是生成刀路的基础，而投影矢量决定了驱动按何种规则投射到工件表面，进而产生刀具轨迹。如果指定了部件几何体，就必须指定投影矢量，选定的驱动方法决定哪些投影矢量是可用的。如表 5.1 所示为可变轮廓铣投影矢量的类型及含义说明。

表 5.1　投影矢量说明表

类型	含义	示意图
远离点	刀尖指向某个指定点，此点为所有刀轴的聚焦点	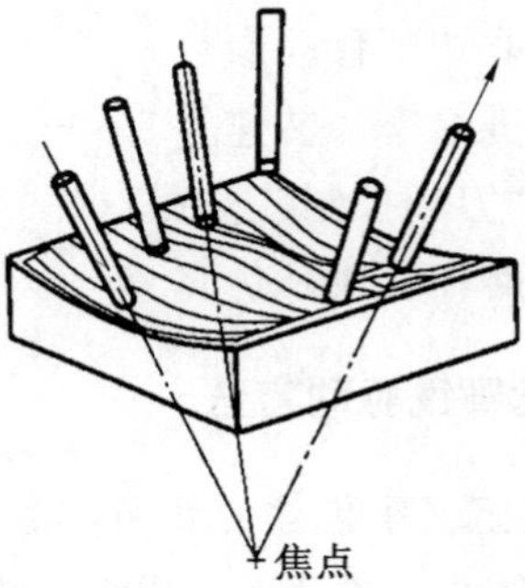
朝向点	刀柄方向聚焦指向某一固定点	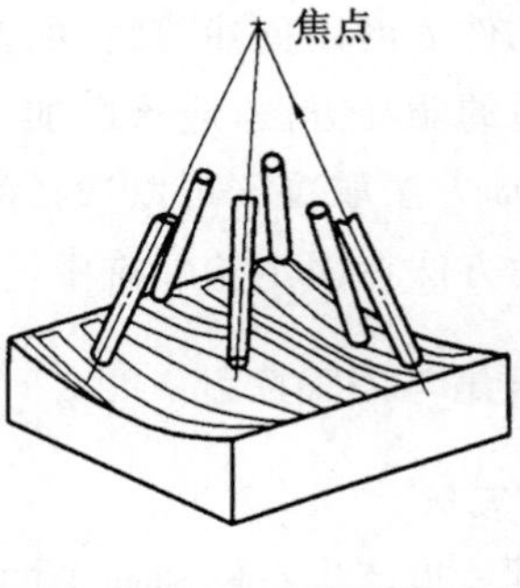

续表5.1

类型	含义	示意图
远离直线	指定一条直线作为刀轴矢量的聚焦线，刀轴矢量垂直于该直线，且从刀尖指向指定直线	
朝向直线	指定一条直线作为刀轴矢量的聚焦线，刀轴矢量垂直于该直线，且从刀柄指向指定直线	
相对于矢量	通过定义相对于矢量的前倾角和侧倾角来确定刀轴方向	
垂直于部件	刀轴矢量与部件表面垂直	

续表5.1

类型	含义	示意图
4 轴，相对于部件	通过指定第四轴及其旋转角度、前倾角和侧倾角来定义刀轴矢量	1—垂直刀轴 2—正的前倾角 3—负的前倾角(后倾角) 4—垂直刀轴 5—刀具方向
侧刃驱动	用驱动面的直纹面来定义刀轴矢量，通过指定侧刃方向，使刀具的侧刃加工驱动面，刀尖加工零件表面	侧刃划线方向 驱动曲面 驱动曲面 驱动曲面 部件表面

(2) 刀轴。

使用刀轴选项可指定切削刀具的方位。刀轴是指刀具从刀尖指向刀柄方向的矢量。在 NX 的多种加工方法中，需要通过刀轴控制刀具相对于工件的位置状态。在加工过程中，根据刀轴矢量的不同，可以分为固定刀轴和可变刀轴，如图 5.5 所示。刀轴不变的铣削称为定轴铣削，此种方式下加工过程中刀轴始终与刀轴矢量平行；可变轴铣削用于多轴加工，根据加工的需要，使刀轴矢量按照一定规律变化。

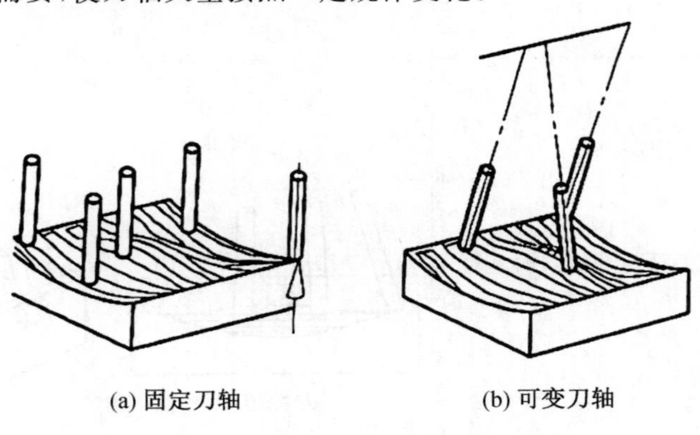
(a) 固定刀轴　　(b) 可变刀轴

图 5.5　刀轴示意图

项目实施

1. 工艺过程

印章手柄项目分析

根据印章手柄的零件结构，把该项目的加工工艺过程规划如图 5.6 所示。

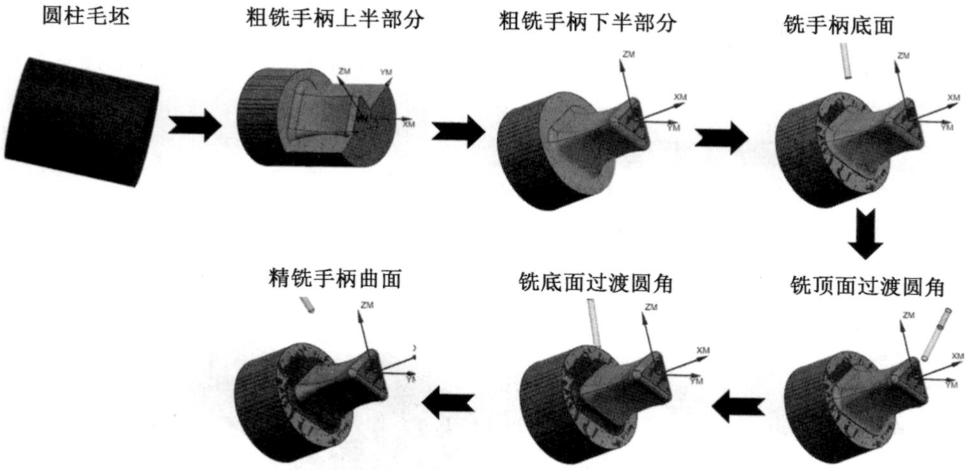

图 5.6　印章手柄工艺过程图(彩图见附录二)

2. 加工工序卡

根据零件结构及工艺过程，编制加工工序卡如表 5.2 所示。

表 5.2　印章手柄加工工序卡

			工序卡名称	零件图号	材料	夹具	使用设备
			印章手柄的四轴加工	图 5.1	铝	卡盘	四轴数控铣床
工步	工步内容	加工策略	刀具号	刀具规格	主轴转速 /(r·min^{-1})	进给量 /(mm·min^{-1})	背吃刀量 /mm
1	粗铣手柄上半部分	型腔铣	01	$\phi10R1$ 铣刀	3 200	1 200	0.5
2	粗铣手柄下半部分	型腔铣	01	$\phi10R1$ 铣刀	3 200	1 200	0.5
3	铣手柄底面	可变轮廓铣	02	$R3$ 铣刀	3 800	1 200	0.3
4	铣顶面过渡圆角	可变轮廓铣	03	$R3$ 球刀	4 000	1 500	0.3
5	铣底面过渡圆角	可变轮廓铣	03	$R3$ 球刀	4 000	1 500	0.3
6	精铣手柄曲面	可变轮廓铣	03	$R3$ 球刀	4 000	1 500	0.3

3. 项目实施步骤

印章手柄编程加工

(1) 创建工件坐标系及安全平面。

打开零件模型,进入加工模块,在工序导航器空白处点击右键,选择几何视图,双击"MCS-MILL",选择坐标系对话框,采用动态的方式,选择工件右端面的中心点作为工件坐标系原点,将 X 轴正向朝右边,Z 轴正向朝上方,Y 轴正向朝屏幕里面,建立加工坐标系,按【确定】后,安全设置选项选择"包容圆柱体",安全距离设为50 mm,如图 5.7 所示,按【确定】后退出。

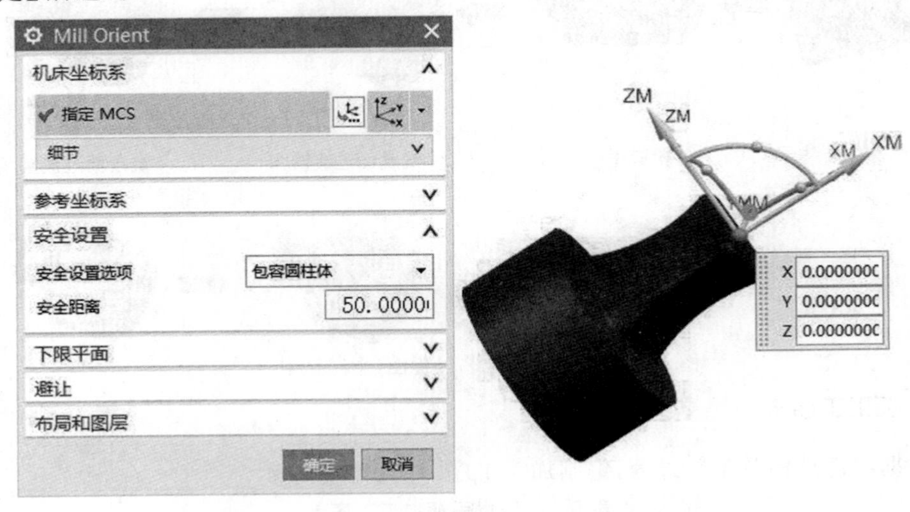

图 5.7 创建印章手柄加工坐标系及安全平面

(2) 创建毛坯几何体。

在工序导航器中双击"WORKPIECE",弹出【创建几何体】对话框。选择"指定毛坯",创建毛坯几何体。毛坯几何体选用 ϕ100 mm × 120 mm 毛坯圆柱几何体,创建如图 5.8 所示,按【确定】后退出。

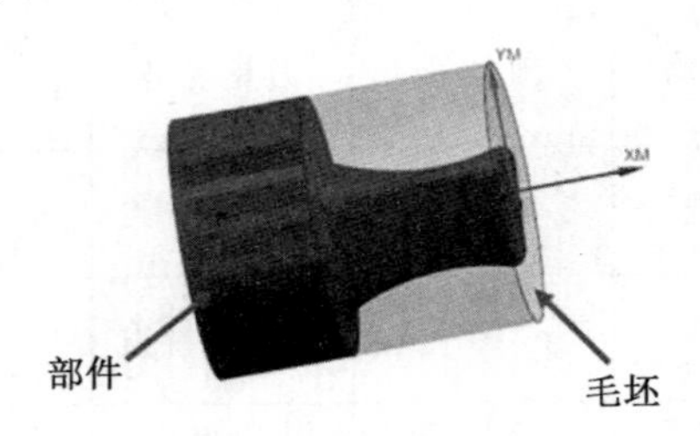

图 5.8 指定部件和毛坯

注意:这里不指定部件,根据需要在每个工序内部进行创建。毛坯若以几何体的方式定义,必须先准备好几何体,可以在建模界面下先创建好。创建好毛坯几何体后,为不影响后续的加工操作选择,可把毛坯几何体隐藏。

(3) 创建刀具。

在工序导航器空白处点击右键,选择机床视图,在未用项上点击右键,插入刀具或点

击菜单栏的“创建刀具”图标。根据上面工序卡中对应的刀具，依次在【创建刀具】对话框中选择对应的刀具子类型进行创建。创建方法跟前面章节的一样。分别创建1号D10R1三刃立铣刀，2号刀为R3四刃立铣刀，3号为R3的球头刀，按【确定】后退出刀具创建，回到主界面。

(4) 创建工序——粗铣手柄上半部分。

① 创建粗铣手柄上半部分工序。

在工序导航器的空白处右击选择程序顺序视图，在PROGRAM上点击右键，选择插入工序，或点击“创建工序”图标，弹出【创建工序】对话框，类型选择“mill_contour”，工序子类型选择型腔铣，其他设置如图5.9(a)所示。按【确定】后进入“型腔铣”对话框，刀轴选择为+ZM轴，如图5.9(b)所示，指定部件为模型本身。点开切削层设置顶层为50 mm，切削深度为51 mm，如图5.10所示。

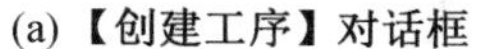
(a)【创建工序】对话框

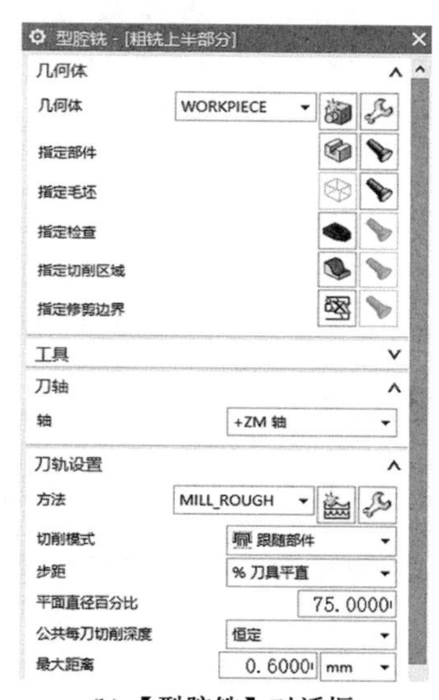

(b)【型腔铣】对话框

图5.9　创建粗铣手柄上半部分工序

② 切削参数设置。

点击“切削参数”的图标，设置余量选项卡如图5.11(a)所示，底面、侧面都留0.3 mm余量，设置连接选项卡如图5.11(b)所示，即开放刀路选择“变换切削方向”。

③ 非切削移动设置。

点击“非切削移动”的图标，设置封闭区域进刀类型“与开放区域相同”，开放区域的进刀类型为“线性”，参数设置如图5.12(a)所示，转移/快速选项卡设置区域内的参数如图5.12(b)所示。

④ 进给率和转速设置。

进给率和转速设置如图5.13所示，主轴转速为3 200 r/min，进给率为1 200 mm/min。

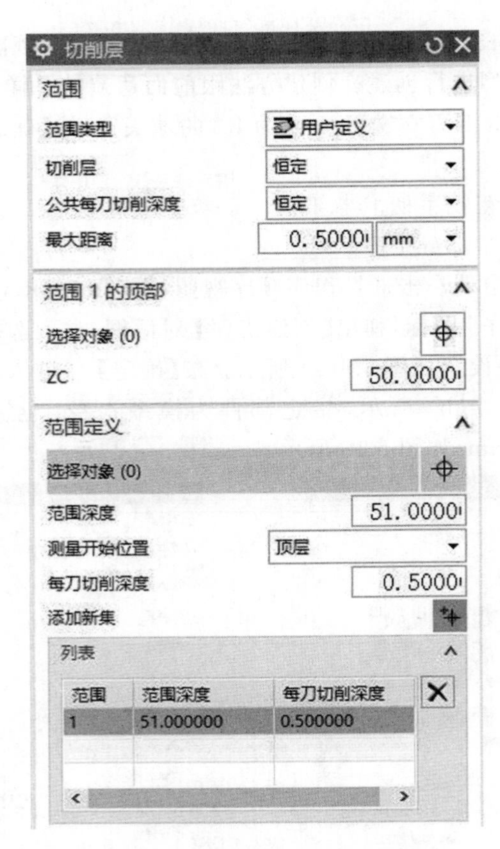

图 5.10　粗铣手柄上半部分切削层设置

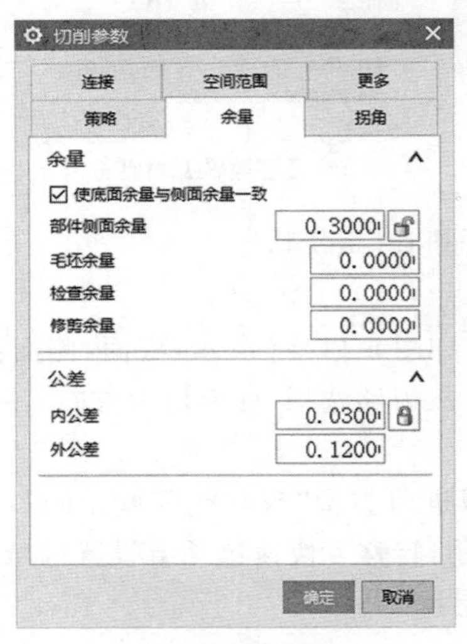

(a) 余量设置

(b) 连接设置

图 5.11　粗铣手柄上半部分切削参数设置

⑤ 生成刀路。

其他均采用软件默认设置，点击【确认】，生成刀路如图 5.14 所示。

(a) 进刀设置

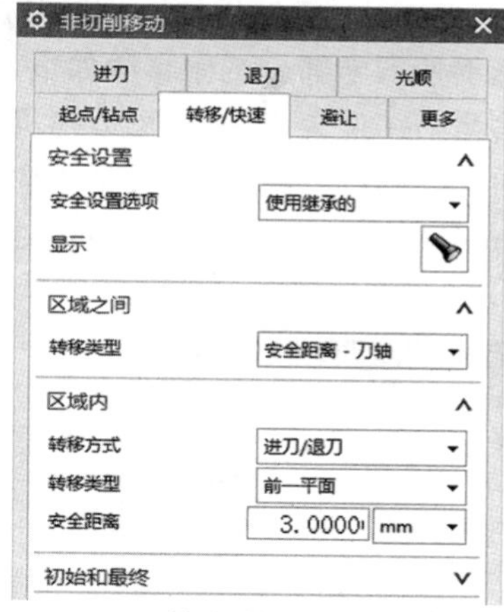

(b) 转移/快速设置

图 5.12　粗铣手柄上半部分非切削移动设置

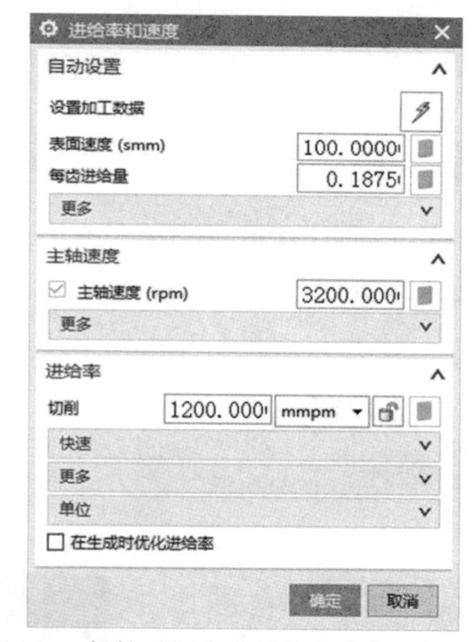

图 5.13　粗铣手柄上半部分进给率和转速设置

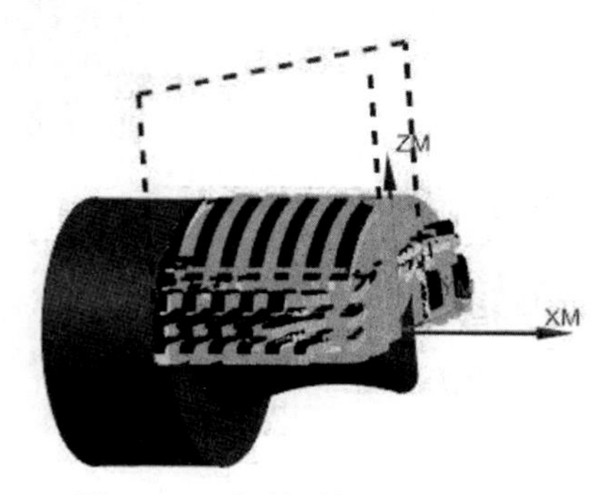

图 5.14　粗铣手柄上半部分刀路

(5) 创建工序 —— 粗铣手柄下半部分。

创建粗铣手柄下半部分工序步骤如下。

创建方法与上一道工序一样，可以拷贝上道工序，然后粘贴在上道工序的下面，再去修改刀轴方向，刀轴方向为指定的矢量方向，即为 Z 轴的负方向，如图 5.15 所示。切削层顶层为 −50 mm，深度为 50 mm，其他不变，如图 5.16 所示。点击生成如图 5.17 所示的刀路。

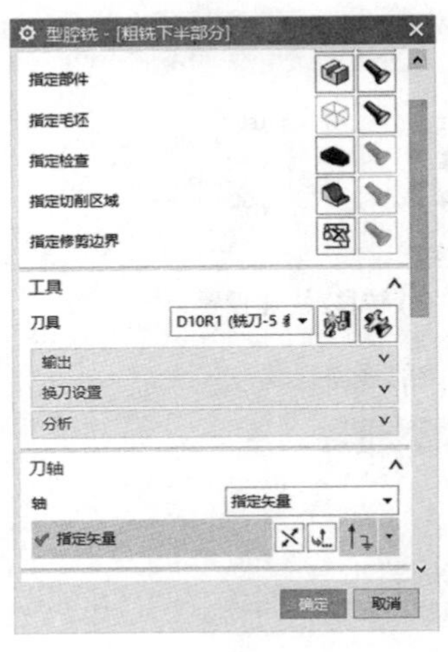

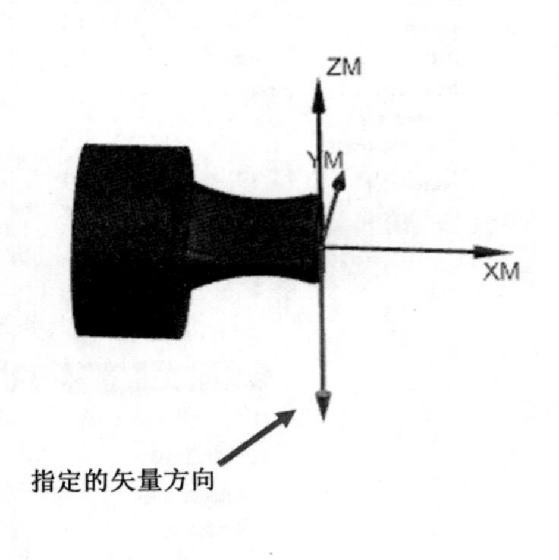

图 5.15　粗铣手柄下半部分刀轴方向

图 5.16　粗铣手柄下半部分切削层设置

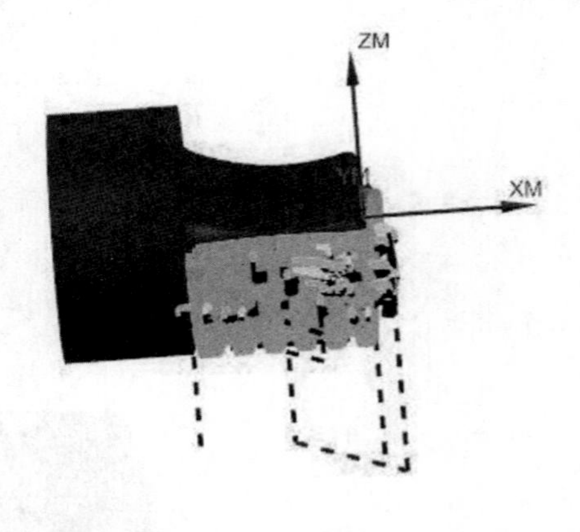

图 5.17　粗铣手柄下半部分刀路

(6) 创建工序 —— 铣手柄的底面。

① 创建可变轮廓铣的工序。

点击“创建工序”图标，类型选择“mill_multi-axis”，工序子类型选可变轮廓铣，刀具选用2号R3的平底铣刀，几何体选择“WORKPIECE”，如图5.18所示，按【确定】后弹出对话框，驱动方向选择部件指定为要加工的底面(在过滤器中用曲面的方式选择)，投影矢量为“指定矢量”，指定+X轴的方向。刀轴设置为远离直线，如图5.19所示。点击“刀轴”编辑图标，直线定义选择两点确定方式，出发点和目标点坐标分别输入(0,0,0)及(−70,0,0)，或直接选择+X轴，按【确定】后退出。驱动方法选择流线，点击“编辑”按钮进入【流线驱动方法】对话框进行设置，选择如图5.20(a)所示的两条曲线(保证两条曲线的方向一致)，注意查看材料侧的方向，箭头要朝向底面的外面，再对此对话框下面的“驱动设置”进行设置，如图5.20(b)所示。

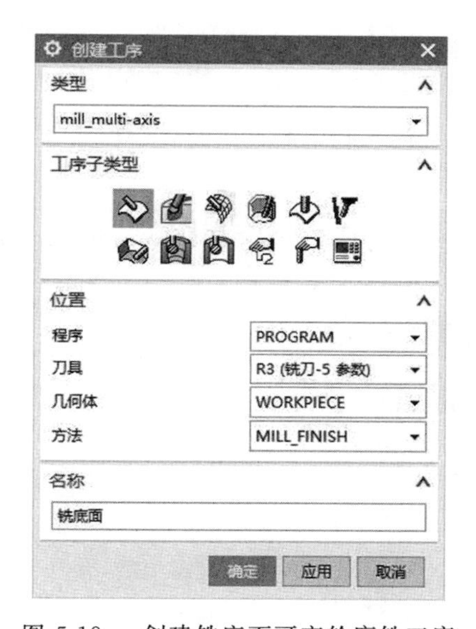

图5.18 创建铣底面可变轮廓铣工序

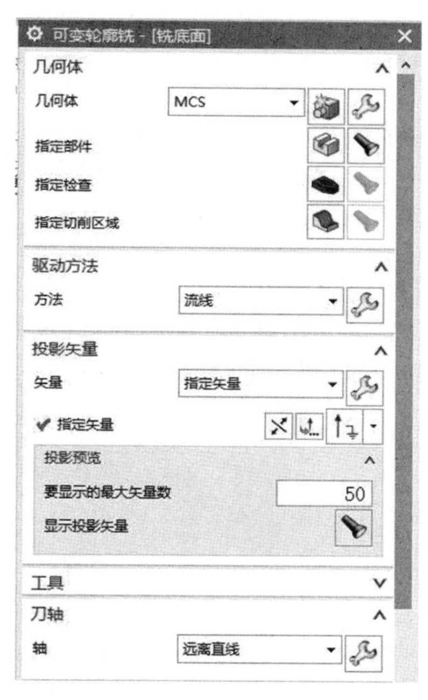

图5.19 铣底面【可变轮廓铣】对话框

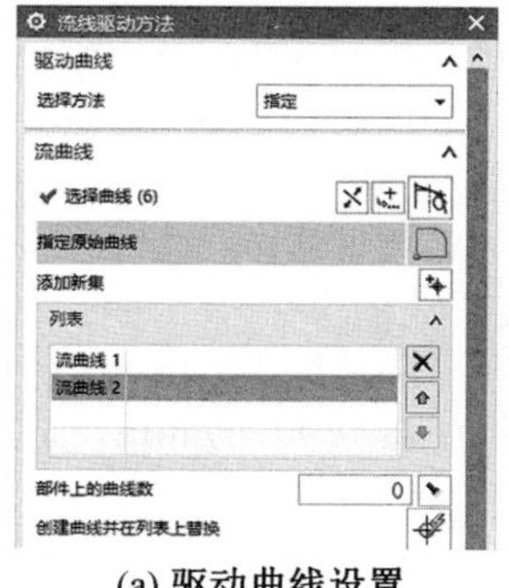

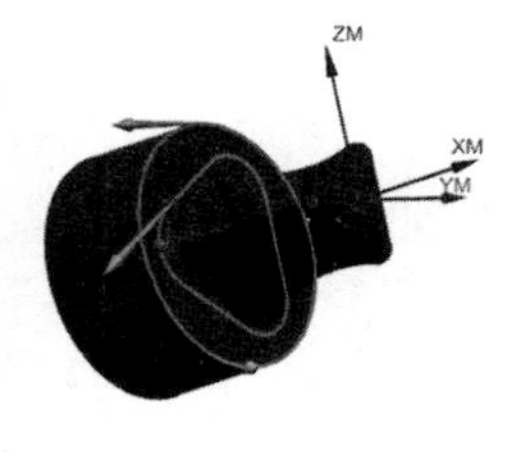

(a) 驱动曲线设置

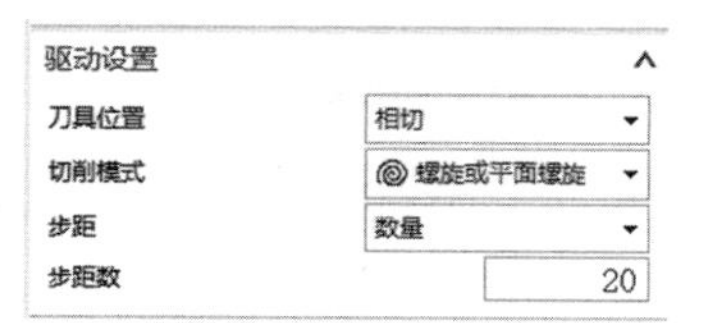

(b) 驱动设置

图5.20 铣底面流线驱动设置

② 切削参数设置。

点击“切削参数”的图标，设置余量选项卡如图 5.21 所示，余量都为 0，策略选项卡如图 5.22 所示，切削方向逆铣，切削角自动。其他选项卡为默认设置。

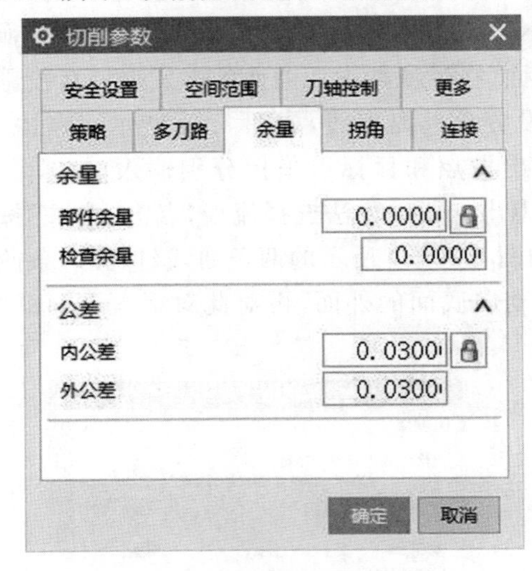

图 5.21　铣底面余量设置

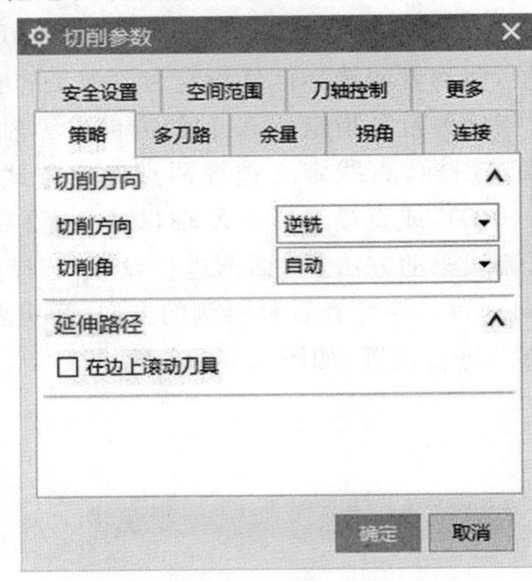

图 5.22　铣底面策略设置

③ 非切削移动设置。

点击“非切削移动”的图标，进刀类型为“圆弧－平行于刀轴”，其他默认设置。如图 5.23 所示，按【确定】后返回主界面。

图 5.23　铣底面进刀设置

④ 进给率和转速设置。

进给率和转速设置如图 5.24 所示，主轴转速为 3 800 r/min，进给率为1 200 mm/min。

⑤ 生成刀路。

其他均采用软件默认设置，点击【确认】，生成刀路如图 5.25 所示。

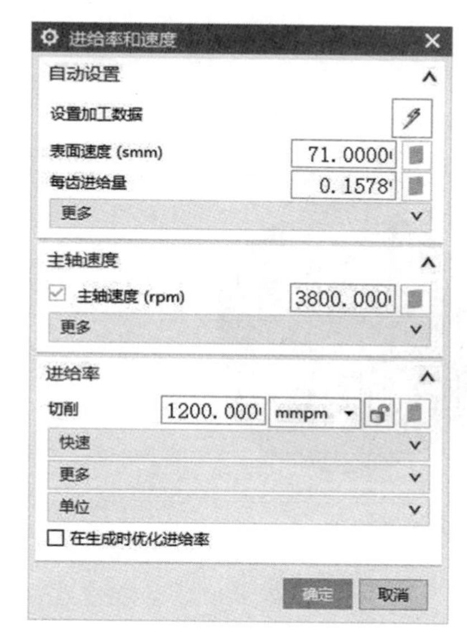

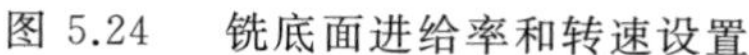

图 5.24　铣底面进给率和转速设置

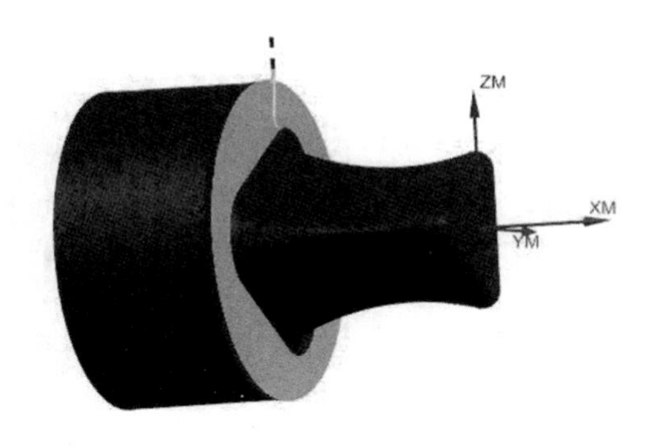

图 5.25　铣底面刀路

(7) 创建工序 —— 铣手柄上面的圆角。

① 创建可变轮廓铣的工序。

点击“创建工序”图标，类型选择“mill_multi-axis”，工序子类型选可变轮廓铣，刀具选用R3球刀，几何体选择“WORKPIECE”，如图5.26所示，按【确定】后弹出对话框，几何体选择MCS，指定部件为倒圆角曲面，如图5.27所示。驱动方法选择“曲面区域”，点击“编辑”按钮进入【曲面区域驱动】对话框进行设置，选择上面的倒圆角区域，切削模式选择“往复”，步距数为20，如图5.28所示，按【确定】后回到主界面，投影矢量选择“垂直于驱动体”，刀轴选择“垂直于部件”。

图 5.26　创建铣上面倒角可变轮廓铣工序

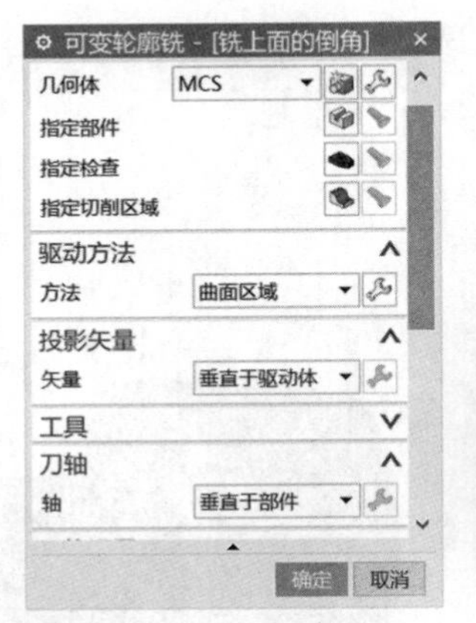

图 5.27 铣上面倒角创建几何体

图 5.28 铣上面倒角驱动设置

② 切削参数设置。

点击“切削参数”的图标，设置余量都为 0，内、外公差设为 0.01 mm，如图 5.29 所示，其他选项卡为默认设置。

③ 设置进给率和转速。

进给率和转速设置如图 5.30 所示，主轴转速为 4 000 r/min，进给率为1 500 mm/min。

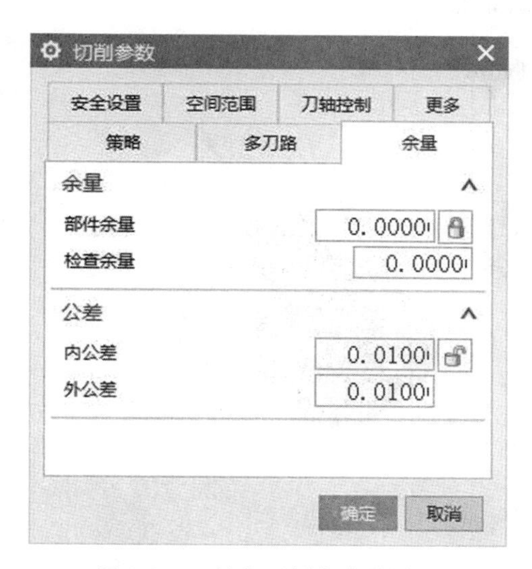

图 5.29 铣上面倒角余量设置

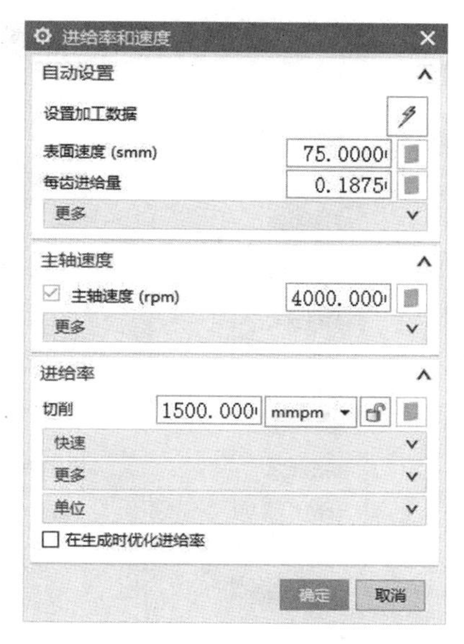

图 5.30 铣上面倒角进给率和转速设置

④ 生成刀路。

其他均采用软件默认设置，点击【确认】，生成刀路如图 5.31 所示。

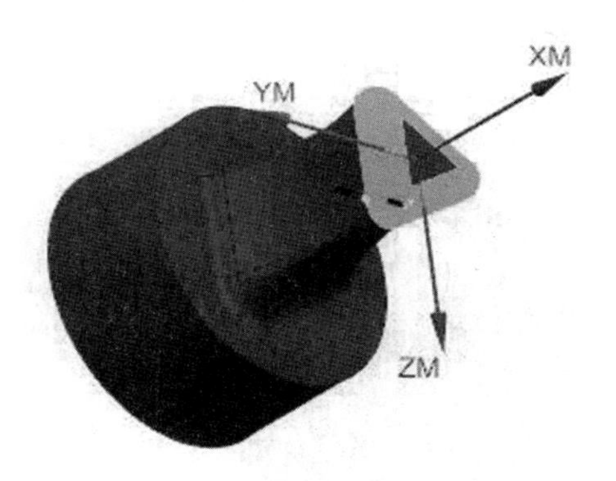

图 5.31 铣上面倒角刀路

(8) 创建工序 —— 铣手柄下面的圆角。

铣下面的圆角跟铣上面的圆角操作方法一样，把上面的程序复制粘贴，部件设定为下面的倒圆角区域，然后把驱动方法的曲面区域也修改为下面的圆角区域，如图 5.32 所示，点击生成铣下面圆角的刀路，如图 5.33 所示。

图 5.32　铣下面倒角曲面区域设置

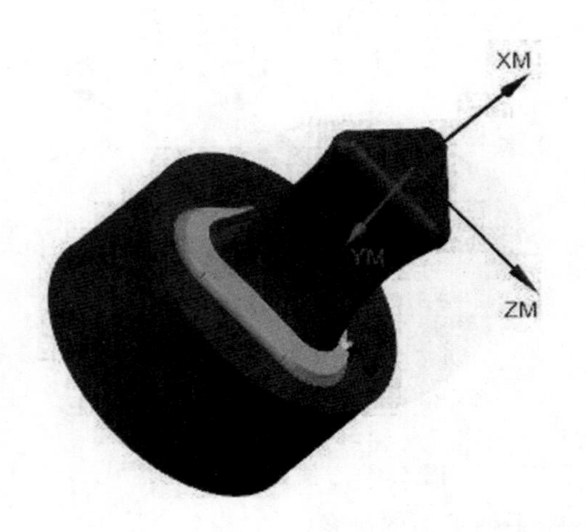

图 5.33　铣下面倒角刀路

(9) 创建工序 —— 精铣手柄部分的曲面。

操作方法同上面铣倒角，部件改为手柄部分的曲面，把曲面区域也修改为手柄部分的曲面，刀具位置为“相切”，切削模式为“螺旋”，步距数为 400，如图 5.34 所示，投影矢量为“刀轴”，刀轴设置为“远离直线”，点击生成精铣手柄曲面刀路，如图 5.35 所示。

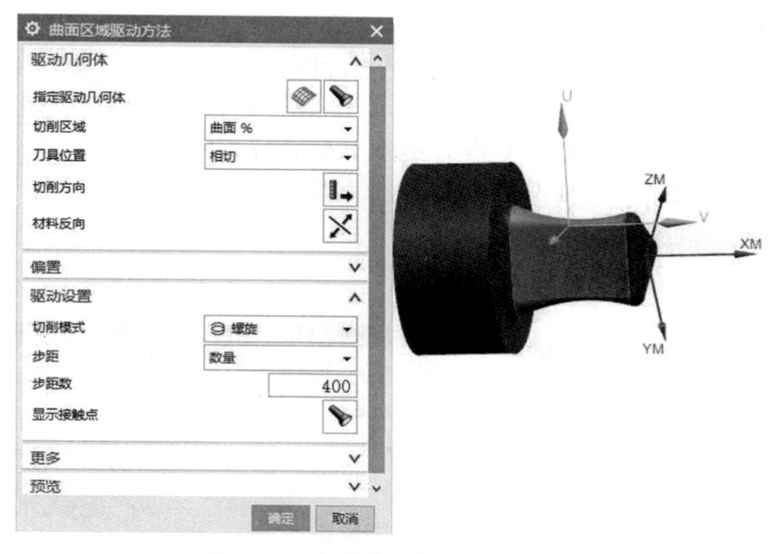

图 5.34 精铣曲面的曲面区域设置

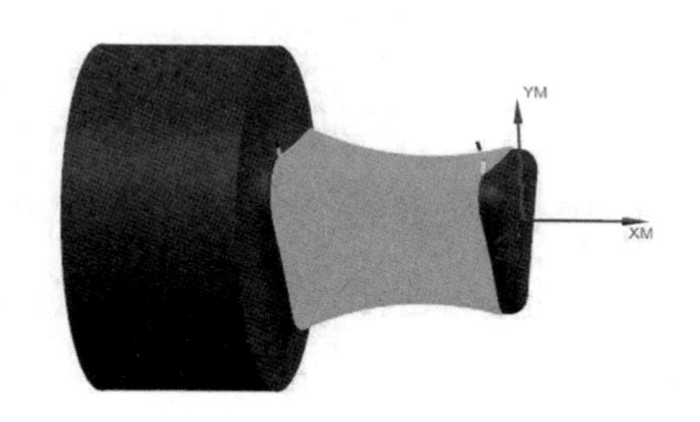

图 5.35 精铣曲面刀路

(10) 仿真加工。

在工序导航器的程序顺序图中拾取所有的刀路轨迹，单击右键，按【刀轨】→【确认】，弹出【刀轨可视化】对话框，调整仿真的速度，最终仿真的结果如图 5.36 所示。

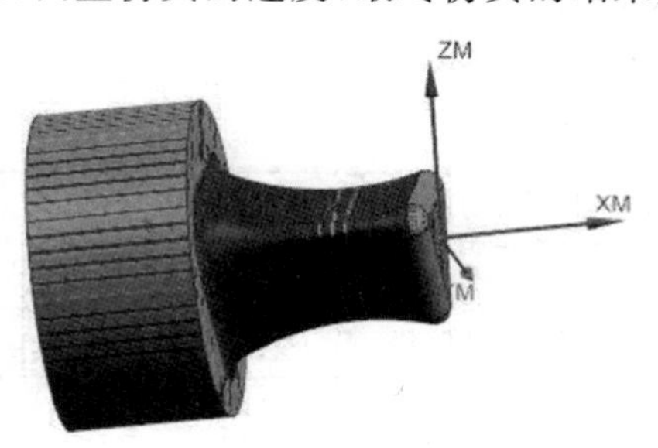

图 5.36 印章手柄仿真加工

(11) 后置处理。

在工序导航器的拾取要后处理的轨迹，单击右键，选择“后处理”，弹出【后处理】对话框，选择合适的后处理器(注意这里选择MILL_4_AXIS四轴后处理器)如图5.37所示，指定合适的文件路径和文件名称，单位设为公制，按【确定】后完成后处理，生成NC代码。如图5.38为拾取铣底面的后处理NC代码加工程序界面。

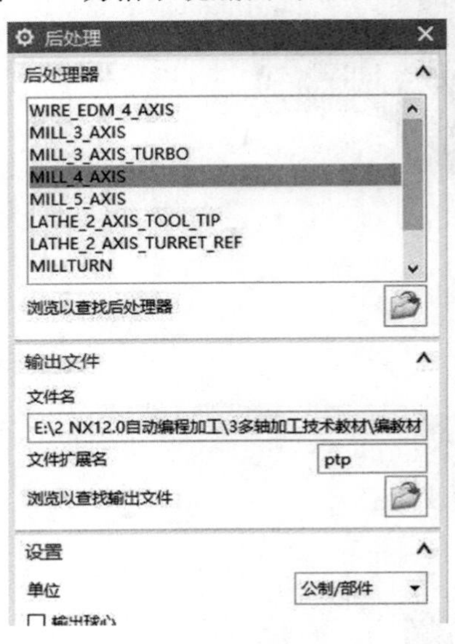

图5.37 印章手柄后处理设置

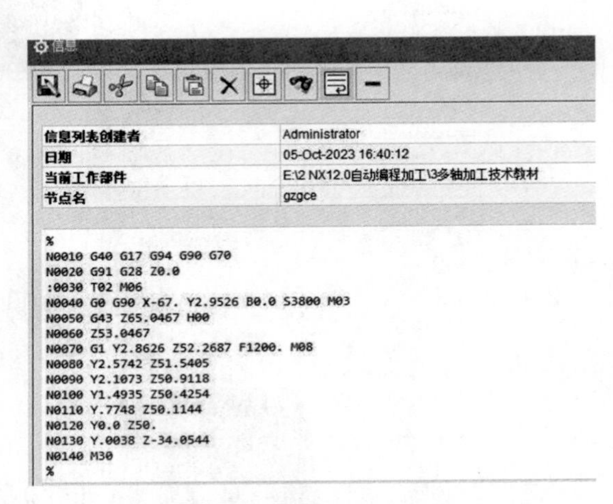

图5.38 铣底面NC代码

项目评价

印章手柄的考核评分表见表5.3。

表5.3 印章手柄项目考核评分表

考核类别	考核内容	评价(0～10分)			
		差	一般	良好	优秀
		0～3	4～6	7～8	9～10
技能评价	能完成项目的理论知识学习				
	能通过有效资源解决学习中的难点				
	能制定正确的工艺顺序				
	能选择合理的加工刀具和切削参数				
	能创建项目的刀具路径				
	能进行仿真加工并验证刀具路径				
	能后处理出所有的加工程序				
职业素养	协作精神、执行能力、文明礼貌				
	遵守纪律、沟通能力、学习能力				
	创新性思维和行动				

续表5.3

考核类别	考核内容	评价(0 ~ 10 分)			
		差	一般	良好	优秀
		0 ～ 3	4 ～ 6	7 ～ 8	9 ～ 10
总计					
考核者签名：					

项目小结

本项目以异形轴类旋转零件为例展开学习，重点掌握可变轮廓铣的四轴加工方法，可变轮廓铣的 3 个关键参数：驱动方法、投影矢量、刀轴，对于驱动方法来说，它其实相当于一个参考，也就是刀路生成需要参考驱动方法来完成。在选定切削区域的情况下，投影矢量则是控制刀路从哪个方向投影到加工曲面上，刀轴则是控制刀具加工时的摆放方位。在项目实施过程中详细介绍了每道工序的操作方法。从本项目实施过程总结以下几点经验供参考。

(1) 四轴机床上采用 3 + 1 轴的粗加工方法，先把第四轴设为 0°，用三轴策略型腔铣精加工其中的一面，然后再把第四轴旋转一个角度加工另外一个型面。

(2) 如果采用流线驱动方法，选择时要保证所有的流线方向一致。

(3) 在设置曲面区域驱动方法时，有一个很重要的参数设置，那就是材料侧的选择，材料侧表示要切除的材料方向，它的方向定义是参考驱动曲面来定义的，定义时要注意区分。

拓展训练

1. 根据图 5.39 所示的零件特征，制订合理的工艺路线，设置正确的加工参数，生成四轴加工刀具路径，进行仿真加工，后处理出加工程序，并在机床上加工出该零件。

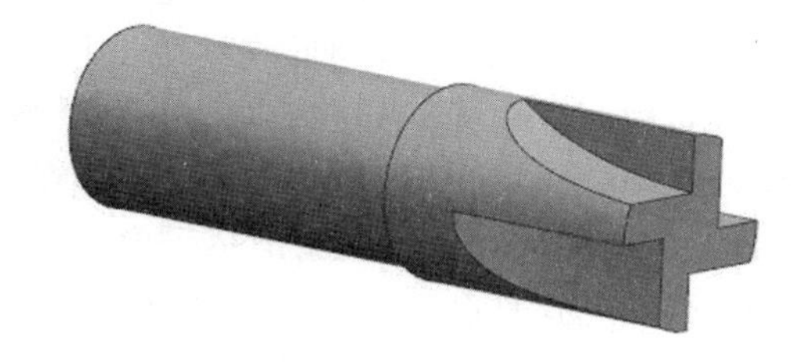

图 5.39　刀杆零件

2. 根据图 5.40 所示的零件特征，制订合理的工艺路线，设置正确的加工参数，生成四轴加工刀具路径，进行仿真加工，后处理出加工程序，并在机床上加工出该零件。

图 5.40　花瓣轴零件

思政园地

技能报国　匠心筑梦

——普通钳工顾秋亮磨成大国工匠"顾二丝"的故事

顾秋亮，钳工安装及科研实验工作四十多年，是一名安装经验丰富、技术水平高超的钳工师傅，是我国"蛟龙"号载人潜水器首席装配钳工技师。在他的精心安装下，中国潜水艇"蛟龙"号来到了最深的海沟"马里亚纳海沟"，创造了 7 062 m 的深潜纪录。

中国船舶重工集团钳工顾秋亮凭着精到丝级的手艺，为海底的探索者安装特殊的"眼睛"。"蛟龙"号的观察窗与海水直接接触。面积大约 0.2 m^2 的窗玻璃此刻承受的压力有 1 400 t 重。且观察窗的玻璃异常"娇气"，不能与任何金属仪器接触。因为一旦两者摩擦出一个小小的划痕，在深海几百个大气压的水压下，玻璃窗就可能漏水，甚至破碎，直接危及下潜人员的生命。顾秋亮必须把玻璃与金属窗座之间的缝隙控制在 0.2 丝(约为一根头发丝的 1/50) 以下，这是不容降低的设计要求。因此，安装"蛟龙"号观察窗玻璃的时候，顾秋亮和工友们把安装的精度标准视为生命线。手艺的精准、精细和精确等于生命，在这里才能最深切体现。他安装的"眼睛"可以承受海底每平方米数千吨的压力，在无底黑暗中神光如炬。

靠着眼睛观察和手上的触摸感觉，能够判断一根头发丝 1/50 的 0.2 丝误差，这的确是神乎其技。不仅如此，即便是在摇晃的大海上，顾邱亮纯手工打磨维修的"蛟龙"号密封面平整度也能控制在 2 丝以内，因而人们称呼有这个能力的顾秋亮为"顾两丝"。

为了练成这门功夫，顾秋亮把一块块铁板用手工逐渐锉薄，在铁板一层层变薄的过程中，用手不断捏捻搓摸，让自己的手形成对厚薄的精准感受力。

在与钢铁对话的磨炼中，顾秋亮让自己手上的每一根神经都形成了匠作记忆。他表面的行为是锉磨钢铁，而深层的含义是在锉磨自己的心性。在这样的琢磨中，普通钳工顾秋亮磨成了工匠"顾两丝"。

手指上的纹理磨光了，但这双失去纹理的手却成了心灵感知力的精准延伸器。他表示，"工匠精神"就是对待工作要做到"我的工作无差错，我的岗位请放心"，要有坚持专注、坐得住冷板凳的"耐心"，不断琢磨、追求精益求精的"精心"，饱含热情、专业敬业的"尽心"。

顾秋亮的故事告诉我们：职业没有高低贵贱之分，只要我们尊重劳动、坚守劳动、热爱

劳动，就能在平凡的工作岗位上创造出不平凡的业绩，甚至会有奇迹的发生。要以辛勤的劳动积累经验、创造奇迹与力量，以不懈的追求唱响劳动光荣、创造伟大的时代强音。

工匠精神，最重要的是要爱国。顾秋亮是用他的一颗赤诚之心为国家做出贡献，从他的每一个动作、每一个细节都能体现出来对国家的热爱和忠诚。

（以上内容来源于顾秋亮工匠精神事迹材料7篇 http://www.yiwenmi.cn/shijicailiao/45532.html）

项目 6　梅花滚筒的编程加工

项目描述

某纺织企业要求生产梅花滚筒，模型如图 6.1 所示，该产品的毛坯尺寸是ϕ100 mm×230 mm 的圆柱体，材料为 45 钢的圆棒料，要求根据模型图纸，制订合理的加工工艺，编制加工程序，完成该项目的加工。

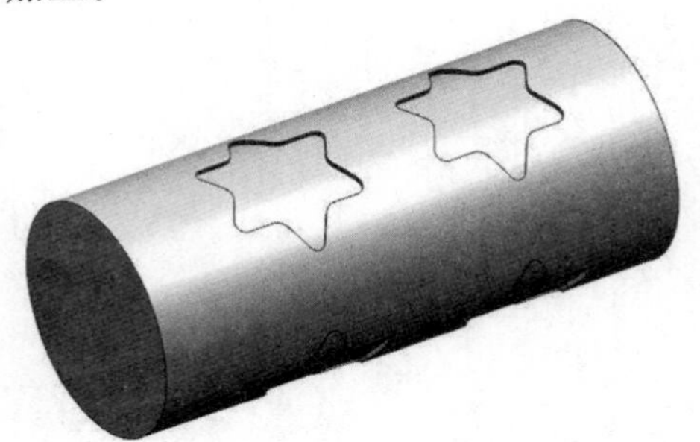

图 6.1　梅花滚筒

分析：这种滚筒是印染机械中的一个重要零件，它的特点是在圆柱面上规律分布一些相同的图案，这也是四轴铣削的具有代表性零件结构之一。该滚筒的四轴加工内容由曲面、圆弧面、圆柱面等结构特征组成。只要生成其中一个结构的刀路，其他刀路可以通过刀路变换产生。掌握该项目的加工方法，可以推广至所有类似滚筒类零件的加工编程中。

课前导学

单项选择题，请把正确的答案填在括号中。

1. 在 NX12 软件中变换移动对象命令绕某一轴的旋转角度运动，下列选项中(　　)不是指定直线的方法。

A. 自动判断选择　　B. 两点法　　C. 点和矢量　　D. 增量

2. 关于刀轨变换的说法，正确的是(　　)。

A. 刀轨变换可以通过一平面镜像，不能通过一直线镜像

B. 刀轨变换结果有实例、复制、移动

C. 刀轨变换结果的实例跟复制类似，区别是选复制所产生的变换刀路与前面的所选刀路有参数关联，而实例与前面的刀路没有关联

D. 刀轨变换不可以进行矩形阵列

3. 在 NX12 自动编程中,刀路变换的主要作用是(　　)。
A. 改变刀具的切削参数
B. 调整刀具的轨迹以适应不同的加工需求
C. 优化刀具的进给速率
D. 改变工件的几何形状
4. 在 NX12 自动编程中,以下(　　)操作不属于刀路变换的范畴。
A. 刀具轨迹的平移　　B. 刀具轨迹的旋转
C. 刀具轨迹的镜像　　D. 刀具的重新选择
5. 关于曲面驱动,说法错误的是(　　)。
A. 曲面驱动方法主要用于多轴加工
B. 驱动曲面的栅格必须按一定的栅格行序或列序进行排列
C. 驱动曲面不一定要是平面
D. 曲面驱动如果不定义部件表面,则无法产生刀轨
6. 在使用曲面区域驱动方法时,(　　)。
A. 一般不先设定部件、检查体及曲面区域
B. 可以任意选择切削方向时,不影响刀路
C. 当存在多个曲面时,可不按顺序选择
D. 对驱动曲面没有任何要求
7. 可变轮廓铣工序中,选择了“曲线 / 点”的驱动方法后,在刀轴选项中不能选择(　　)刀轴控制方式。
A. 垂直于部件　　B. 朝向点
C. 远离直线　　D. 垂直于驱动体
8. 在 NX 中,曲面区域驱动主要用于(　　)加工类型。
A. 平面铣削　　B. 孔加工　　C. 曲面精加工　　D. 粗加工
9. 在使用 NX 的曲面区域驱动时,以下(　　)不是必需的步骤。
A. 定义曲面区域　　B. 选择合适的刀具
C. 设置切削参数　　D. 手动调整刀具路径
10. 在四轴加工星形滚筒时,以下(　　)是最重要的。
A. 确保机床的刚性和稳定性,以适应高速切削
B. 选择合适的刀具,以确保切削效率和刀具寿命
C. 精确计算星形滚筒的几何尺寸和角度,以确保加工精度
D. 使用冷却液来降低切削温度和减少刀具磨损

项目 6 课前导学参考答案

知识链接

1. 刀路变换

NX 编程加工时,常常需要加工一组按一定规律分布的相同结构,实际应用中可使用“变换”命令来减少编程重复性操作,提高编程效率。

变换操作如图 6.2 所示，右击已经生成的其中一个刀路，选择对象，然后再点击变换，弹出【变换】对话框，类型下面有“平移”“缩放”“绕点旋转”等选项，如图 6.3 所示。编程时根据零件结构进行选用。不管选择哪种类型，在【变换】对话框下面的“结果”包括如图 6.4 所示的“移动”“复制”和“实例”三个选项可供选择。“移动”表示所选的刀路从当前位置移动至“变换”操作指定的位置，“复制”就是当前位置和“变换”指定的地方产生一样的刀路，“实例”跟“复制”类似，区别是选“实例”所产生的变换刀路与前面的所选刀路有参数关联，而“复制”与前面的刀路没有关联。

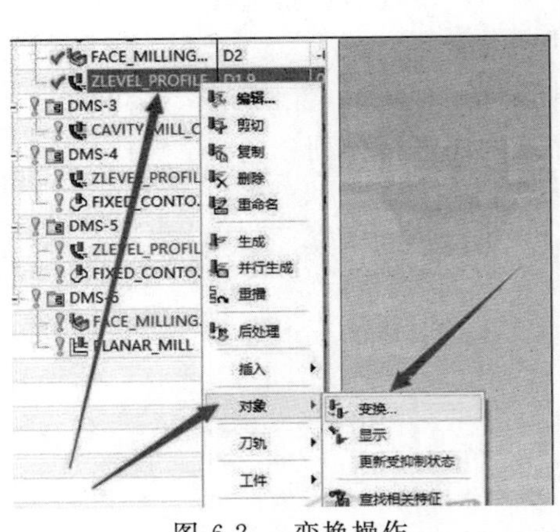

图 6.2　变换操作

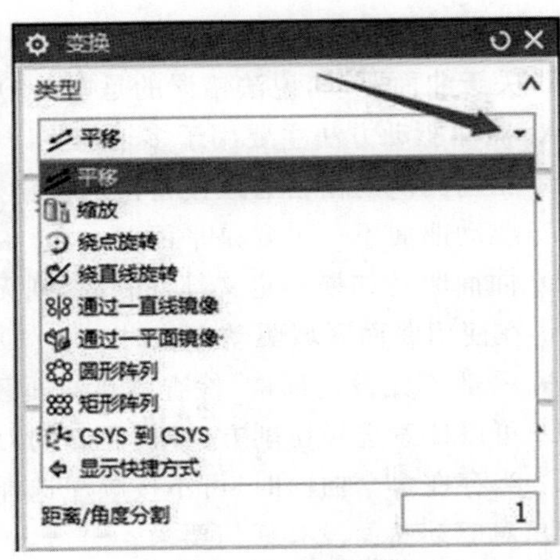

图 6.3　变换类型

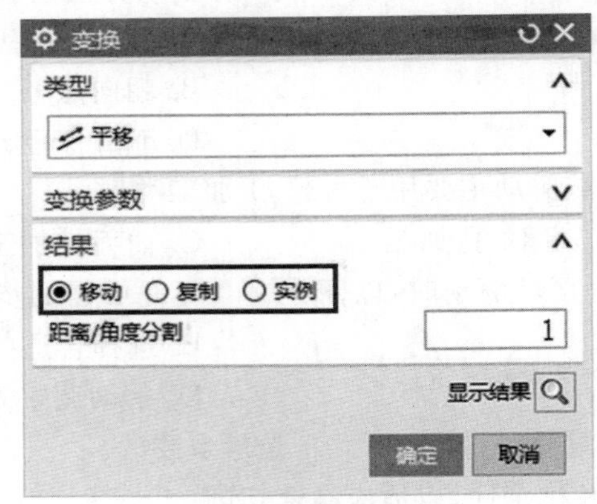

图 6.4　结果选项

2. 曲面驱动

(1) 曲面驱动概述。

曲面驱动方法主要用于多轴加工。曲面驱动方法可创建一个位于“驱动曲面”栅格内的“驱动点”阵列。将“驱动曲面”上的点按指定的“投影矢量”的方向投影，即可在选定的“部件表面”上创建刀轨。如果未定义“部件表面”，则可以直接在“驱动曲面”上创建刀轨。“驱动曲面”不必是平面，但是其栅格必须按一定的栅格行序或列序进行排列，如图 6.5 所示。

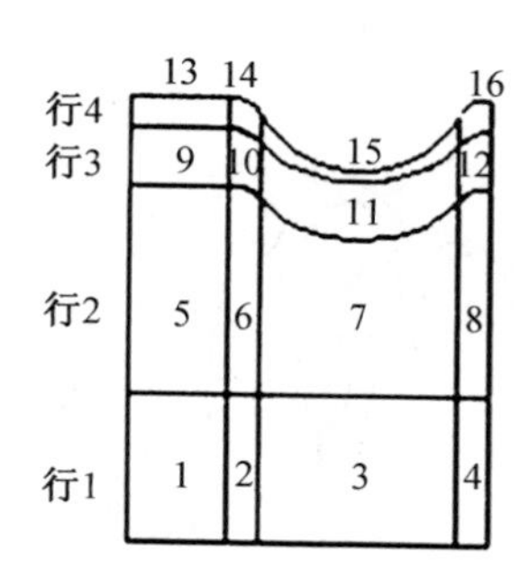

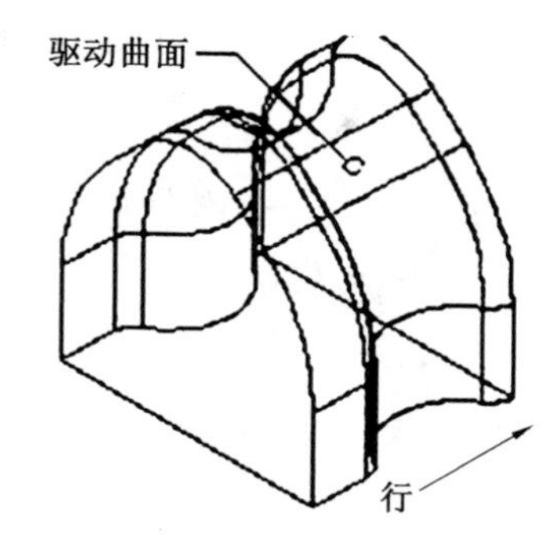

图 6.5　曲面驱动

(2) 曲面区域操作。

在“驱动方法”面板的“方法”下拉列表框中选择“曲面”方法,将弹出如图 6.6 所示的【曲面区域驱动方法】对话框。

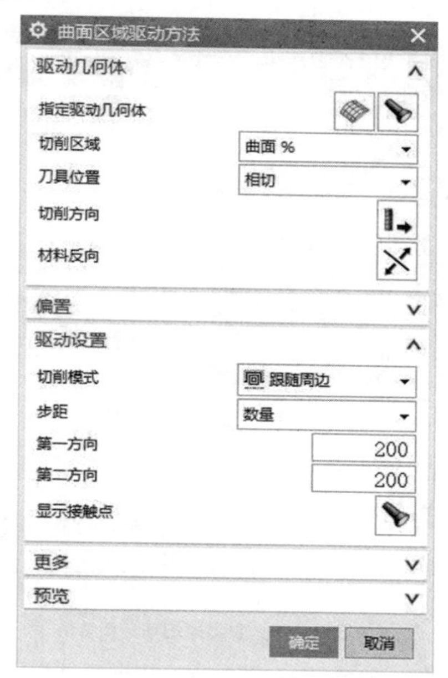

图 6.6　【曲面区域驱动方法】对话框

该对话框中各选项的含义如下。

① 指定驱动几何体。指定定义驱动几何体的面。

② 刀具位置。指定刀具位置,以决定软件如何计算部件表面的接触点,包括“对中”和“相切”。

③ 曲面偏置。指定沿曲面法向偏置驱动点的距离。

④ 驱动设置。驱动设置包括切削模式及步距等选项需要设置。切削模式有“跟随周边”“单向”“往复”及“螺旋”等方式可选择,步距有“数量”和“残余高度”可选择,选择不同的切削模式,对应的步距选项稍有不同。

⑤ 切削步长。切削步长控制沿切削方向驱动点之间的距离，如图 6.7 所示。

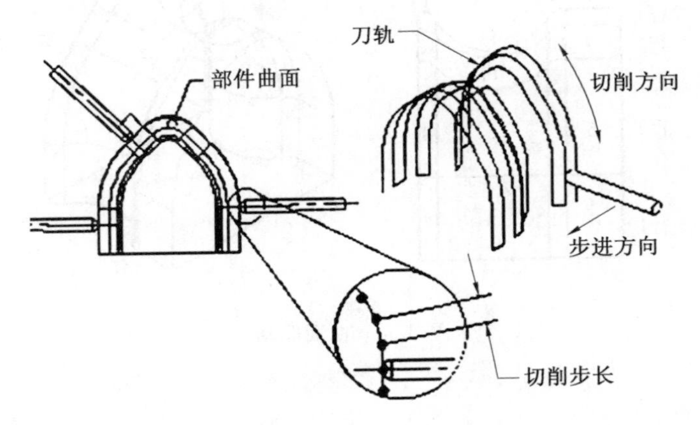

图 6.7　切削步长

(3) 曲面区域驱动方法注意事项。

① 一般不先设定部件、检查体及曲面区域，如图 6.8 所示。

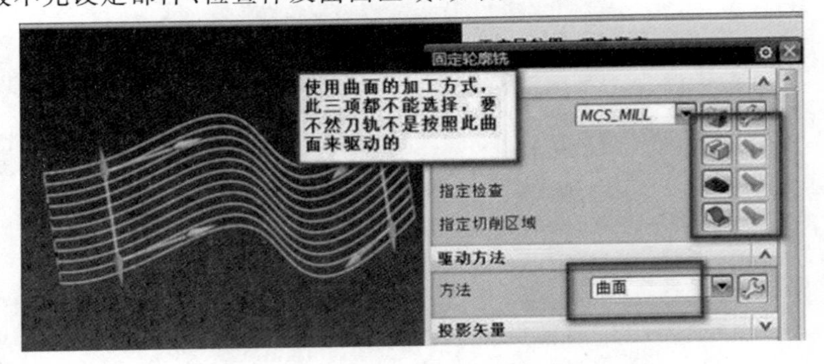

图 6.8　曲面区域不选择

② 注意切削方向的选择，选错容易生成不合理的刀路，如图 6.9 所示的说明。

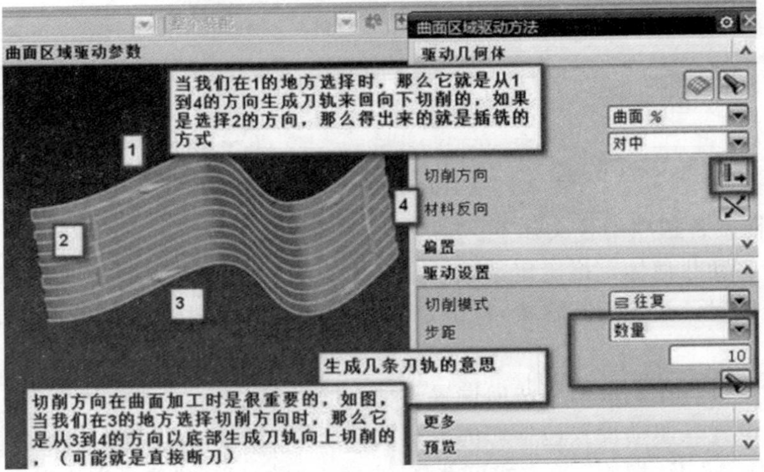

图 6.9　切削方向

③ 当有多个曲面时，按顺序选择，不然容易生成刀路失败，如图 6.10 所示。

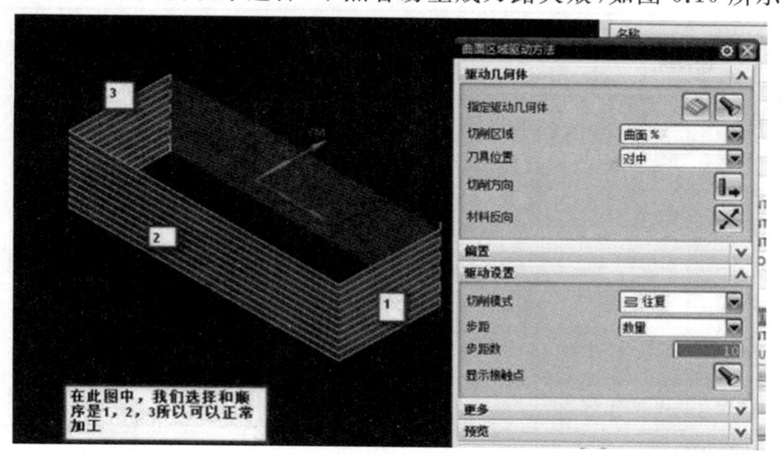

图 6.10　曲面选择顺序

项目实施

1. 工艺过程

梅花滚筒项目分析

根据梅花滚筒的零件结构，该项目的加工工艺过程规划如图 6.11 所示。

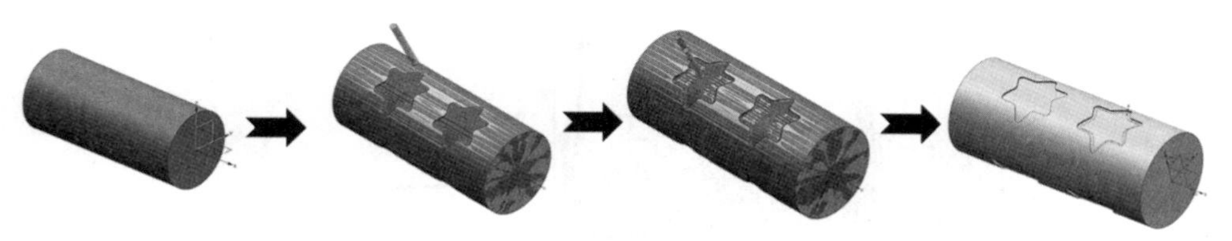

图 6.11　梅花滚筒工艺过程图(彩图见附录二)

2. 加工工序卡

根据零件结构及工艺过程，编制加工工序卡如表 6.1 所示。

表 6.1　梅花滚筒加工工序卡

			工序卡名称	零件图号	材料	夹具	使用设备
			梅花滚筒的四轴加工	图 6.1	45 钢	卡盘	四轴数控铣床
工步	工步内容	加工策略	刀具号	刀具规格	主轴转速 /(r·min^{-1})	进给量 /(mm·min^{-1})	背吃刀量 /mm
1	轮廓粗加工	型腔铣	01	$\phi 8R0.5$ 圆角铣刀	2 500	1 000	0.7
2	精加工底面	可变轮廓铣	02	$R3$ 球头铣刀	3 200	1 500	0.2
3	精加工侧壁	可变轮廓铣	03	$R3$ 三刃立铣刀	3 200	1 200	0.2

梅花滚筒编程加工

3. 项目实施步骤

(1) 创建工件坐标系及安全平面。

打开零件模型，进入加工模块，在工序导航器空白处点击右键，选择“几何视图”，双击“MCS-MILL”，选择坐标系对话框，采用动态的方式进行调整，选择工件右端面的中心点作为工件坐标系原点，建立加工坐标系如图 6.12 所示，按【确定】后，在安全设置选项选择“包容圆柱体”，安全距离为 10 mm，按【确定】后退出。

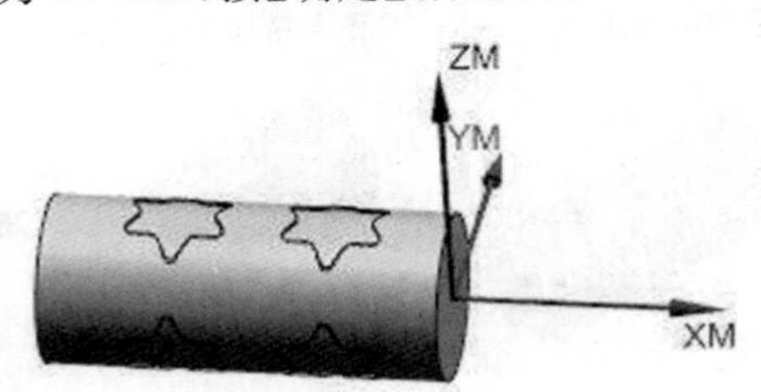

图 6.12　梅花滚筒加工坐标系

(2) 创建毛坯几何体。

在工序导航器中双击“WORKPIECE”，弹出【创建几何体】对话框。选择“指定毛坯”创建毛坯几何体，采用包容圆柱体的方式，创建如图 6.13 所示，按【确定】后退出。

(3) 创建刀具。

在工序导航器空白处点击右键，选择机床视图，在未用项上点击右键，选择插入刀具或直接点击菜单栏的“创建刀具”图标。根据上面工序卡中对应的刀具，依次在【创建刀具】对话框中选择对应的刀具子类型进行创建。创建方法跟前面章节的一样。分别创建 1 号 D8R1 三刃立铣刀、2 号 R3 球头刀、3 号 R3 四刃立铣刀，按【确定】后退出刀具创建，回到主界面。

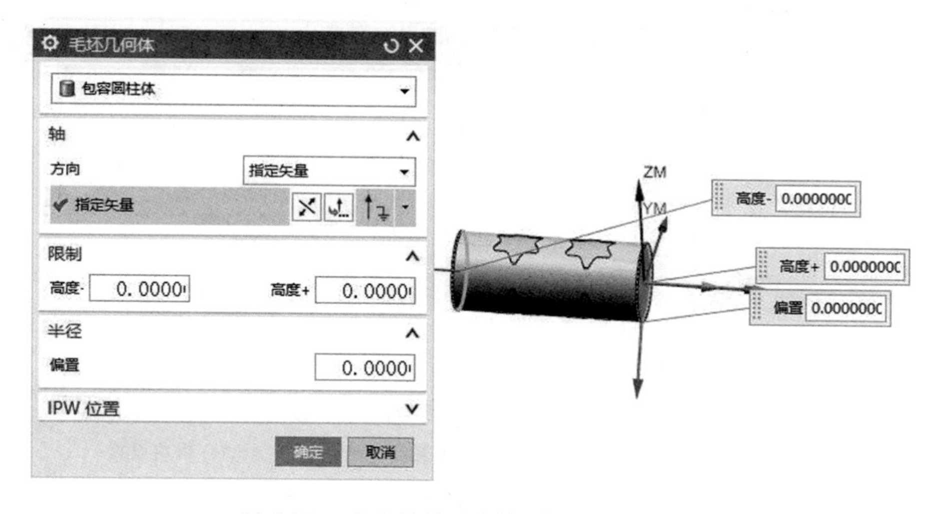

图 6.13　梅花滚筒型腔铣开粗的毛坯几何体

(4) 创建工序 —— 型腔铣开粗。

① 创建其中一个梅花的粗加工工序。

在工序导航器的空白处右击选择程序顺序视图，在 PROGRAM 上点击右键，选择插入工序，或直接点击“创建工序”图标，弹出【创建工序】对话框，类型选择“mill_contour”，工序子类型选择型腔铣，其他设置如图 6.14(a) 所示。按【确定】后进入【型腔铣】对话框，指定部件为模型本身，指定切削区域为要加工的梅花区域，如图 6.14(b) 所示。

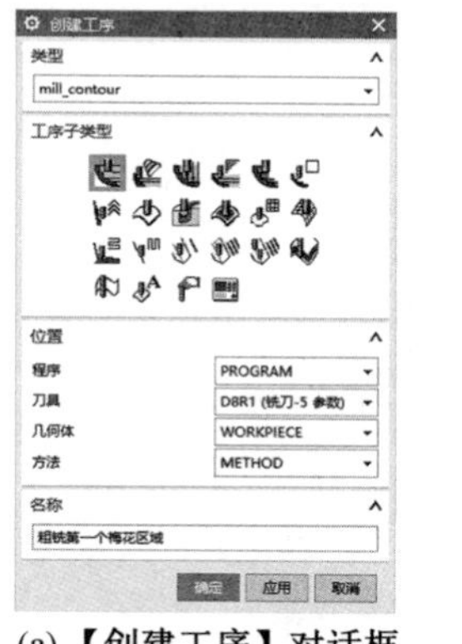

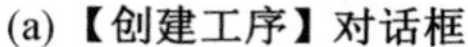
(a)【创建工序】对话框

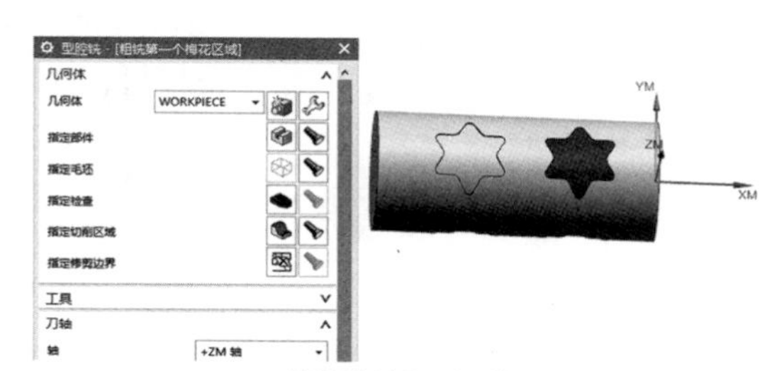

(b)【型腔铣】对话框

图 6.14　创建第一个梅花区域粗铣工序

② 切削参数设置。

点击“切削参数”的图标，策略选项卡设置切削方向为“顺铣”，切削顺序为“深度优先”，刀路方向“自动”，如图 6.15(a) 所示，设置余量选项卡如图 6.15(b) 所示，底面、侧面都留0.2 mm 余量，设置拐角选项卡如图 6.15(c) 所示，所有刀路设置光顺，光顺半径为刀具直径的 10%。

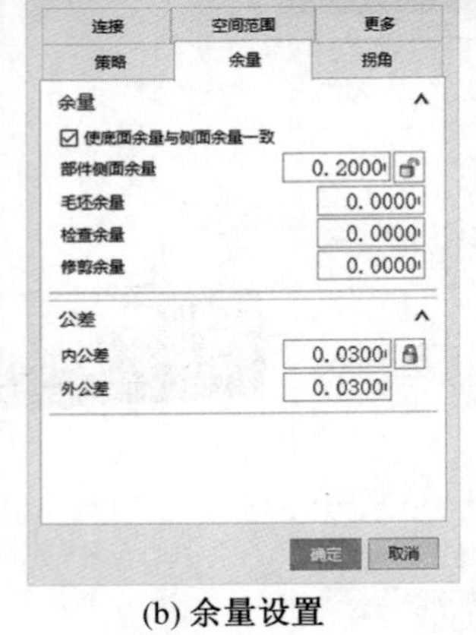

(a) 策略设置　　(b) 余量设置　　(c) 拐角设置

图 6.15　一个梅花结构的粗加工切削参数设置

③ 非切削移动设置。

点击“非切削移动”的图标，设置封闭区域进刀类型为“螺旋”，开放区域“与封闭区域相同”，参数设置如图 6.16(a) 所示，转移 / 快速选项卡设置区域内的参数如图 6.16(b) 所示。

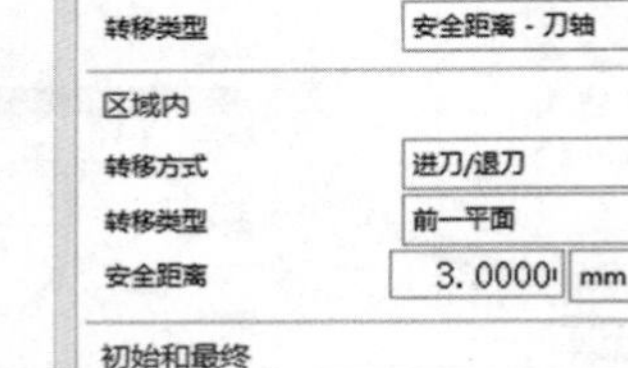

(a) 进刀设置　　(b) 转移/快速设置

图 6.16　一个梅花结构的粗加工非切削移动设置

④ 进给率和转速设置。

进给率和转速设置如图 6.17 所示，主轴转速为 2 500 r/min，进给率为1 000 mm/min。

⑤ 生成刀路。

其他均采用软件默认设置，点击【确认】，生成刀路如图 6.18 所示。

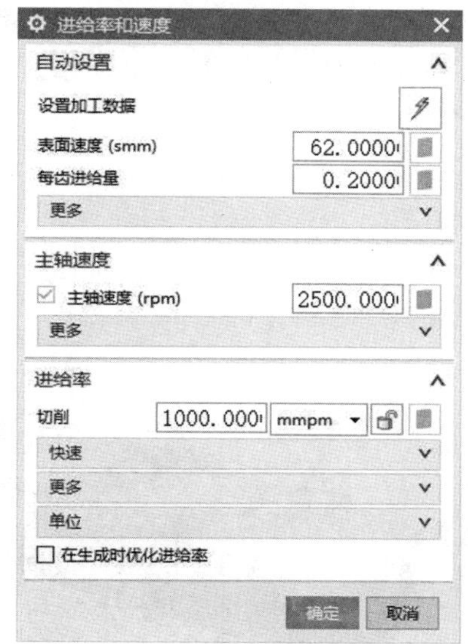

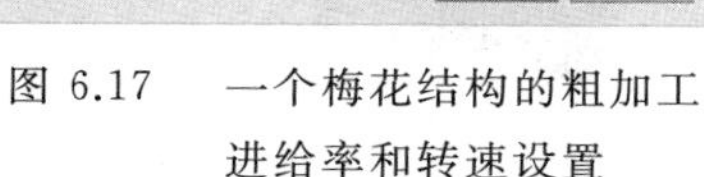

图 6.17　一个梅花结构的粗加工进给率和转速设置

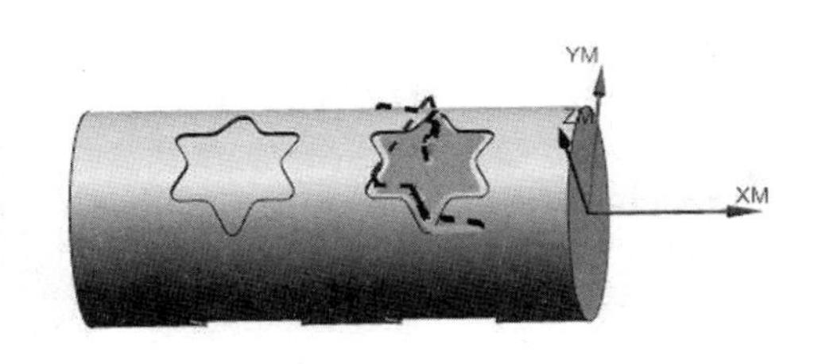

图 6.18　一个梅花结构的粗加工刀路

⑥“平移”生成第二个梅花结构粗加工刀路。

选择前面第一个梅花结构生成的刀路，点击右键，按【变换】→【对象】，弹出【变换】对话框后，类型选择“平移”，在 XC 增量处输入 −90，结果选择“实例”“距离/角度分割”和“实例数”都为 1，如图 6.19 所示，按【确定】后退出对话框，生成第二个梅花结构刀路如图 6.20 所示。

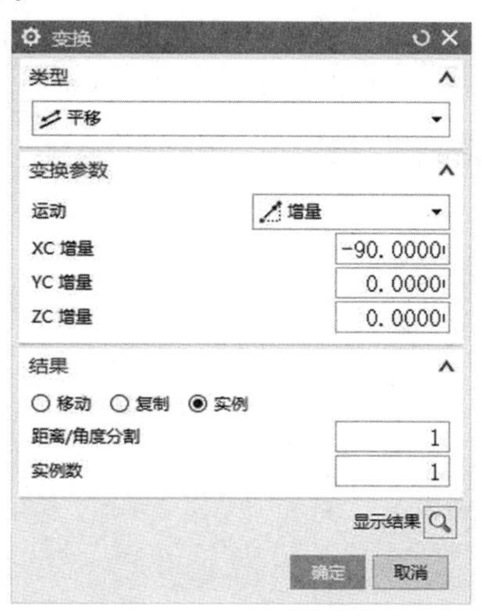

图 6.19　平移后产生粗加工变换刀路设置

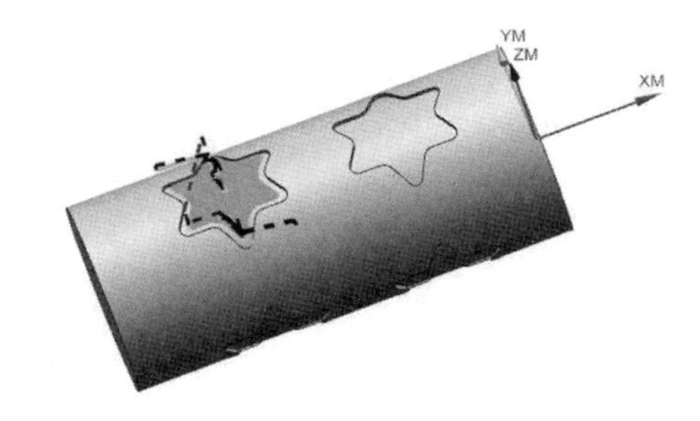

图 6.20　平移后产生粗加工刀路

⑦“绕直线旋转”生成所有梅花结构粗加工刀路。

选择已经生成的两个梅花结构刀路，点击右键，按【变换】→【对象】，弹出【变换】对话框后类型选择“绕直线旋转”，直线方法选择“两点法”，起点选择右端面的圆心点，终点选择左端面的圆心点，角度为 360°，结果选择“实例”“距离 / 角度分割”和“实例数”都为 3，如图 6.21 所示，按【确定】后退出对话框，生成所有梅花结构刀路如图 6.22 所示。

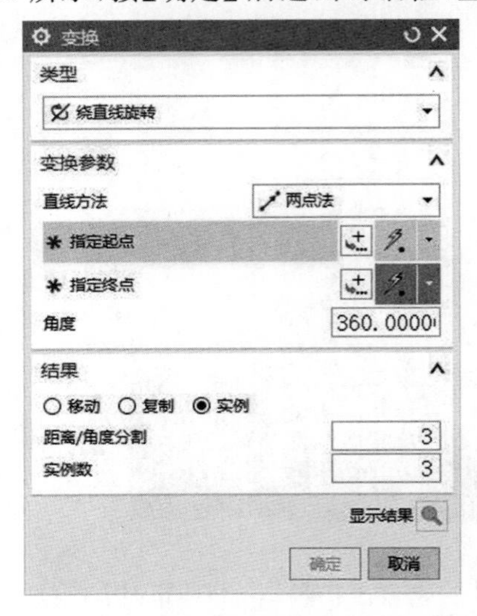

图 6.21　所有梅花结构粗加工变换刀路设置

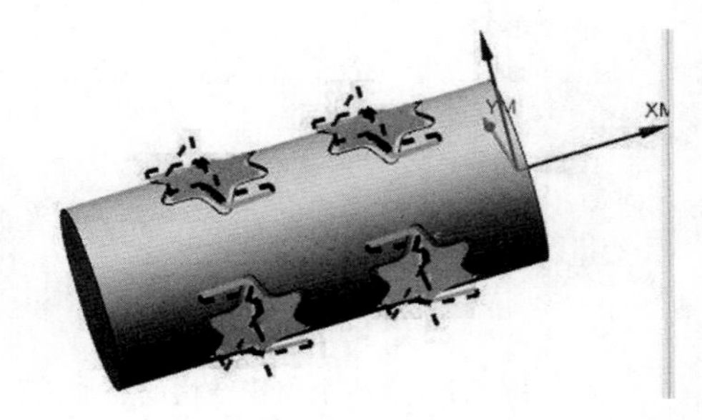

图 6.22　所有梅花结构粗加工刀路

(5) 创建工序 —— 精加工底面。

① 创建可变轮廓铣的工序。

点击“创建工序”图标，类型选择“mill_multi-axis”，工序子类型选可变轮廓铣，刀具选用 R3 球头铣刀，几何体选择“WORKPIECE”，如图 6.23 所示，按【确定】后弹出对话框，部件指定整个梅花滚筒模型，指定切削区域为其中一个梅花结构的底面。驱动方法选择“曲面区域”，点击“编辑”按钮进入【曲面区域驱动方法】对话框进行设置，“驱动几何体”选择梅花结构的底面，注意查看材料侧的方向，箭头要朝向底面的外面，再对此对话框下

图 6.23　创建精铣底面工序

面的“驱动设置”进行设置，如图 6.24 所示，按【确定】后退出回到主界面。设置投影矢量为“朝向直线”，刀轴为“远离直线”，如图 6.25 所示。

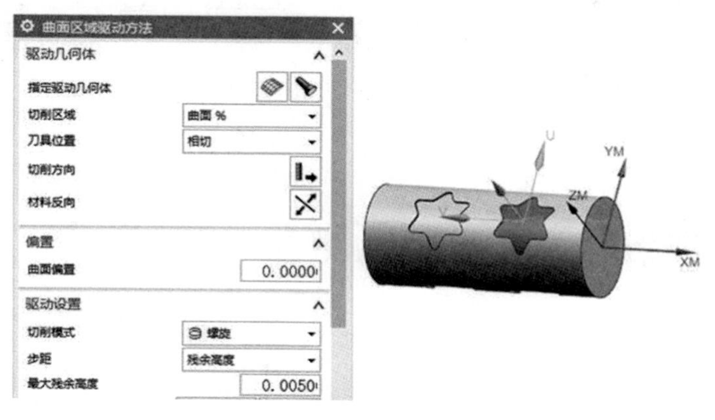

图 6.24 精铣底面曲面区域设置

图 6.25 精铣底面投影矢量及刀轴设置

② 切削参数设置。

点击“切削参数”的图标，设置余量选项卡如图 6.26 所示，余量都为 0，内、外公差设置为 0.01 mm。其他选项卡为默认设置。

③ 进给率和转速设置。

进给率和转速设置如图 6.27 所示，主轴转速为 3 200 r/min，进给率为1 500 mm/min。

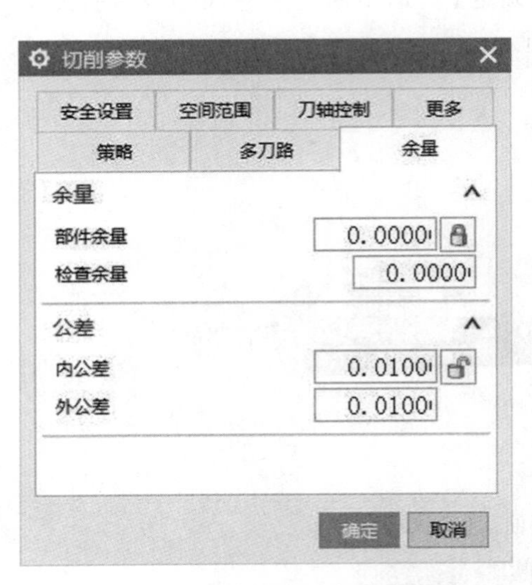

图 6.26　精铣底面余量设置

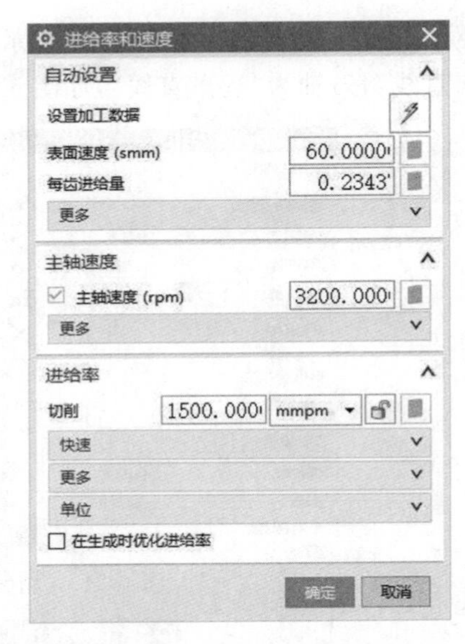

图 6.27　精铣底面进给率和转速设置

④ 生成刀路。

其他均采用软件默认设置，点击【确认】，生成刀路如图 6.28 所示。

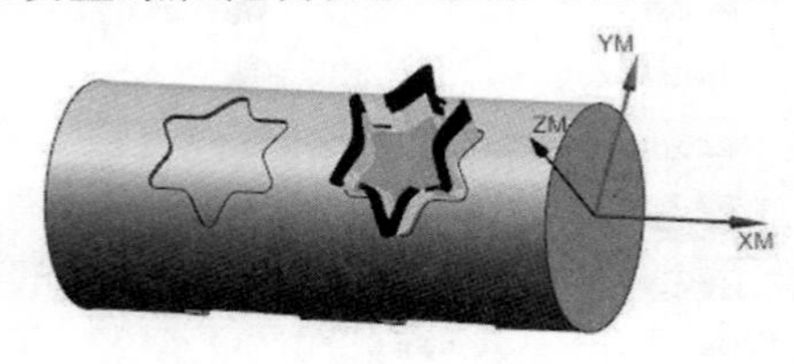

图 6.28　一个梅花结构的底面精加工刀路

⑤ 刀路变换。

跟前面粗加工刀路变换操作一样，先后采用“平移”和“绕直线旋转”，生成所有底面的精加工刀路，如图 6.29 所示。

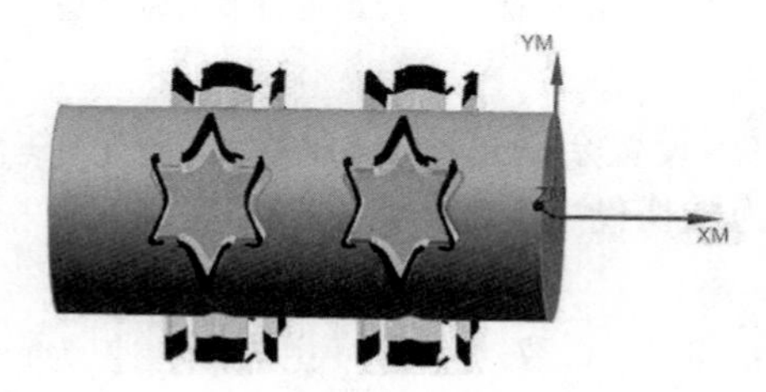

图 6.29　所有底面精加工刀路

(6) 创建工序 —— 精加工侧面。

① 创建可变轮廓铣的工序。

点击“创建工序”图标，类型选择“mill_multi-axis”，工序子类型选可变轮廓铣，刀具选用 R3 铣刀，几何体选择“WORKPIECE”，如图 6.30 所示，按【确定】后弹出对话框。驱

动方法选择“曲线/点”，驱动方法选择“曲线/点”，点击“编辑”按钮进入【曲线/点驱动方法】对话框进行设置，“驱动几何体”选择如图6.31所示的曲线（该曲线在建模时准备好），再对此对话框下面的“驱动设置”进行设置，按【确定】后退出回到主界面。设置投影矢量为“朝向直线”，刀轴为“远离直线”，如图6.32所示。

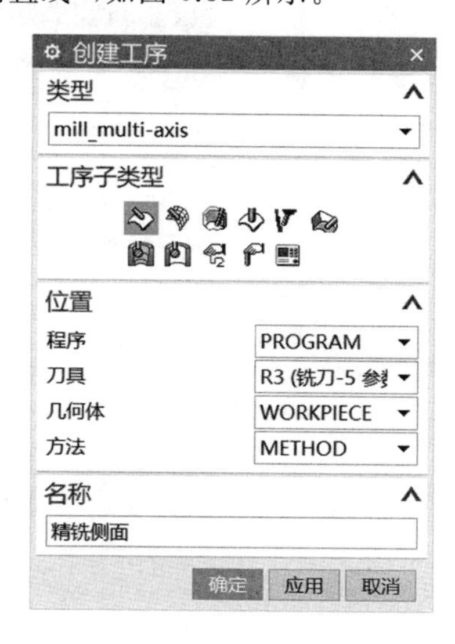

图 6.30 创建精铣侧面工序

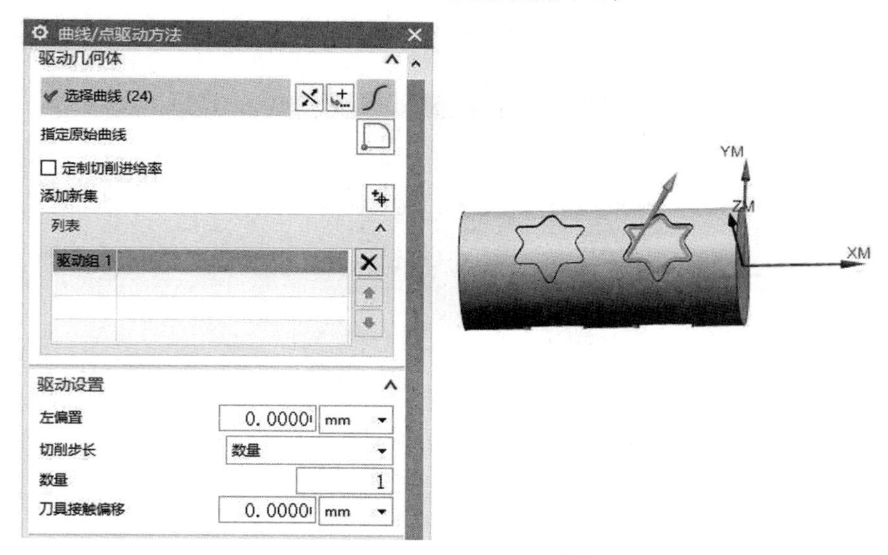

图 6.31 精铣侧面曲线/点驱动方法设置

② 切削参数设置。

点击“切削参数”的图标，设置余量选项卡如图6.33所示，余量都为0，内、外公差设置为0.01 mm。其他选项卡为默认设置。

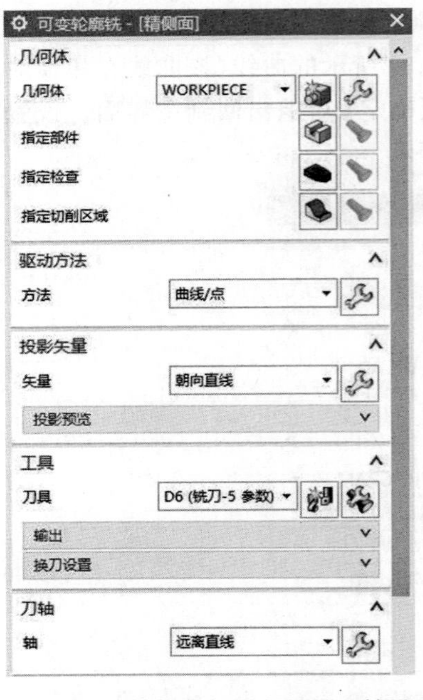

图 6.32　精铣侧面投影矢量及刀轴设置

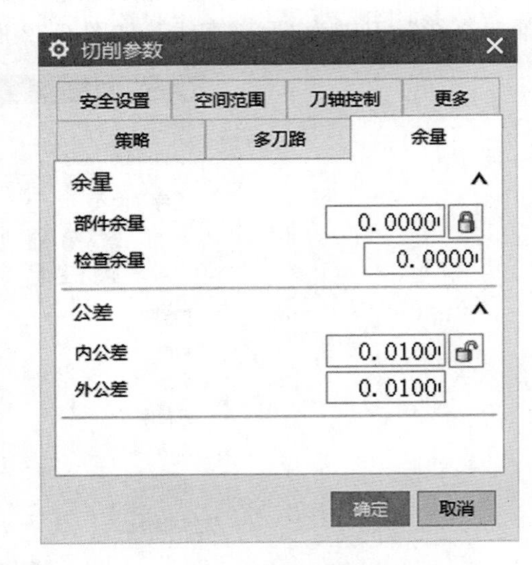

图 6.33　精铣侧面余量设置

③ 进给率和转速设置。

进给率和转速设置如图 6.34 所示，主轴转速为 3 200 r/min，进给率为1 200 mm/min。

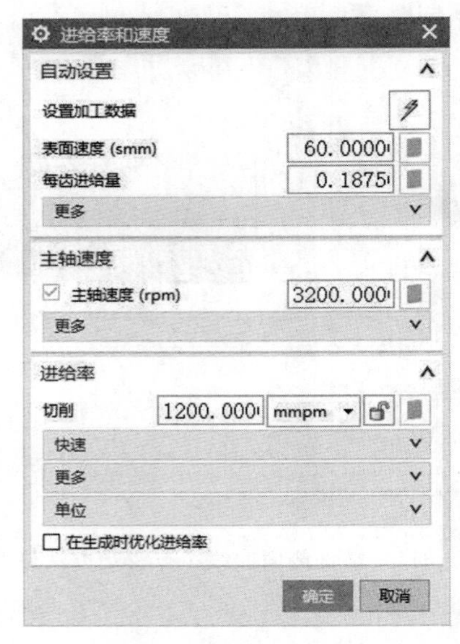

图 6.34　精铣侧面进给率和转速设置

④ 生成刀路。

其他均采用软件默认设置，点击【确认】，生成刀路如图 6.35 所示。

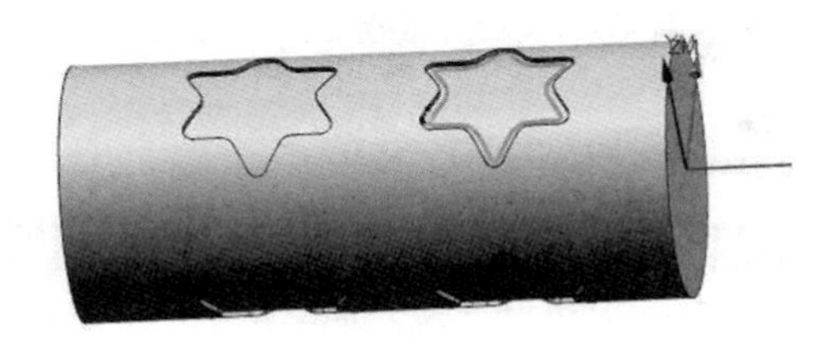

图 6.35　一个梅花结构的侧面精加工刀路

⑤ 刀路变换。

跟底面精加工刀路变换操作一样，先后采用“平移”和“绕直线旋转”，生成所有侧面的精加工刀路，如图 6.36 所示。

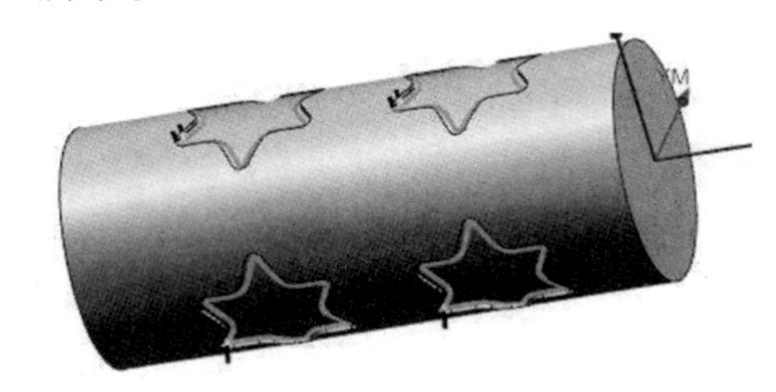

图 6.36　所有侧面精加工刀路

(7) 仿真加工。

在工序导航器的程序顺序图中拾取所有的刀路轨迹，单击右键，按【刀轨】→【确认】，弹出【刀轨可视化】对话框，调整仿真的速度，最终仿真的结果如图 6.37 所示。

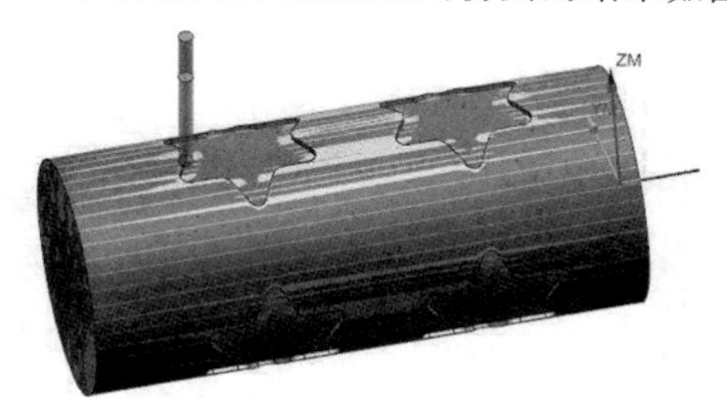

图 6.37　梅花滚筒仿真加工

(8) 后置处理。

在工序导航器中拾取要后处理的轨迹，单击右键，选择“后处理”，弹出【后处理】对话框，选择合适的后处理器(注意这里选择 MILL_4_AXIS 四轴后处理器)，指定合适的文件路径和文件名称，单位设为公制，按【确定】后完成后处理，生成 NC 代码。图 6.38 为精铣底面的后处理 NC 代码加工程序界面。

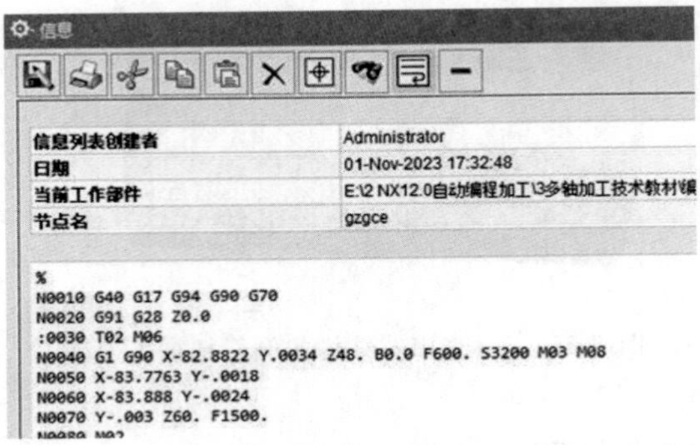

信息

信息列表创建者	Administrator
日期	01-Nov-2023 17:32:48
当前工作部件	E:\2 NX12.0自动编程加工\3多轴加工技术教材\编
节点名	gzgce

```
%
N0010 G40 G17 G94 G90 G70
N0020 G91 G28 Z0.0
:0030 T02 M06
N0040 G1 G90 X-82.8822 Y.0034 Z48. B0.0 F600. S3200 M03 M08
N0050 X-83.7763 Y-.0018
N0060 X-83.888 Y-.0024
N0070 Y-.003 Z60. F1500.
```

图 6.38　精铣底面 NC 代码

项目评价

梅花滚筒考核评分表见表 6.2。

表 6.2　梅花滚筒项目考核评分表

考核类别	考核内容	评价(0 ～ 10 分)			
		差	一般	良好	优秀
		0 ～ 3	4 ～ 6	7 ～ 8	9 ～ 10
技能评价	能完成项目的理论知识学习				
	能通过有效资源解决学习中的难点				
	能制定正确的工艺顺序				
	能选择合理的加工刀具和切削参数				
	能创建项目的刀具路径				
	能进行仿真加工并验证刀具路径				
	能后处理出所有的加工程序				
职业素养	协作精神、执行能力、文明礼貌				
	遵守纪律、沟通能力、学习能力				
	创新性思维和行动				
总计					
考核者签名:					

项目小结

本项目以滚筒类的轴类零件为例展开学习，重点掌握可变轮廓铣的四轴加工方法及刀路变换的操作，实施过程详细介绍了每道工序的操作方法。从本项目实施过程总结出以下几点经验供参考。

(1) 在做多轴加工编程时，一般在 WORKPIECE 下面不设置部件，因为多轴加工很多情况下要一个区域、一个区域或一组面、一组面地加工。

(2) 对于内凹的曲面,要特别注意进退刀位置的选取,以防过切。

(3) 在做刀路变换时,要根据结构需要在"结果"中选择"移动""复制"或者"实例",并且要注意区分"复制"和"实例"的不同。

拓展训练

1. 根据图 6.39 所示的零件特征,制订合理的工艺路线,设置正确的加工参数,生成四轴加工刀具路径,进行仿真加工,后处理出加工程序,并在机床上加工出该零件。

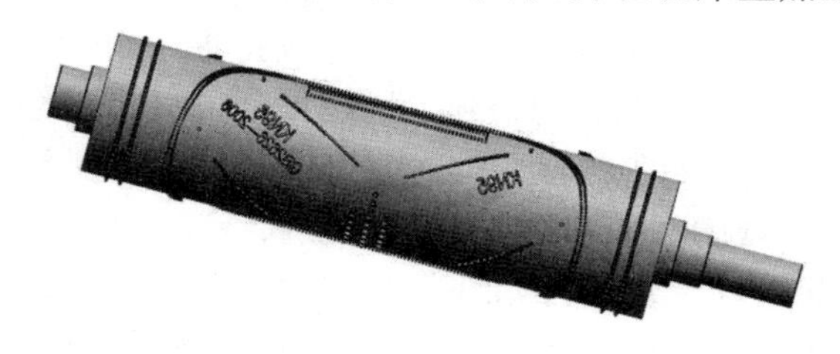

图 6.39　口罩机齿模

2. 根据图 6.40 所示的零件特征,制订合理的工艺路线,设置正确的加工参数,生成四轴加工刀具路径,进行仿真加工,后处理出加工程序,并在机床上加工出该零件。

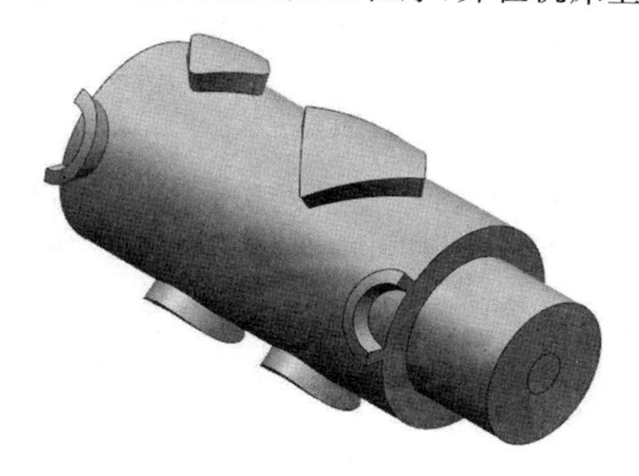

图 6.40　异形结构轴

思政园地

高端技术应用中的"大国工匠"

—— 数控微雕的超级高手常晓飞

从"中国制造"到"中国智造",离不开每一位技术工人的开拓与创新。让中国在实现中国梦的进程中更加出彩,更离不开各行各业发扬、践行"工匠精神"的人。在"五一"国际劳动节即将到来之际,我们一起走近我们身边的"大国工匠",聆听他们的动人故事,感受他们的人格魅力。

他是个刚刚 30 岁出头的年轻人,却可以用比头发丝还细 0.05 mm 的刻刀刀头,在直径 0.15 mm 的金属丝上刻字,他的技术被国家评为中华十大绝技。我们来认识一下,用精益求精诠释青春气质的中国航天科工二院高级技师常晓飞。

数控加工技术是我国航空航天精密零部件制造的关键技术之一，如果把数控加工的工作比作爬山，那么常晓飞则是在夜里攀登悬崖峭壁，必须谨小慎微、摸索前行。这些年来，常晓飞参与了许多复杂关键零部件的制造任务，这些零件对于产品的最终性能起着举足轻重的作用。为了练就炉火纯青的数控加工技术，常晓飞不断挑战技艺的极限。

一块硬币大小的金属板，高速旋转的极细刀头，一个多小时之后，182 个直径比头发丝还细的小孔神奇地精确成型。只有通过强光，才能看到 182 个小孔所呈现出的内容。

1988 年出生的常晓飞，有着超出同龄人的老成持重，做事严谨、一丝不苟，追求极致。凭借着这股子韧劲，常晓飞的技能得到了快速提升，他带头攻关了很多技术难题，成为那批新人里最早能独挑大梁的工匠。一次，常晓飞接到了一项新型复合材料的加工任务，这是一种极难加工的硬脆材料，零件将用于新型武器装备的关键部位，一旦出现问题，将会直接导致武器试验失败。为此，常晓飞无数次地修改编程、调整刀具，变换走刀轨迹和装夹方式。经过近三个月的时间，常晓飞终于找到了一种最优方式，将这种复合材料的加工成品率从 30% 提高到了 80%，最终提高到了 100%，这次的成功给了常晓飞莫大的激励。这之后，他总是想尽办法把不可能变成可能。

这些年来，凭借着一身真本领，常晓飞获得了无数荣誉。然而，比起这些耀眼的荣誉，常晓飞最自豪的还是能用自己精湛的技术参与到我国航天航空事业中，为国家的安全保驾护航。

（以上内容来源于五轴联动加工中心操作与基础编程 思政资料 1 ～ 8.docx－原创力文档 https://max.book118.com/html/2023/0104/6242105004005034.shtm）

项目7　螺旋槽轴的编程加工

项目描述

某企业要求生产一批螺旋槽轴，模型如图7.1所示，该产品的毛坯尺寸是ϕ85 mm×125 mm的圆柱体，材料为45钢，要求根据模型图纸，制订合理的加工工艺，编制加工程序，完成该项目的加工。

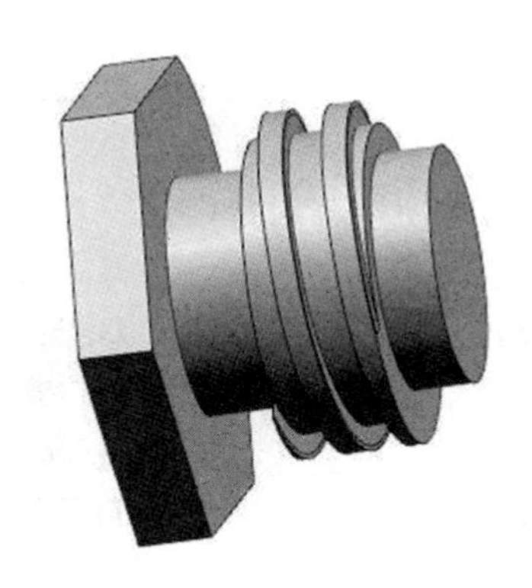

图7.1　螺旋槽轴

分析：这种带有螺旋槽的轴类是用于传递动力的机械零部件，也是四轴联动铣削的非常具有代表性的零件结构。零件左端面六边形结构和轴结构的尺寸已经完成加工，需加工的是圆柱面上的螺旋槽。

课前导学

单项选择题，请把正确的答案填在括号中。

1. 复杂曲面加工过程中，往往通过改变刀轴(　　)来避免刀具、工件、夹具和机床间的干涉和优化数控程序。

A. 距离　　B. 角度　　C. 矢量　　D. 方向

2. (　　)是四轴加工编程中最常用的刀轴选择。

A. 远离直线　　B. 朝向直线　　C. 相对于矢量　　D. 垂直于部件

3. 采用曲线/点的驱动方法，曲线可以是(　　)。

A. 开放的或封闭的　　B. 连续的或非连续的

C. 平面的或非平面的　　D. 以上都可以

4. 关于曲线和点，说法错误的是(　　)
A. 曲线不能是草图曲线　　B. 曲线可以是实体的边
C. 曲线直接拾取点形成连线　　D. 曲线可以是空间曲线
5. 在四轴加工中，当需要加工复杂曲线时，通常采用的驱动方式是(　　)。
A. 点到点驱动　　B. 曲线驱动　　C. 螺旋驱动　　D. 轮廓驱动
6. 在四轴加工中，点到点驱动方式主要用于(　　)。
A. 加工复杂曲线　　B. 加工规则形状
C. 加工深孔　　D. 加工自由曲面
7. 关于螺旋槽加工的方法，正确的是(　　)。
A. 开粗可以采用定轴加工
B. 侧面采用曲面区域驱动的方法进行精加工
C. 底面可以先作好辅助线，采用曲线/点的驱动方法进行精加工
D. 以上都正确

8. 在四轴加工中，螺旋轴可(　　)。
A. 控制刀具的旋转速度　　B. 实现刀具的螺旋插补运动
C. 调整刀具的进给速率　　D. 改变刀具的切削深度

项目7课前导学参考答案

9. 在四轴加工中，螺旋轴的运动轨迹通常(　　)。
A. 通过编程软件自动生成　　B. 根据工件形状手动绘制
C. 根据刀具直径和切削参数计算得出　　D. 通过测量工件尺寸确定
10. 在四轴加工中，通过(　　)调整螺旋轴的加工参数以获得更好的加工效果。
A. 改变刀具的旋转速度　　B. 调整刀具的进给速率
C. 优化螺旋轴的运动轨迹　　D. 增加切削液的使用量

知识链接

1. 曲线/点的驱动方法

可变轮廓铣的驱动方法中有多种驱动方法供用户选择。其中，“曲线/点”是常用的驱动方法之一，“曲线/点”驱动方法是通过指定点和选择曲线或面边缘定义驱动几何体，驱动几何体投影到部件几何体上，然后在此生成刀轨。曲线可以是开放的或封闭的、连续的或非连续的，以及平面的或非平面的。使用“曲线/点”驱动，需要选择曲线，这个曲线可以是草图的曲线，也可以是实体的边缘，还可以直接拾取点形成连线。可以点击“编辑”按钮，在列表中添加、删除曲线。展开“驱动设置”可以设置左偏置的值，如图7.2所示。

当由点定义驱动几何体时，刀具沿着刀轨按照指定的顺序从一点运动至下一点，连成直线，生成刀轨，当指定部件时，刀轨投影在部件上，如图7.3所示。

当由曲线定义驱动几何体时，刀具沿着刀轨按照所选的顺序从一条曲线运动至下一条曲线，当指定部件时，刀轨投影在部件上，如图7.4所示。

图 7.2 【曲线 / 点驱动方法】对话框

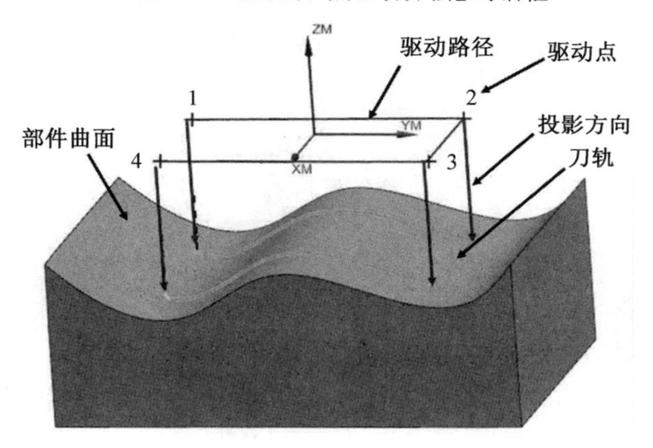

图 7.3 点驱动方式

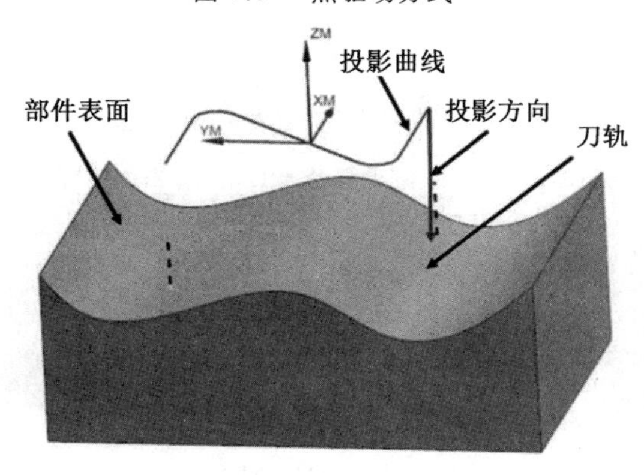

图 7.4 曲线驱动方式

2. 辅助面和线

(1) 通过原始螺旋线进行缩放处理得到如图 7.5 所示的绕着螺旋槽底部中间位置的一条螺旋线。

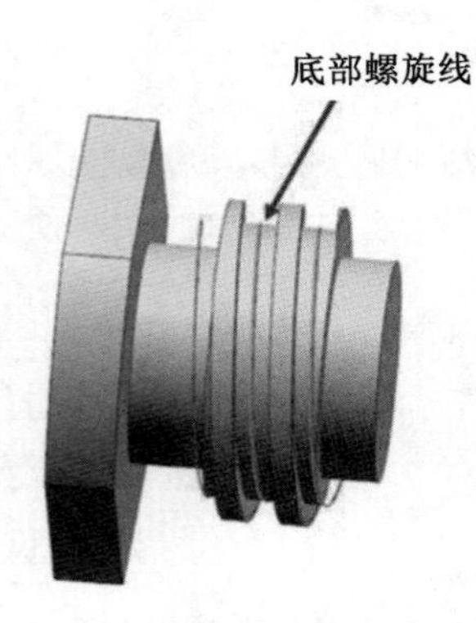

图 7.5　辅助螺旋线

(2) 再根据原始螺旋线和上面作出的辅助螺旋线两条曲线,获得通过曲线组的曲面,如图 7.6 所示。

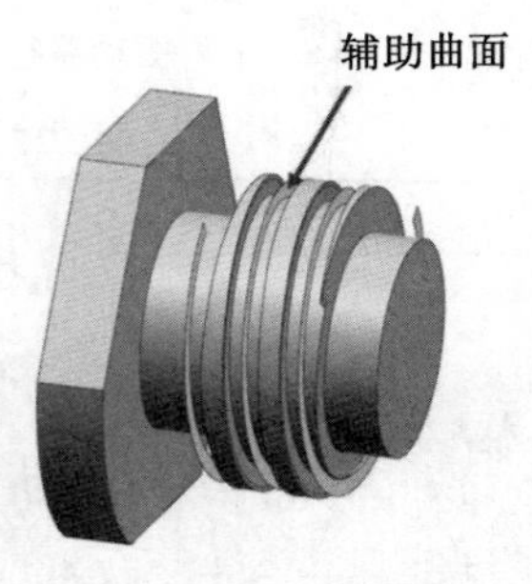

图 7.6　辅助曲面

项目实施

1. 工艺过程

螺旋槽轴项目分析

根据螺旋槽轴的零件结构,该项目的加工工艺过程规划如图 7.7 所示。

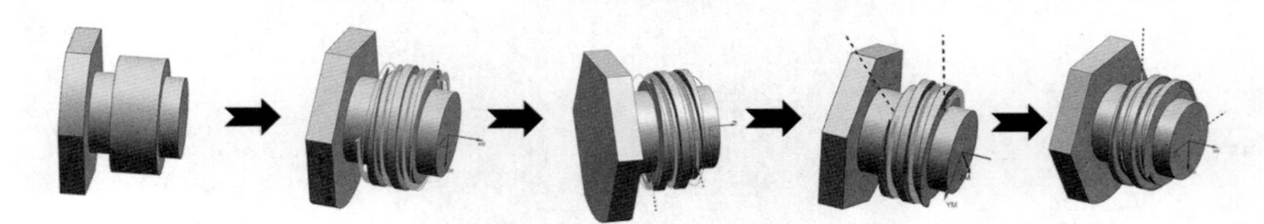

图 7.7　螺旋槽轴工艺过程图(彩图见附录二)

2. 加工工序卡

根据零件结构及工艺过程，编制加工工序卡如表 7.1 所示。

表 7.1　螺旋槽轴加工工序卡

<table>
<tr><td colspan="3" rowspan="2"></td><td>工序卡名称</td><td>零件图号</td><td>材料</td><td>夹具</td><td>使用设备</td></tr>
<tr><td>螺旋槽轴的编程加工</td><td>图 7.1</td><td>45</td><td>三爪卡盘</td><td>四轴数控机床</td></tr>
<tr><td>工步号</td><td>工步内容</td><td>加工策略</td><td>刀具号</td><td>刀具规格</td><td>主轴转速/(r·min^{-1})</td><td>进给量/(mm·min^{-1})</td><td>背吃刀量/mm</td></tr>
<tr><td>1</td><td>螺旋槽粗加工</td><td>可变轮廓铣</td><td>01</td><td>$\phi 6R0.5$ 圆角铣刀</td><td>3 600</td><td>1 200</td><td>1</td></tr>
<tr><td>2</td><td>精加工左侧壁</td><td>可变轮廓铣</td><td>02</td><td>$\phi 6$ 三刃立铣刀</td><td>3 600</td><td>1 500</td><td>0.5</td></tr>
<tr><td>3</td><td>精加工右侧壁</td><td>可变轮廓铣</td><td>02</td><td>$\phi 6$ 三刃立铣刀</td><td>3 600</td><td>1 500</td><td>0.5</td></tr>
<tr><td>4</td><td>精加工槽底面</td><td>可变轮廓铣</td><td>03</td><td>$\phi 8$ 三刃立铣刀</td><td>3 000</td><td>500</td><td>0.2</td></tr>
</table>

3. 项目实施步骤

螺旋槽轴编程加工

(1) 创建工件坐标系及安全平面。

打开零件模型，进入加工模块，在工序导航器空白处点击右键，选择几何视图，双击“MCS-MILL”，选择坐标系对话框，采用动态的方式，选择工件右端面的中心点作为工件坐标系原点，将 X 轴正向朝右边，Z 轴正向朝上方，Y 轴正向朝屏幕里面，建立加工坐标系，按【确定】后，在安全设置选择“圆柱”，点选择右端面圆心点，半径设置为50 mm，如图 7.8 所示，按【确定】后退出。

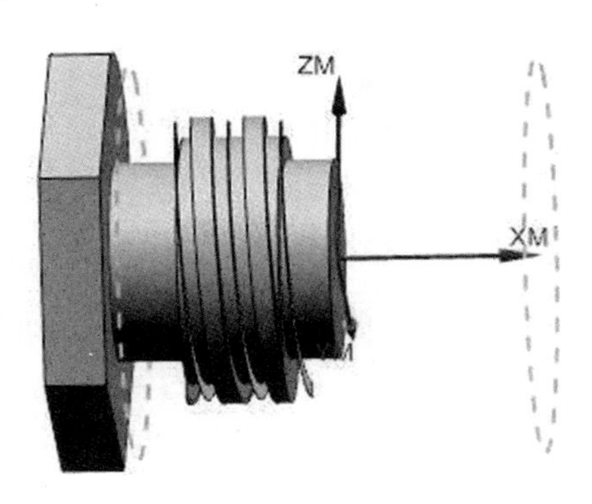

图 7.8　创建工件坐标系及安全设置

(2) 创建毛坯几何体。

在工序导航器中双击“WORKPIECE”，弹出【创建几何体】对话框。“指定毛坯”创建毛坯几何体。毛坯几何体选用 $\phi 72$ mm × 38 mm 圆柱几何体(该圆柱几何体在建模界面先创建好),如图 7.9 所示,按【确定】后退出。

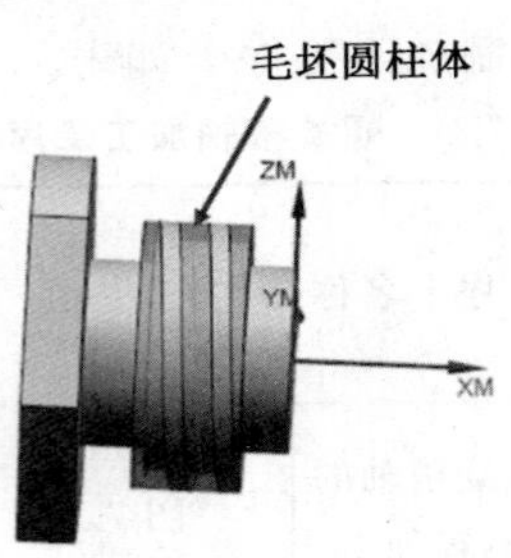

图 7.9　创建毛坯

(3) 创建刀具。

在工序导航器空白处点击右键,选择机床视图,在未用项上点击右键,插入刀具或点击菜单栏的【创建刀具】图标。根据上面工序卡中对应的刀具,依次在【创建刀具】对话框中选择对应的刀具子类型进行创建。创建方法跟前面章节的一样。分别创建 1 号 D6 R0.5 三刃立铣刀、2 号 D6 三刃立铣刀、3 号 D8 的立铣刀,按【确定】后退出刀具创建,回到主界面。

(4) 创建工序 —— 粗铣螺旋槽。

① 创建可变轮廓铣的工序。

点击"创建工序"图标,类型选择"mill_multi-axis",工序子类型选可变轮廓铣,刀具选用 1 号 D6R0.5 的平底铣刀,几何体选择"WORKPIECE",如图 7.10 所示,按【确定】后弹出对话框,驱动方法选择曲面区域,点击"编辑"按钮进入【曲面区域驱动方法】对话框进行设置,指定驱动几何体为建模中已建好的辅助曲面,如图 7.11 所示。刀具位置为"对中",注意查看材料侧的方向,箭头要朝向左边,再对此对话框下面的"驱动设置"等进行

图 7.10　创建粗铣螺旋槽可变轮廓铣工序

设置，如图 7.12 所示。按【确定】后退回到主界面，投影矢量为“刀轴”，刀轴设置为“远离直线”，指定+ X 轴的方向，如图 7.13 所示。

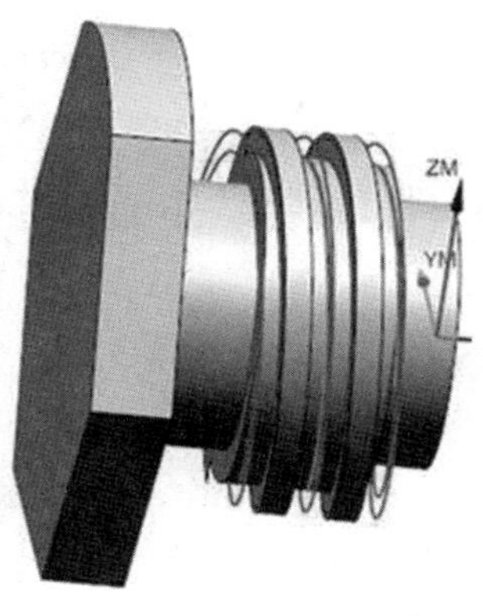

图 7.11　粗铣螺旋槽指定驱动几何体

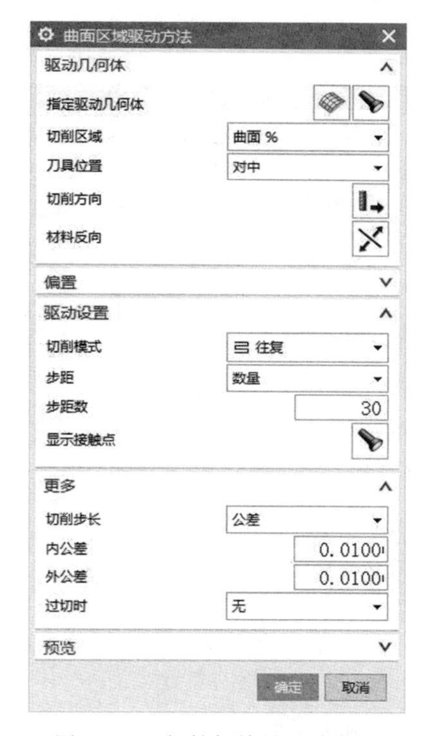

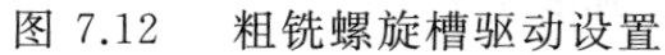

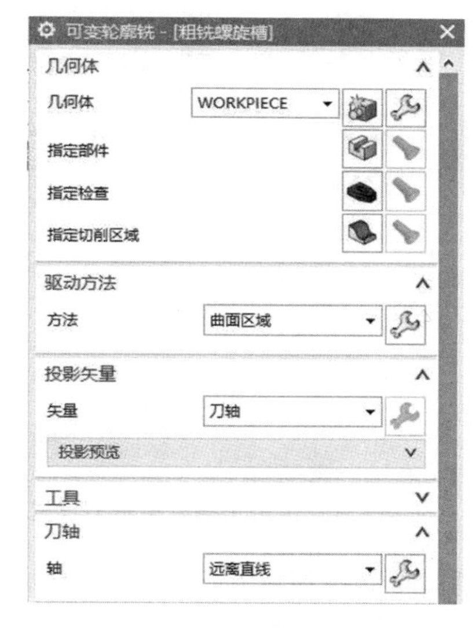

图 7.12　粗铣螺旋槽驱动设置　　　图 7.13　粗铣螺旋槽主界面

② 切削参数设置。

点击“切削参数”的图标，设置余量选项卡如图 7.14(a) 所示，余量为0.1 mm，安全选项卡如图 7.14(b) 所示。其他选项卡为默认设置，按【确定】后返回主界面。

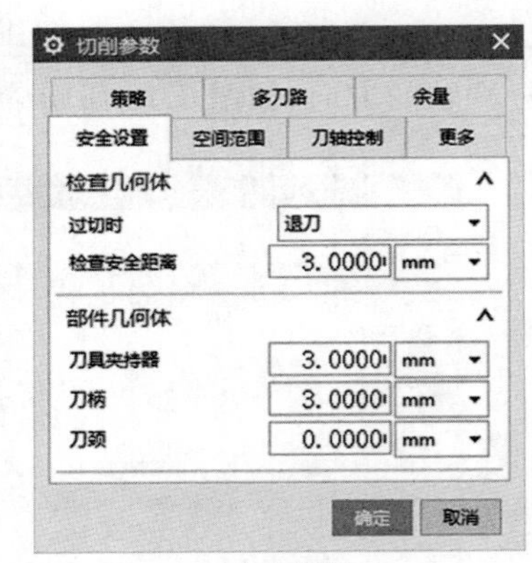

(a) 余量设置　　(b) 安全设置

图 7.14　粗铣螺旋槽切削参数设置

③ 非切削移动设置。

点击“非切削移动”的图标，进入【非切削移动】对话框进行设置，进刀类型为“插削”，设置如图 7.15 所示，退刀类型设置为“抬刀”，设置如图 7.16 所示，其他默认设置。按【确定】后返回主界面。

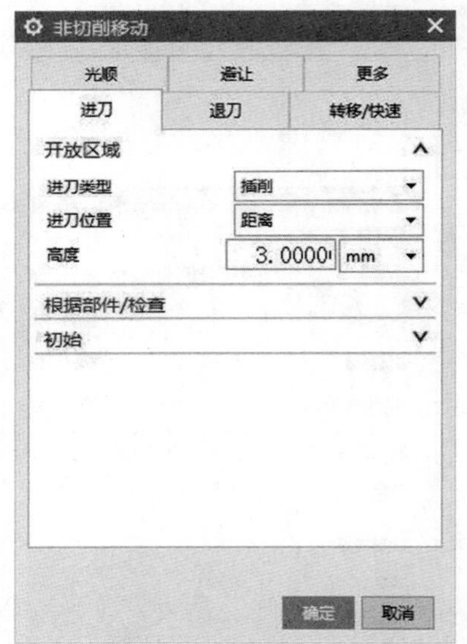

图 7.15　粗铣螺旋槽进刀设置

图 7.16　粗铣螺旋槽退刀设置

④ 进给率和转速设置。

进给率和转速设置如图 7.17 所示，主轴转速为 3 600 r/min，进给率为 1 200 mm/min，按【确定】后回到主界面。

⑤ 生成刀路。

其他均采用软件默认设置，点击【确认】，生成粗铣螺旋槽刀路如图 7.18 所示。

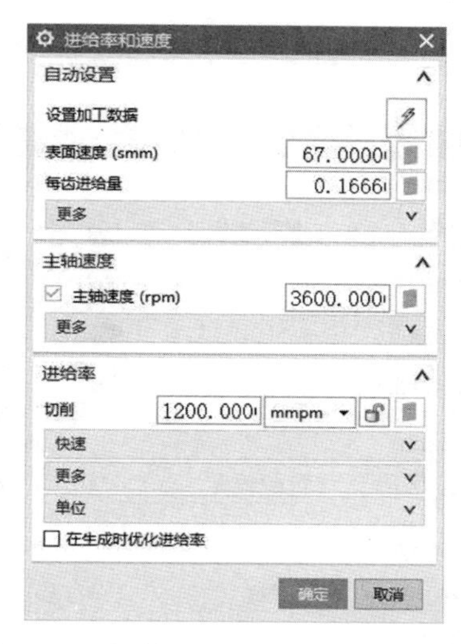

图 7.17 粗铣螺旋槽进给率和转速设置

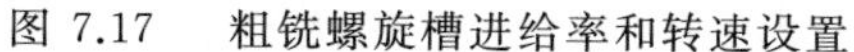

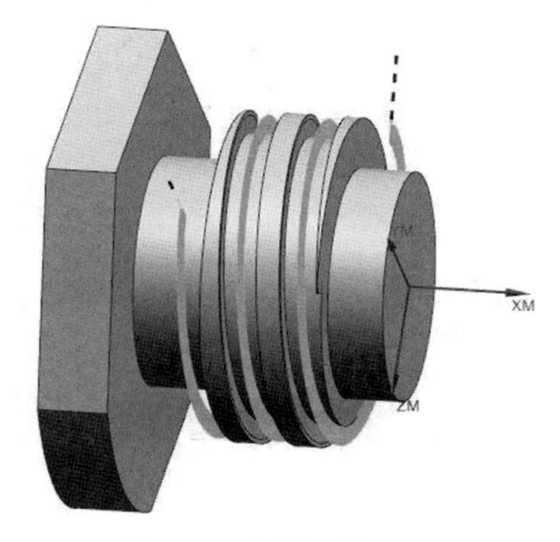

图 7.18 粗铣螺旋槽刀路

(5) 创建工序 —— 精加工螺旋槽左侧壁。

① 创建可变轮廓铣的工序。

点击“创建工序”图标,类型选择“mill_multi-axis”,工序子类型选可变轮廓铣,刀具选用2号D6的平底铣刀,几何体选择“WORKPIECE”,如图7.19所示,按【确定】后弹出对话框,驱动方法选择曲面区域,点击“编辑”按钮进入【曲面区域驱动方法】对话框进行设置,指定驱动几何体为螺旋槽的左侧面,如图7.20所示,刀具位置为“相切”,注意查看材料侧的方向,箭头要朝向右边,再对此对话框下面的“驱动设置”等进行设置,如图7.21所示。按【确定】后退回到主界面,投影矢量为“刀轴”,刀轴设置为“远离直线”,指定+X轴的方向,如图7.22所示。

图 7.19 创建精加工螺旋槽左侧壁可变轮廓铣工序

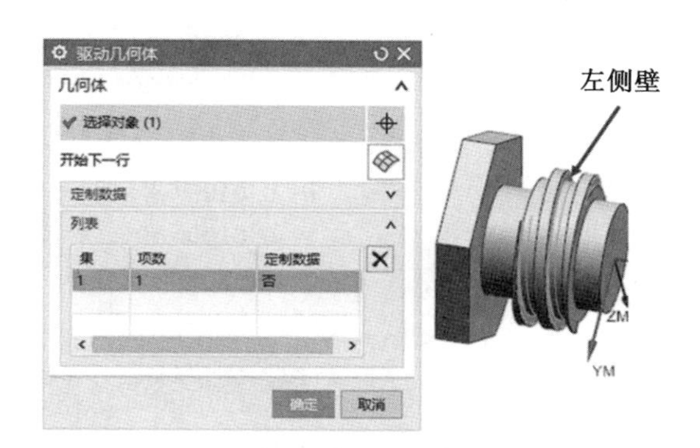

图 7.20 指定精加工螺旋槽左侧壁驱动几何体

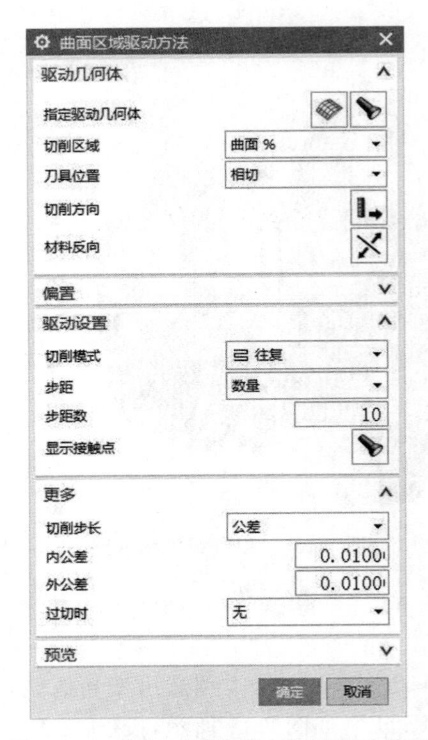

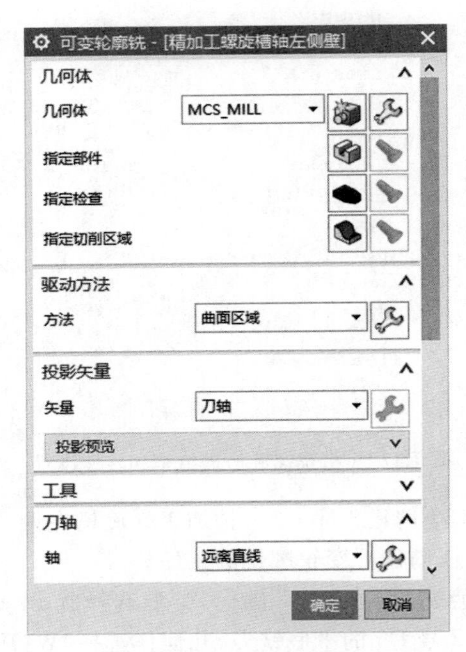

图 7.21　精加工螺旋槽左侧壁驱动设置

图 7.22　精加工螺旋槽左侧壁主界面

② 切削参数设置。

点击“切削参数”的图标，设置余量选项卡如图 7.23 所示，余量为 0，内、外公差设置为 0.01 mm，安全选项卡如图 7.24 所示。其他选项卡为默认设置，按【确定】后返回主界面。

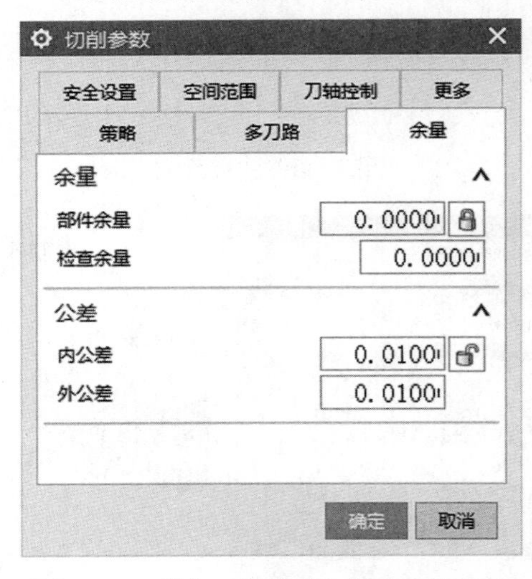

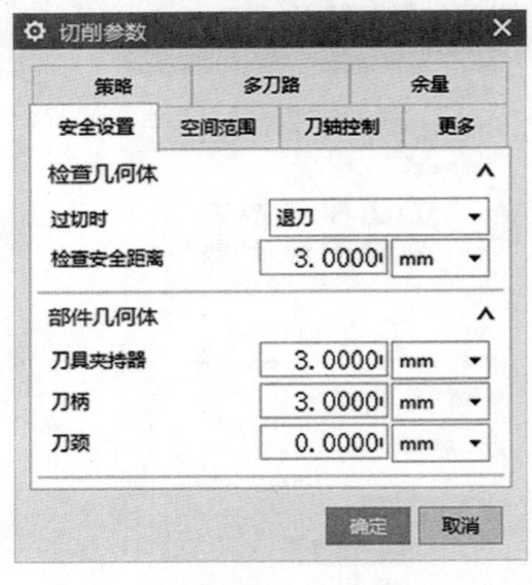

图 7.23　精加工螺旋槽左侧壁余量设置

图 7.24　精加工螺旋槽左侧壁安全设置

③ 非切削移动设置。

点击“非切削移动”的图标，进入【非切削移动】对话框进行设置，进刀类型为“插削”，设置如图 7.25 所示，退刀类型设置为“抬刀”，设置如图 7.26 所示，其他默认设置。按【确定】后返回主界面。

图 7.25 精加工螺旋槽左侧壁进刀设置

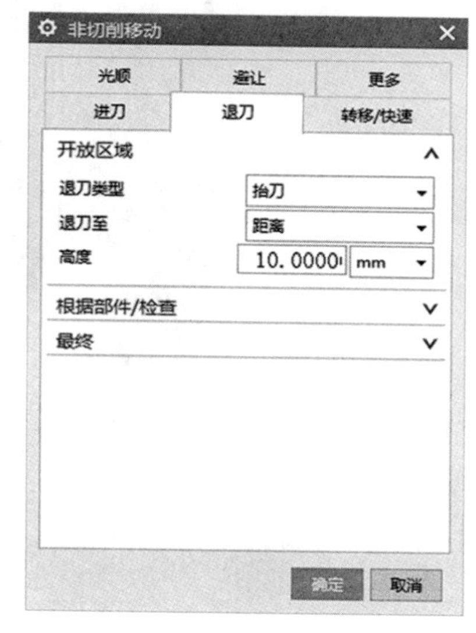

图 7.26 精加工螺旋槽左侧壁退刀设置

④ 进给率和转速设置。

进给率和转速设置如图 7.27 所示，主轴转速为 3 600 r/min，进给率为 1 500 mm/min，按【确定】后回到主界面。

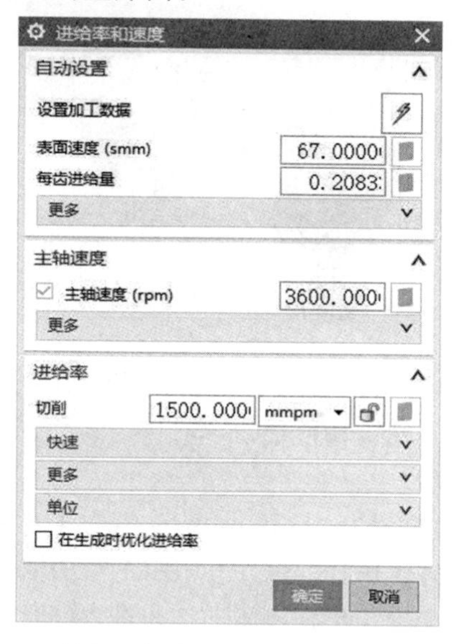

图 7.27 精加工螺旋槽左侧壁进给率和转速设置

⑤ 生成刀路。

其他均采用软件默认设置，点击【确认】，生成精加工螺旋槽左侧壁刀路如图7.28所示。

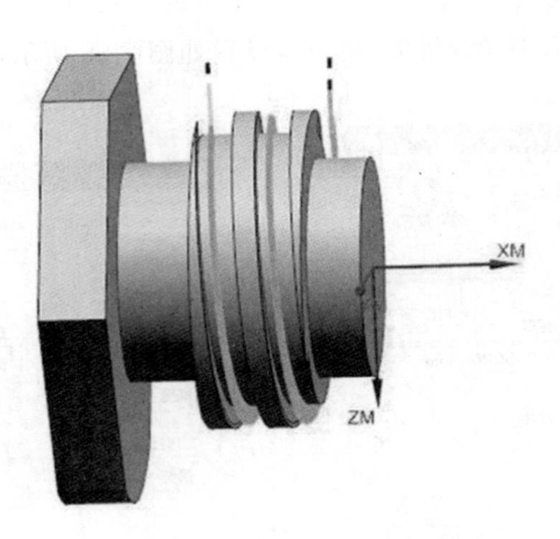

图 7.28　精加工螺旋槽左侧壁刀路

(6) 创建工序 —— 精加工螺旋槽右侧壁。

采用跟精加工螺旋槽左侧壁同样的方法生成精加工螺旋槽右侧壁刀路如图 7.29 所示。

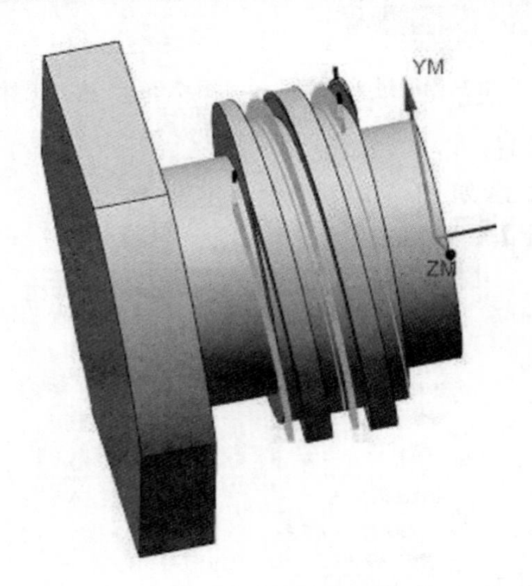

图 7.29　精加工螺旋槽右侧壁刀路

(7) 创建工序 —— 精加工螺旋槽底面。

① 创建可变轮廓铣的工序。

点击“创建工序”图标，类型选择“mill_multi-axis”，工序子类型选可变轮廓铣，刀具选用 3 号 D8 的平底铣刀，几何体选择“WORKPIECE”，如图 7.30 所示，按【确定】后弹出对话框，驱动方法选择“曲线 / 点”，点击“编辑”按钮进入【曲线 / 点驱动方法】对话框进行设置，指定驱动几何体为先前在建模界面创建的缩放曲线，如图 7.31 所示，“驱动设置”左偏置为 0，切削步长设置公差为 0.01 mm，刀具接触偏移为 0，如图 7.32 所示。按【确定】后退回到主界面，投影矢量为“刀轴”，刀轴设置为“远离直线”，指定＋X 轴的方向，如图 7.33 所示。

图 7.30 创建精铣螺旋槽底面可变轮廓铣工序

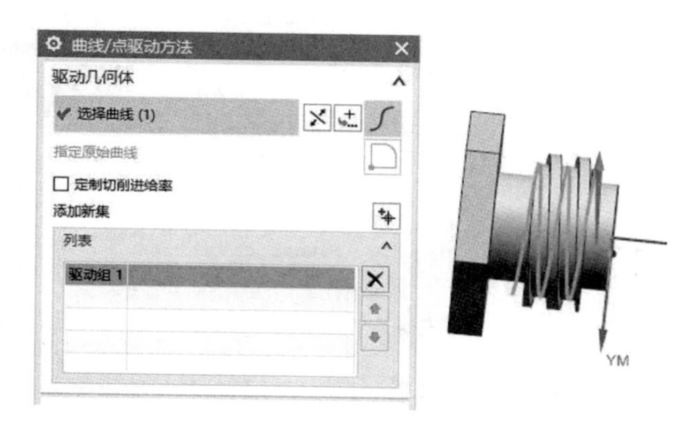

图 7.31 指定精铣螺旋槽底面驱动几何体

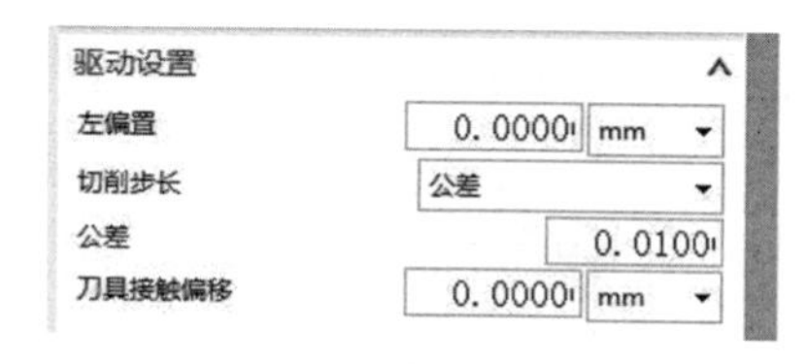

图 7.32 精铣螺旋槽底面驱动设置

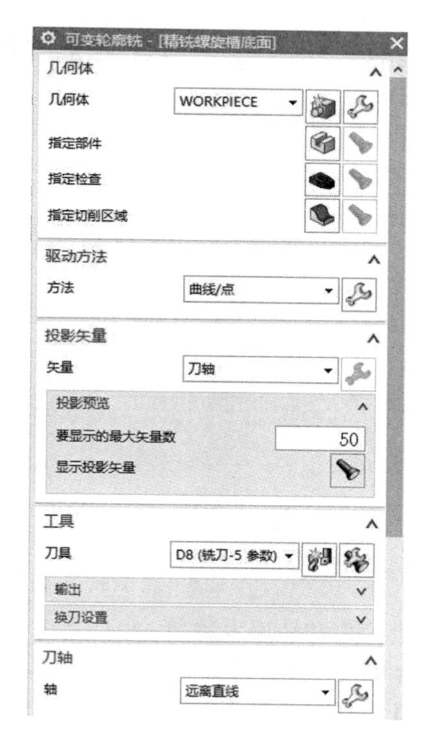

图 7.33 精铣螺旋槽底面主界面

② 切削参数设置。

点击“切削参数”的图标，设置余量选项卡如图 7.34 所示，余量为 0，内、外公差设置为 0.01 mm，安全选项卡如图 7.35 所示。其他选项卡为默认设置，按【确定】后返回主界面。

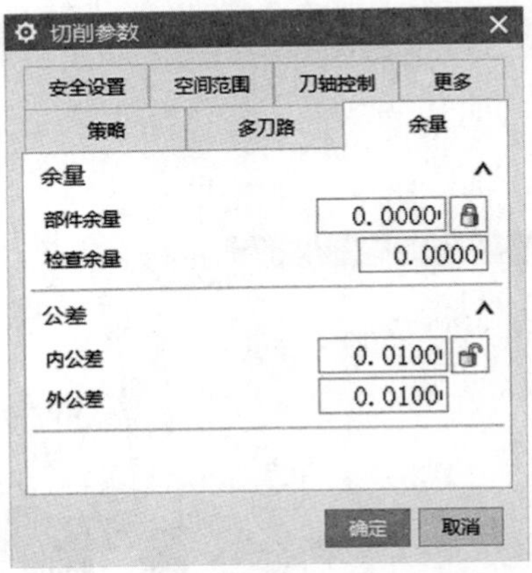

切削参数
安全设置 空间范围 刀轴控制 更多
策略 多刀路 余量
余量
部件余量 0.0000
检查余量 0.0000
公差
内公差 0.0100
外公差 0.0100
确定 取消

图 7.34 精铣螺旋槽底面余量设置

图 7.35 精铣螺旋槽底面安全设置

③ 非切削移动设置。

点击“非切削移动”的图标，进入【非切削移动】对话框进行设置，进刀类型都为“线性－垂直于部件”，设置如图 7.36 所示，退刀设置与进刀类型相同，其他默认设置，按【确定】后返回主界面。

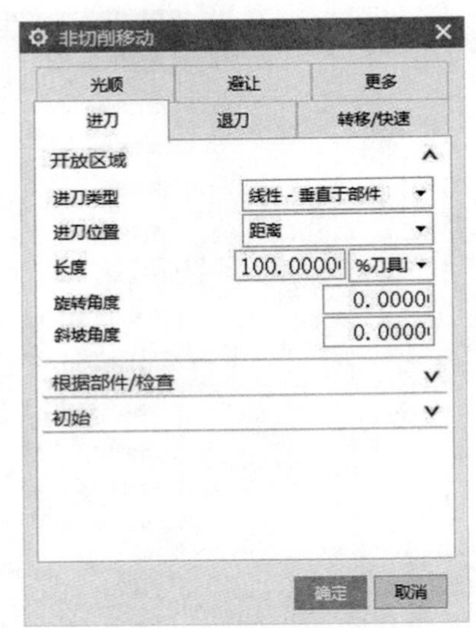

图 7.36 精铣螺旋槽底面进刀设置

④ 进给率和转速设置。

进给率和转速设置如图 7.37 所示，主轴转速为 3 000 r/min，进给率为500 mm/min，按【确定】后回到主界面。

⑤ 生成刀路。

其他均采用软件默认设置，点击【确认】，生成精铣螺旋槽底面刀路如图 7.38 所示。

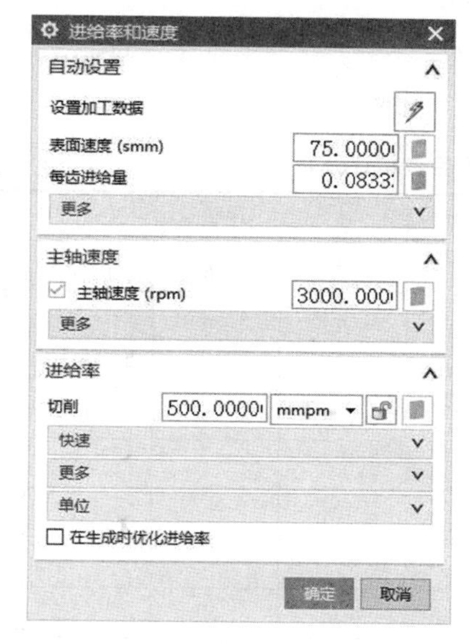

图 7.37　精铣螺旋槽底面进给率和转速设置

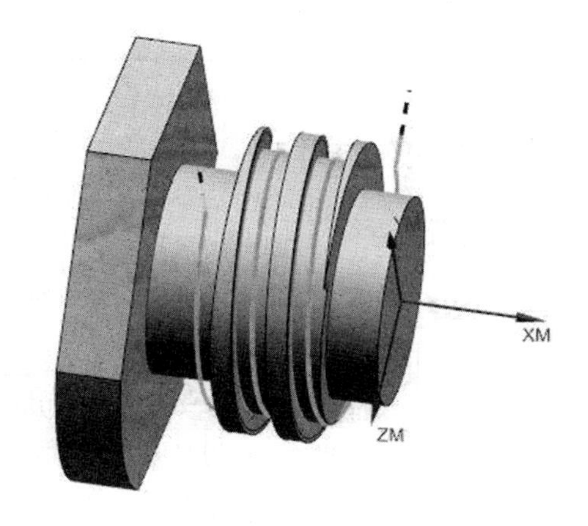

图 7.38　精铣螺旋槽底面刀路

(8) 仿真加工。

在工序导航器的程序顺序图中拾取所有的刀路轨迹,单击右键,按【刀轨】→【确认】,弹出【刀轨可视化】对话框,调整仿真的速度,最终仿真结果如图 7.39 所示。

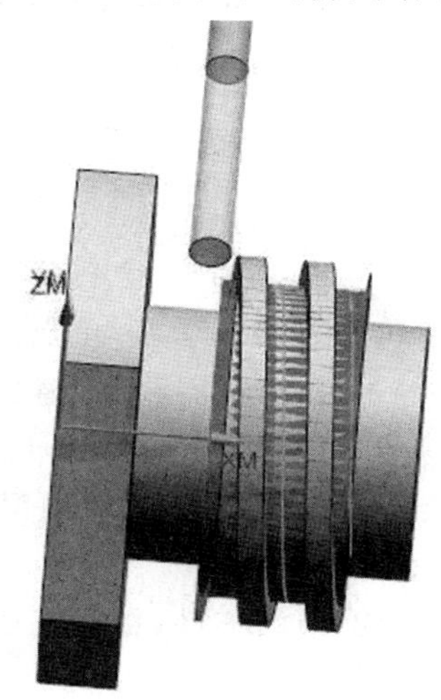

图 7.39　螺旋槽轴仿真加工结果

项目评价

螺旋槽轴考核评分表见表 7.2。

表 7.2　螺旋槽轴项目考核评分表

考核类别	考核内容	评价(0 ～ 10 分)			
		差	一般	良好	优秀
		0 ～ 3	4 ～ 6	7 ～ 8	9 ～ 10
技能评价	能完成项目的理论知识学习				
	能通过有效资源解决学习中的难点				
	能制定正确的工艺顺序				
	能选择合理的加工刀具和切削参数				
	能创建项目的刀具路径				
	能进行仿真加工并验证刀具路径				
	能后处理出所有的加工程序				
职业素养	协作精神、执行能力、文明礼貌				
	遵守纪律、沟通能力、学习能力				
	创新性思维和行动				
总计					
考核者签名：					

项目小结

本项目以螺旋槽轴类旋转零件为例展开学习，重点掌握对于螺旋在加工编程过程中策略的选用和参数设置方法，实施过程详细介绍了每道工序的操作方法，加工内容主要在于螺旋槽的侧面和底部。从本项目实施过程总结出以下几点经验供参考。

(1) 粗加工采用定轴加工会产生接刀痕，一定要预留足够的余量，用于四轴联动精加工时去除接刀痕，保证产品精度。

(2) 对于这种由螺旋线生成螺旋槽的零件，精加工底面最好选择曲线和点的驱动方法，操作比较方便，无须设置部件。

(3) 曲线 / 点驱动方法里刀具、刀轨设置等参数，与区域铣削里的是一样的用法。曲线 / 点多了一个投影矢量参数。这个参数要想生效，所选择的几何体必须是部件。

拓展训练

1. 根据图 7.40 所示的零件特征，制订合理的工艺路线，设置正确的加工参数，生成四轴加工刀具路径，进行仿真加工，后处理出加工程序，并在机床上加工出该零件。

2. 根据图 7.41 所示的零件特征，制订合理的工艺路线，设置正确的加工参数，生成四轴加工刀具路径，进行仿真加工，后处理出加工程序，并在机床上加工出该零件。

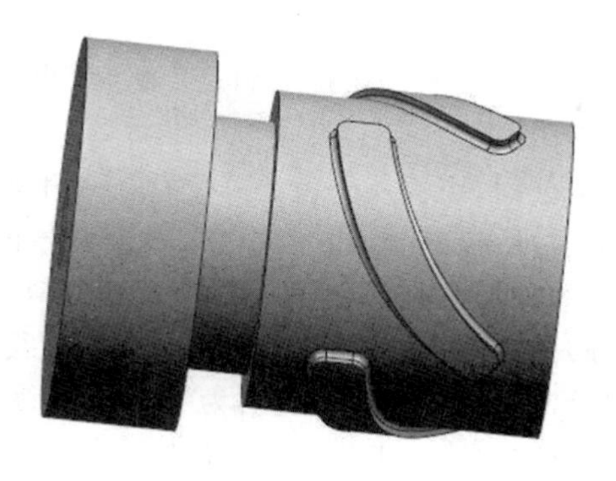

图 7.40　异形轴

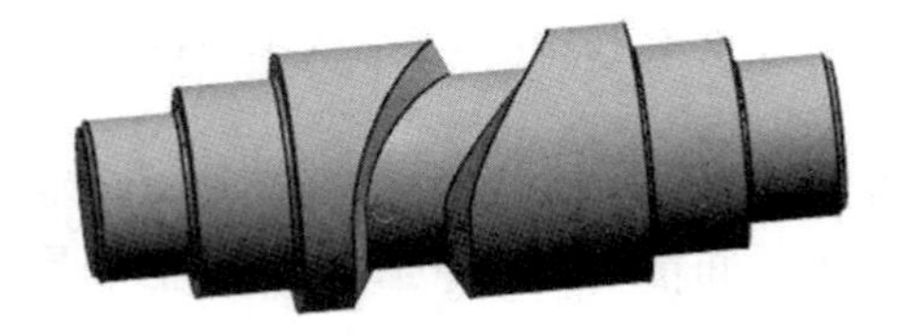

图 7.41　凸轮轴

思政园地

未来的大国工匠

——仰望星空脚踏实地的“青年工匠”卢锋

卢锋，中国航天科技集团有限公司五院北京卫星制造厂有限公司高级技师。2019年，卢锋获得北京市第三十三届“青年五四奖章”，并于2019年4月30日应邀参加在人民大会堂举行的“纪念五四运动100周年大会”，在现场第一排聆听习近平总书记讲话。

出生在“车城”十堰的卢锋，从小受家人影响，对汽车、机械方面的知识非常感兴趣。

2004年，卢锋代表武汉职业技术学院参加湖北省数控大赛获得一等奖，之后又代表湖北省参加首届全国数控技能大赛获一等奖，正是因为这次比赛获奖，让中国航天科技集团有限公司五院北京卫星制造厂有限公司“看上了”卢锋。2005年，卢锋一毕业就进入该单位工作，在自己的岗位上为中国航天事业发展贡献着力量。

卢锋言语不多，外表看起来憨厚老实。可是这么朴实的卢锋，也有过心高气傲的时候。那是刚进中国航天科技集团有限公司五院北京卫星制造厂有限公司的时候，卢锋自恃是全国技能竞赛一等奖获得者，一时有些飘飘然，觉得应该没有自己搞不定的问题。现实很快浇了卢锋一盆冷水。他发现很多机器见都没见过，更别提操作了。冷静下来之后，他认真翻阅了中国航天科技集团有限公司五院的发展历程，了解到自己所在的北京卫星制造厂有限公司，是中国第一颗人造地球卫星、第一艘载人飞船、第一个月球探测器和第一个商业出口卫星的诞生地，也是“两弹一星”精神和载人航天精神的主要发源地之一。

“我瞬间感觉到自己的渺小，”卢锋说，“北京卫星制造厂，是仰望星空的地方，但是低下头来，我意识到，我只是航天领域的一颗螺丝钉。”此后，卢锋沉下心来，决定“一切清零”“从零开始”，脚踏实地干出业绩。

在北京卫星制造厂有限公司，卢锋一干就是14年。14年来，他的工作岗位始终没有离开数控机床，陆续负责完成神舟、天宫、北斗等20多个型号的大型舱体金属结构部件及高精度组合加工主岗工作，在铝合金、碳纤维、钛合金等材料的数控加工方面具有丰富经验。尽管经验丰富，卢锋却丝毫不敢放松对自己的要求。“我的工作有‘三高’：产品价值高、加工难度高、质量风险高。”卢锋笑着说。为了实现最终产品的“零缺陷”，卢锋在工作中必须保证“零差错”“零失误”。工作再难、压力再大，但是每当看到自己生产的零件，作为卫星的一部分飞上太空，卢锋都有一种自豪感。

在卢锋的字典里，没有“最好”，他永远在追求“更好”。他还发挥“师带徒”的优良作风，先后培养了12名徒弟，其中3名技师、3名高级工，现均已成长为生产骨干，持续为祖国航天事业发展贡献力量。

仰望星空，卢锋用专业和敬业，追逐着航天强国的梦想和希望；脚踏实地，卢锋用汗水和执着，书写着青年一代的责任和担当。卢锋是平凡的，他只是千千万万祖国建设者中的一颗“螺丝钉”，卢锋又是不平凡的，他把“个人梦”与“航天梦”结合在一起，兢兢业业、一丝不苟为祖国“造卫星”，用自己的实际行动，诠释着“工匠精神”的深刻内涵！

（以上内容来源于五轴联动加工中心操作与基础编程 思政资料1～8.docx－原创力文档 https://max.book118.com/html/2023/0104/6242105004005034.shtm）

模块 4　五轴铣削加工技术

模块简介

五轴联动数控机床是一种科技含量高、精密度高、专门用于加工复杂曲面的机床，这种机床系统对一个国家的航空、航天、军事科研、精密器械以及高精医疗设备等行业，有着举足轻重的影响。随着一些机械零部件的结构越来越复杂，精度要求也越来越高，如下图所示的五轴加工在大批量生产中的应用日益增多。五轴数控机床具有一次装夹完成全部加工的优点，采用五轴加工可提高加工能力和生产效率。

NX 软件的 CAM 模块中的可变轴曲面轮廓为五轴加工提供了很好的解决方案。它的驱动方法有很多，常采用驱动面投影方法来生成加工面上的刀轨迹，因为这种方法可以使得驱动面和加工面分离，从而降低了对加工面的要求。该模块下面精选三个具有代表性的五轴加工典型案例，以项目为主线，详细讲解五轴加工创建方法、参数设置、操作技巧、刀轴控制方法及仿真加工等内容。读者通过本模块的学习，能掌握各种五轴零件的铣削编程及仿真加工技术。

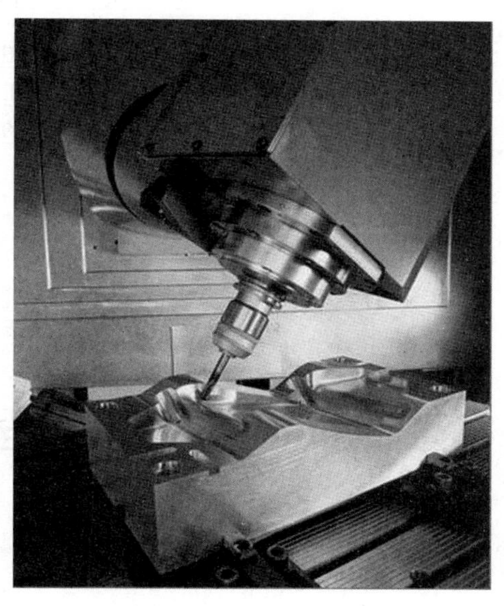

知识目标

(1) 掌握五轴加工的策略。

(2) 掌握五轴的几何体设置方法。

（3）掌握五轴的刀轴的定义。

（4）掌握五轴加工的驱动方法。

技能目标

（1）掌握五轴加工的创建过程。

（2）掌握几何体、刀具、工序等的创建方法。

（3）掌握各种五轴零件的仿真加工。

思政目标

（1）培养学生理论联系实际、脚踏实地、规范操作、团队协作精神。

（2）培养学生实事求是、注重细节、敬业爱业、敢于攀登的精神。

（3）厚植精益求精的工匠精神，引领学生在学习和生活中践行社会主义核心价值观。

学习导航

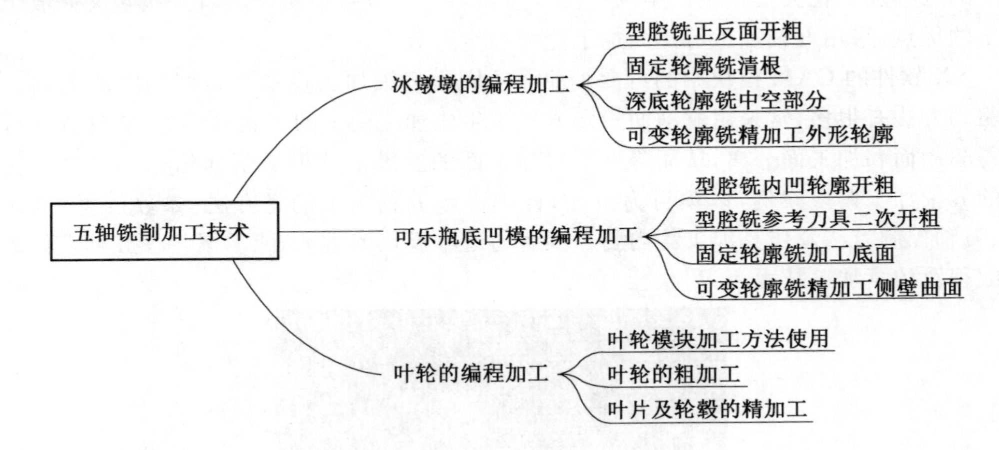

项目 8 “冰墩墩”的编程加工

项目描述

该项目来源于 2 022 年冬奥会的吉祥物，模型如图 8.1 所示，该产品的毛坯尺寸是 ϕ45 mm×190 mm 的圆柱体，材料为 2Al2，要求根据模型图纸，制订合理的加工工艺，编制加工程序，完成该项目的加工。

图 8.1 “冰墩墩”

分析:“冰墩墩”的结构复杂,是由各种各样的曲面组成。根据其不仅曲面多还要求外观精美的结构特点选用五轴机床加工,自定心卡盘装夹,制订合理的工艺路线,创建型腔铣、可变轮廓铣等加工操作以完成产品的加工。

课前导学

单项选择题,请把正确的答案填在括号中。

1. 在编程过程中经常需要使用清角的加工工艺。但是清角的刀路偶尔会出现一些多余的刀路。通常这个时候,可采用指定(　　)控制需要切削的区域。

A. 检查边界　　B. 修剪边界　　C. 修剪体　　D. 检查体

2. (　　)用于指定加工中不希望与刀具发生碰撞的区域。

A. 切削区域　　B. 部件表面　　C. 检查体　　D. 修剪体

3. 在 NX 加工编程中,当驱动方法为(　　)驱动时,其投影矢量将会增加朝向驱动体、垂直于驱动体这两种选择。

A. 曲线 / 点　　B. 螺旋　　C. 边界　　D. 曲面区域

4. 当用曲面区域驱动的方式生成一个型腔零件的五轴加工程序,投影矢量优先选用(　　)。

A. 垂直驱动体　　B. 朝向驱动体　　C. 朝向点　　D. 朝向直线

5. 加工走刀时,刀具相对刀轨方向向前倾斜的角度称为(　　)。

A. 正的前倾角　　B. 负的前倾角　　C. 左倾角　　D. 右倾角

6. 在 NX 中,多轴加工通常指的是(　　)。

A. 使用两个或更多轴的机床进行加工

B. 使用多个刀具进行加工

C. 使用多个加工中心进行加工

D. 使用多个加工参数进行加工

7. 在 NX 中，五轴加工的关键技术包括(　　)。
A. 刀具路径规划和后处理
B. 刀具路径规划和模拟
C. 刀具路径规划和控制
D. 刀具路径规划和加工参数设置，使用多个加工参数进行加工

8. 在 NX 中，五轴加工的优点包括(　　)。
A. 只能加工平面零件　　B. 只能加工简单曲面零件
C. 只能加工圆柱形零件　　D. 可以加工复杂曲面零件

9. 若使用可变轮廓铣工序对柱状零件(如：大力神杯)进行联动精加工，驱动方法一般会选择(　　)。
A. 外形轮廓铣　　B. 点或曲线
C. 边界　　D. 曲面区域

项目 8 课前导学参考答案

10. 在 NX 多轴加工中，侧倾角的主要作用是什么？(　　)
A. 控制刀具的旋转速度　　B. 调整刀具的进给速率
C. 改变刀具与工件表面的接触角度　　D. 确定刀具的切削深度

知识链接

1. 修剪边界

修剪边界用于进一步控制刀具的运动范围，如果操作产生的整个刀轨涉及的切削范围中某一区域不希望被切削，可以利用修剪边界将这部分刀轨去除。修剪刀路时要注意内部和外部，当选择刀具侧为内侧时，则修剪边界里面的刀路被修剪，如图 8.2(a) 所示；当选择刀具侧为外侧时，则修剪边界以外的刀路被修剪，如图 8.2(b) 所示。

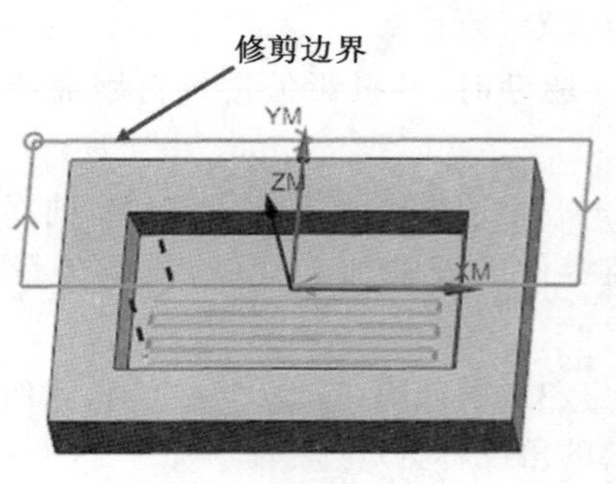

(a) 刀具侧为内侧

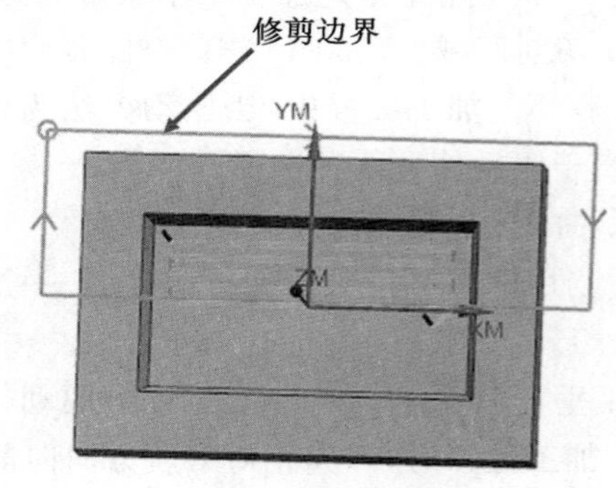

(b) 刀具侧为外侧

图 8.2　修剪边界示意图

修剪边界在使用时要与检查边界区分开。检查边界是指用于描述加工中不希望与刀具发生碰撞的区域，即限制刀路不走到所选择的边界区域内，如用于固定零件的工装夹具等，如图 8.3(a) 所示为未设置检查边界，这样压板就会被铣刀铣削；如图 8.3(b) 所示，设置压板边界范围为检查边界，刀具加工时就会进行避让，不破坏压板。检查边界只有封闭

的边界，没有敞开的边界，在检查边界定义的区域内不会产生刀具路径。

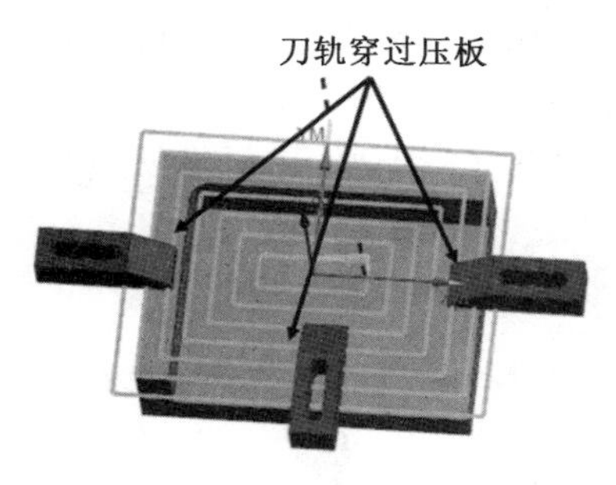

(a) 未设置检查边界

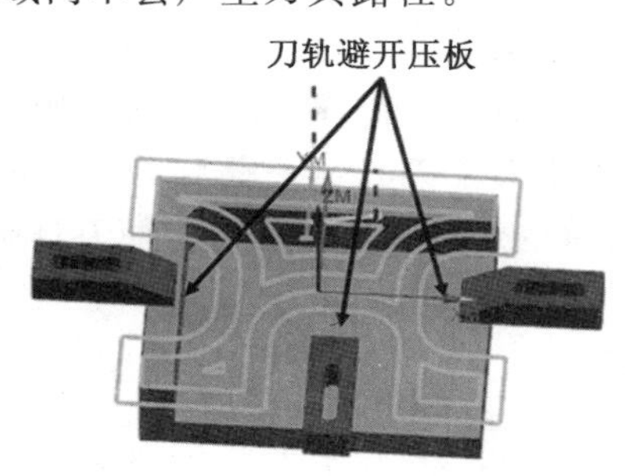

(b) 设置压板为检查边界

图 8.3 检查边界示意图

注意：指定修剪边界并不是每次设置都必需的，只有当产生的刀路超出原本需要的范围时，才必须指定修剪边界来去除掉不需要的刀路。

2. 投影矢量 — 朝向驱动体、垂直于驱动体

在 NX 加工编程中，当驱动方法为"曲面"及"流线"驱动时，其投影矢量将会增加两种："朝向驱动体""垂直于驱动体"。在实际使用中经常无法一次性设置合适的投影矢量，这时通常通过变换投影矢量的方式来确定合适的投影方式。

"朝向驱动体"的工作方法与"垂直于驱动体"的工作方法有以下区别："朝向驱动体"适用于型腔零件，驱动曲面位于部件内部，投影从距驱动曲面较近处开始；"垂直于驱动体"投影从无限远处开始，驱动曲面适用于型芯零件。如图 8.4 所示，在加工凹曲面时，采用"朝向驱动体"来铣削型腔的内部区域。如图 8.5 所示，在精加工凸台曲面时则采用"垂直于驱动体"。

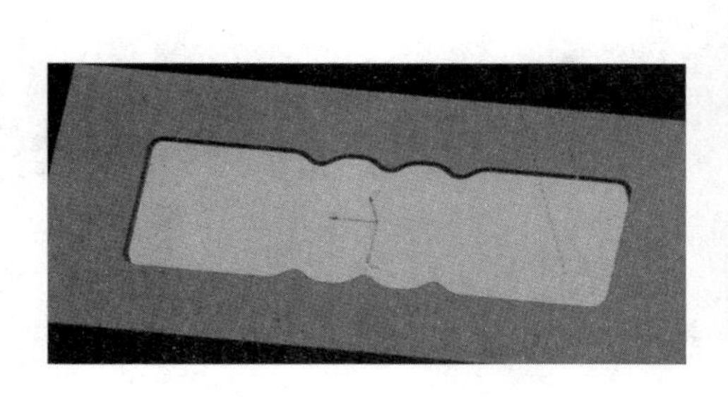

图 8.4 使用"朝向驱动体"

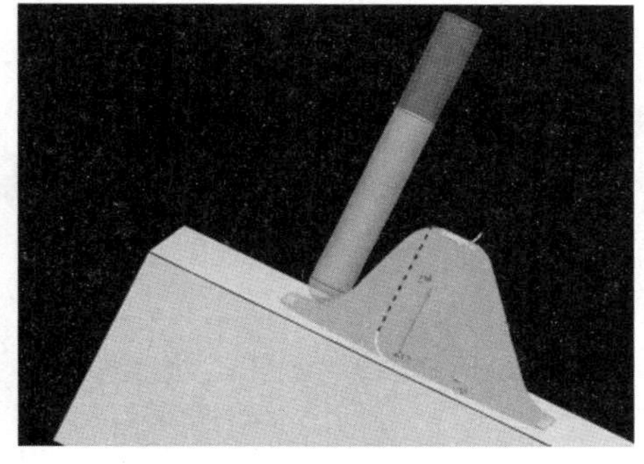

图 8.5 使用"垂直于驱动体"

注意：当驱动方法使用"曲面区域驱动方式"时，投影矢量应该选择"朝向驱动"以避免刀路轨迹投影到工件非切削区域。在刀具半径大于部件特征（圆角半径、拐角等）的情况下，这两种投影矢量可能不适用。

3. 刀轴 — 相对于驱动体

相对于驱动体（即远离驱动体）指刀柄远离驱动几何体加工工件表面，其允许定义一

个可变刀轴，可变刀轴相对于驱动曲面的另一垂直刀轴向前、向后、向左或向右倾斜。

前倾角定义了刀具沿刀轨前倾或后倾的角度。如图 8.6 所示，正的前倾角表示刀具相对刀轨方向向前倾斜，而负的前倾角则表刀具相对于刀轨方向向后倾斜。

侧倾角定义了刀具从一侧到另一侧的角度，如图 8.7 所示，正值将使刀具向右倾斜（按照所观察的切削方向），负值将使刀具向左倾斜。

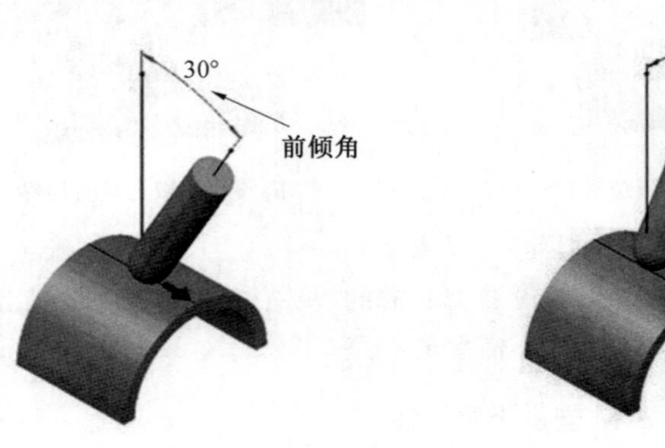

图 8.6　正 30°前倾角　　图 8.7　正 30°侧倾角

注意："相对于驱动体"与"相对于部件"的工作方式相同，但是由于此选项需要用到一个驱动曲面，因此它只有在使用了"曲面区域驱动方法"后才可用。

项目实施

"冰墩墩"项目分析

1. 工艺过程

根据"冰墩墩"的结构特点，规划的工艺过程如图 8.8 所示。

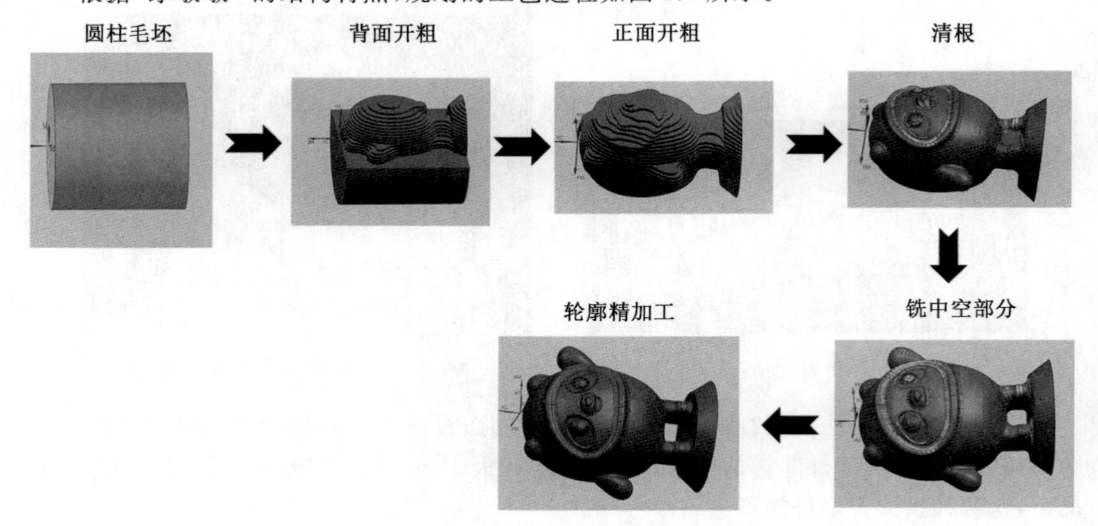

图 8.8　"冰墩墩"工艺过程图（彩图见附录二）

2. 加工工序卡

根据零件结构及工艺过程，编制加工工序卡如表 8.1 所示。

表 8.1 “冰墩墩”加工工序卡

			工序卡名称	零件图号	材料	夹具	使用设备
			“冰墩墩”的编程加工	图 8.1	2A12	卡盘	五轴加工中心
工步	工步内容	加工策略	刀具号	刀具规格	主轴转速 /(r·min^{-1})	进给量 /(mm·min^{-1})	背吃刀量 /mm
1	背面开粗	型腔铣	01	ϕ8 三刃立铣刀	5 000	3 500	1
2	正面开粗	型腔铣	01	ϕ8 三刃立铣刀	5 000	3 500	1
3	清根	固定轮廓铣	02	R1 球头铣刀	10 000	3 000	0.06
4	铣中空部分	深度轮廓铣	03	ϕ4 三刃立铣刀	6 000	3 500	0.5
5	轮廓精加工	可变轮廓铣	04	R2 锥度球刀	10 000	3 500	0.2

3. 项目实施步骤

“冰墩墩”编程加工

（1）创建工件坐标系及安全平面。

打开零件模型，进入加工模块，在工序导航器空白处点击右键，选择几何视图，双击“MCS-MILL”，选择坐标系对话框，采用动态的方式，选择工件上端的中心点作为工件坐标系原点，建立加工坐标系，按【确定】后，在安全设置选项选择球，安全距离为90 mm，如图8.9 所示，按【确定】后退出。

（2）创建毛坯几何体。

在工序导航器中双击“WORKPIECE”，弹出【创建几何体】对话框。选择“指定毛坯”，创建毛坯几何体。毛坯几何体选用 ϕ100 mm × 120 mm 毛坯圆柱几何体（该几何体要事先在建模环境下创建好），如图 8.10 所示，按【确定】后退出。

（3）创建刀具。

在工序导航器空白处点击右键，选择机床视图，在未用项上点击右键，插入刀具或点击菜单栏的“创建刀具”图标。根据上面工序卡中对应的刀具，依次在【创建刀具】对话框中选择对应的刀具子类型进行创建。创建方法跟前面章节的一样，分别创建 1 号 D8 三刃立铣刀、2 号 R1 球头铣刀、3 号 D4 三刃立铣刀、4 号 R2 锥度球头铣刀，创建参数如图 8.11 所示，按【确定】后退出刀具创建，回到主界面。

图 8.9　建立“冰墩墩”加工坐标系及安全平面

图 8.10　创建“冰墩墩”毛坯几何体

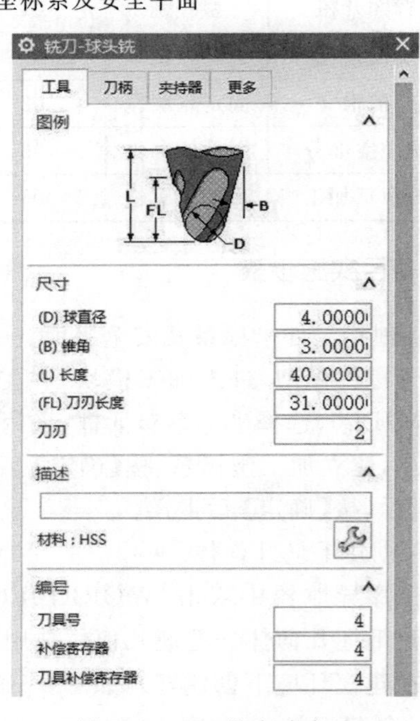

图 8.11　R2 锥度球头刀

(4) 创建工序 —— 背面开粗。

① 创建开粗型腔铣工序。

在工序导航器的空白处右击选择程序顺序视图，在 PROGRAM 上点击右键，选择插入工序，或点击“创建工序”图标，弹出【创建工序】对话框，类型选择“mill_contour”，工序子类型选择型腔铣，其他设置如图 8.12 所示。

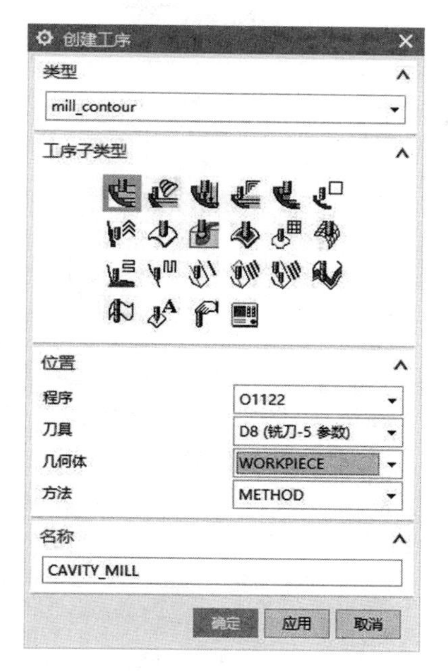

图 8.12 创建背面开粗型腔铣工序

② 刀轴设置。

进入【型腔铣】对话框，刀轴选择为“指定矢量”，如图 8.13(a) 所示，矢量朝向为工件背部，如图 8.13(b) 所示。

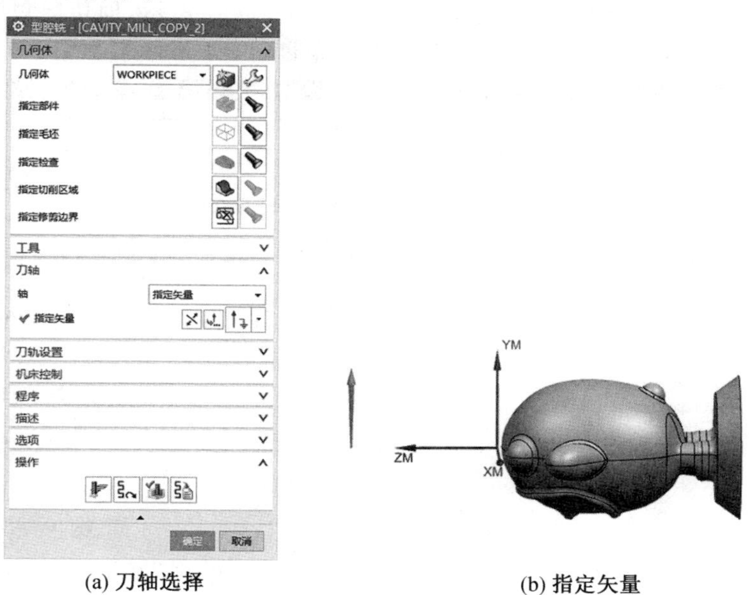

(a) 刀轴选择 (b) 指定矢量

图 8.13 背面开粗刀轴设置

③ 切削层设置。

点开切削层，设置顶层为 −25.5 mm，切削深度为 25.5 mm，每刀切削深度为1 mm，如图 8.14 所示。

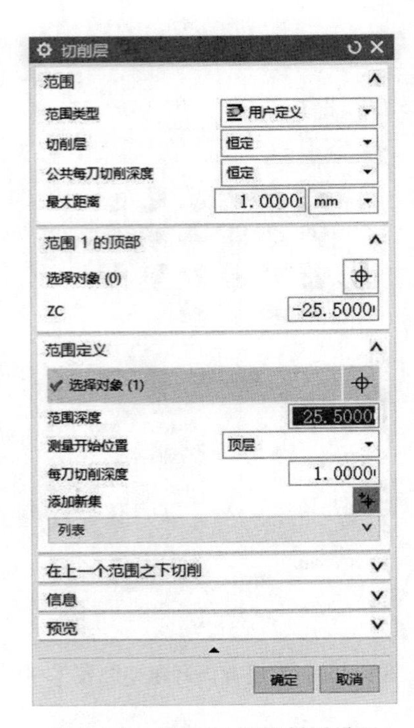

图 8.14　背面开粗切削层设置

④ 切削参数设置。

点击“切削参数”的图标，设置策略选项卡如图 8.15(a) 所示，即切削顺序使用“深度优先”。设置余量选项卡如图 8.15(b) 所示，侧面余量留 0.4 mm，底面留 0.2 mm 余量。

(a) 策略设置

(b) 余量设置

图 8.15　背面开粗切削参数设置

⑤ 非切削移动设置。

点击“非切削移动”的图标，设置封闭区域进刀类型为“螺旋”，开放区域的进刀类型为“线性”，参数设置如图 8.16(a) 所示，转移 / 快速选项卡设置区域内的参数，如图

8.16(b) 所示。

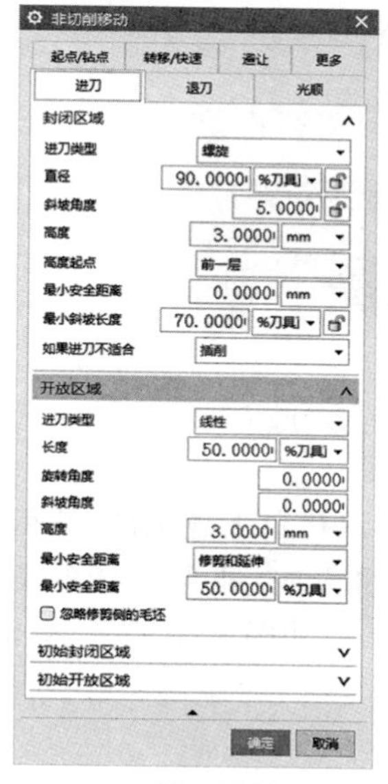

(a) 进刀设置

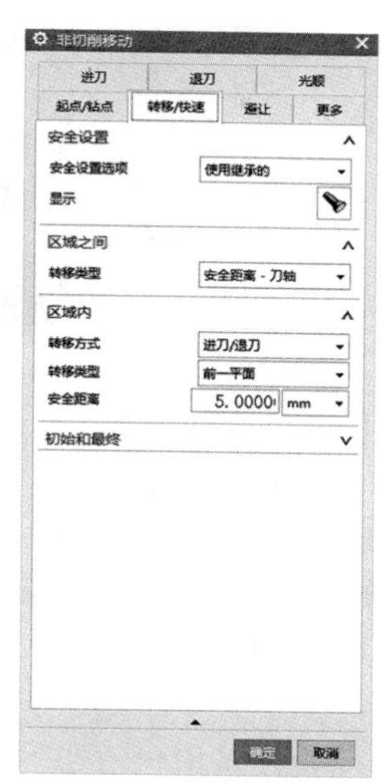

(b) 转移/快速设置

图 8.16　背面开粗非切削移动设置

⑥ 进给率和转速设置。

进给率和转速设置如图 8.17 所示，主轴转速为 5 000 r/min，进给率为3 500 mm/min。

图 8.17　背面开粗进给率和转速设置

⑦ 生成刀路。

其他均采用软件默认设置，点击【确认】，生成刀路如图 8.18 所示。

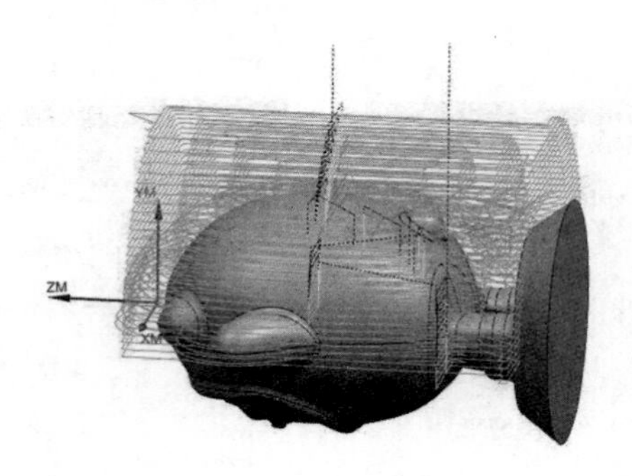

图 8.18　背面开粗刀路

(5) 创建工序 —— 正面开粗。

正面开粗的创建方法与上一道工序一样，可以拷贝上道工序，然后粘贴在上道工序的下面，再去修改刀轴方向，刀轴方向为指定的矢量方向，即为 Y 轴的负方向，如图 8.19 所示。切削层顶层为 25.5 mm，范围深度为 25.5 mm，如图 8.20 所示，其他不变，点击生成如图 8.21 所示的刀路。

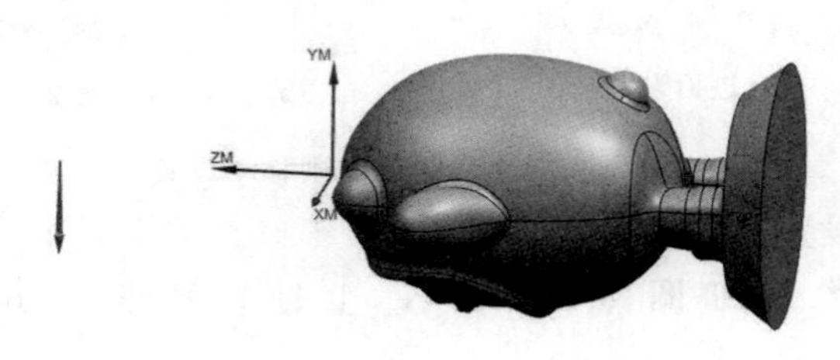

图 8.19　矢量方向

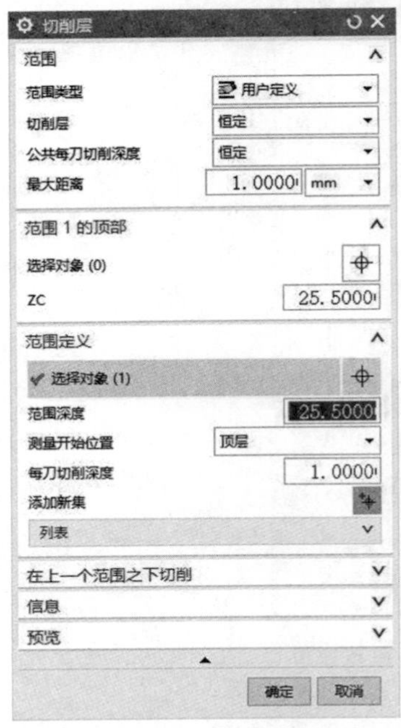

图 8.20　正面开粗切削层设置

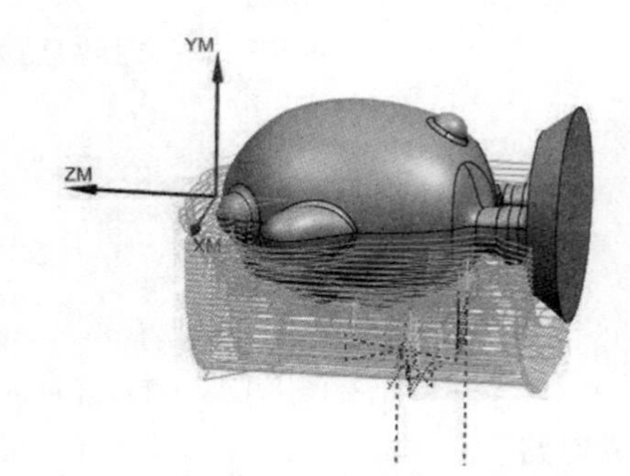

图 8.21　正面开粗刀路

(6) 创建工序 —— 清根。

① 创建可变轮廓铣工序。

点击"创建工序"图标，弹出【创建工序】对话框，类型选择"mill_contour"，工序子类型选择固定轮廓铣，其他设置如图 8.22 所示。

图 8.22　清根可变轮廓铣工序

② 驱动方法及刀轴设置。

驱动方法选择"清根"，刀轴选择"指定矢量"，矢量方向为部件正面，如图 8.23 所示。

图 8.23　清根驱动方法

③ 指定切削区域。

点击“指定切削区域”弹出【切削区域】对话框，选择部件前后曲面，如图 8.24 所示。

图 8.24　指定清根切削区域

④ 非切削移动设置。

点击“非切削移动”的图标，开放区域的进刀类型为“圆弧－平行于刀轴”，参数设置如图8.25(a) 所示，转移 / 快速选项卡设置区域内的参数如图 8.25(b) 所示。

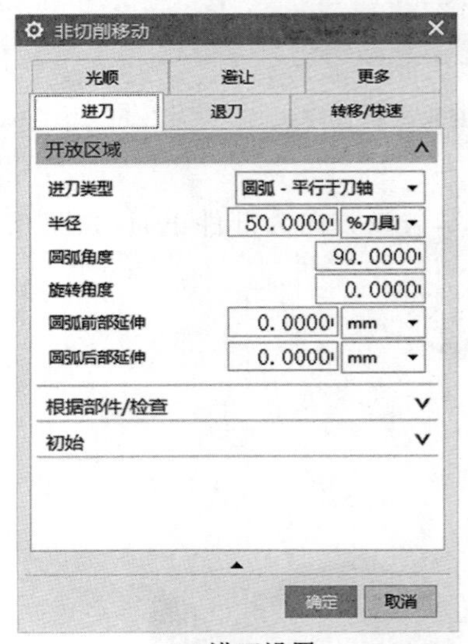

(a) 进刀设置

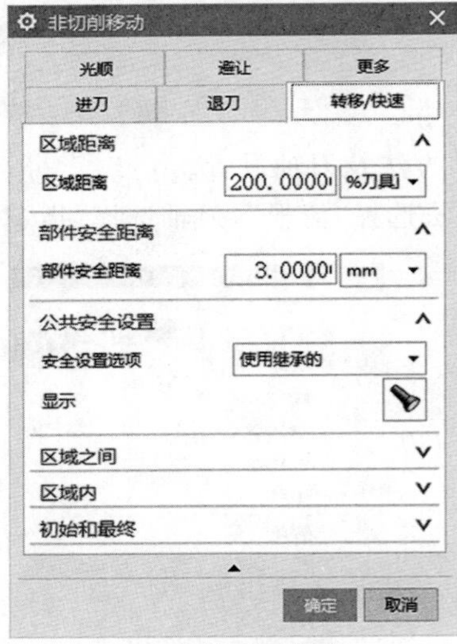

(b) 转移/快速设置

图 8.25　清根非切削移动设置

⑤ 进给率和转速设置。

进给率和转速设置如图 8.26 所示，主轴转速为 10 000 r/min，进给率为3 000 mm/min。

⑥ 生成刀路。

其他均采用软件默认设置，点击【确认】，生成刀路如图 8.27 所示。

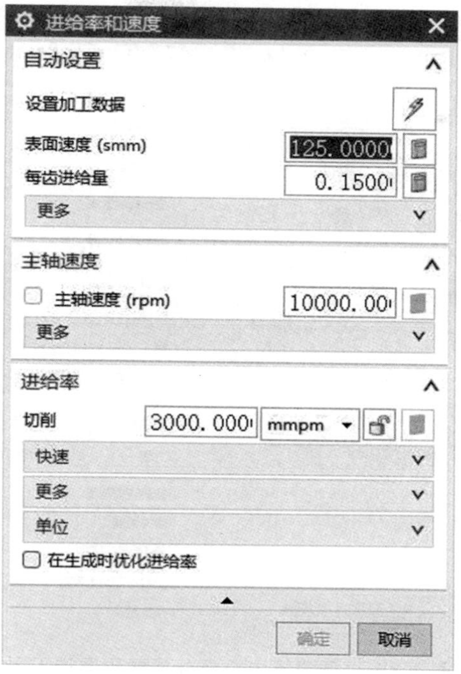

进给率和速度

自动设置

设置加工数据

表面速度 (smm) 125.0000

每齿进给量 0.1500

更多

主轴速度

主轴速度 (rpm) 10000.00

更多

进给率

切削 3000.000 mmpm

快速

更多

单位

在生成时优化进给率

确定 取消

图 8.26 清根进给率和转速设置

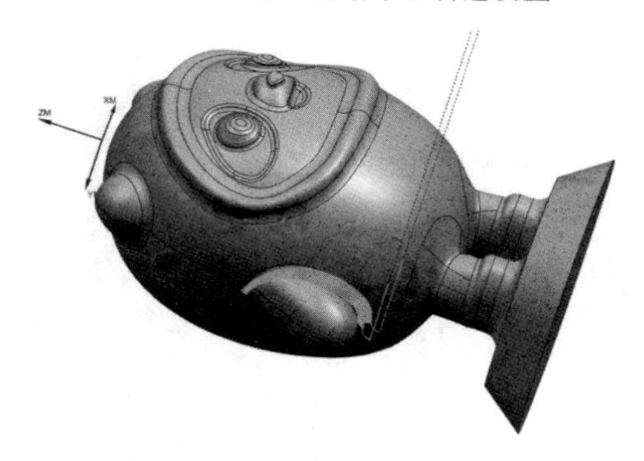

图 8.27 清根刀路

(7) 创建工序 —— 铣中空部分。

① 创建深度轮廓工序。

点击“创建工序”图标，弹出【创建工序】对话框，类型选择“mill_contour”，工序子类型选择深度轮廓铣，弹出【深度轮廓铣】对话框，刀轴选择“指定矢量”，矢量方向为 Y 轴负方向，其他设置如图 8.28 所示。

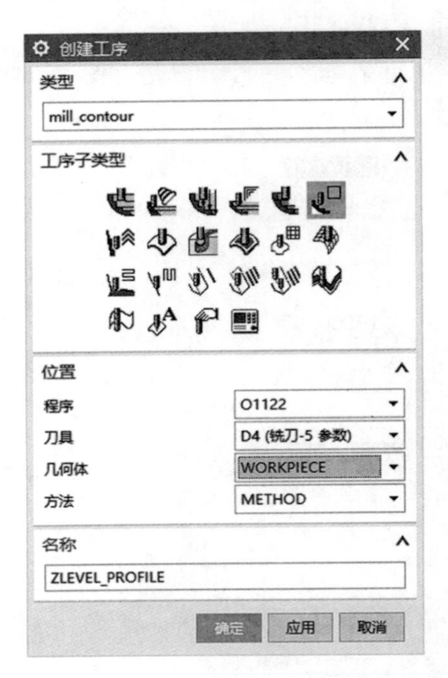

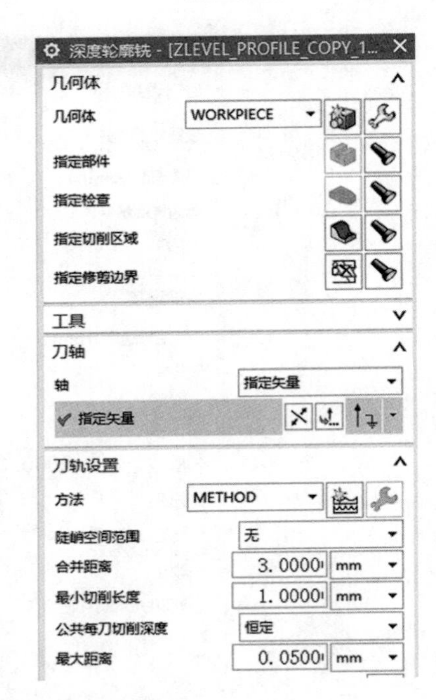

图 8.28　创建铣中空部分深度轮廓铣工序

② 指定修剪边界。

在 *XZ* 平面绘制一个可以框住部件两腿中空部分区域的矩形，在【深度轮廓铣】对话框中点击“指定修剪边界”，选择绘制好的曲线，如图 8.29 所示。

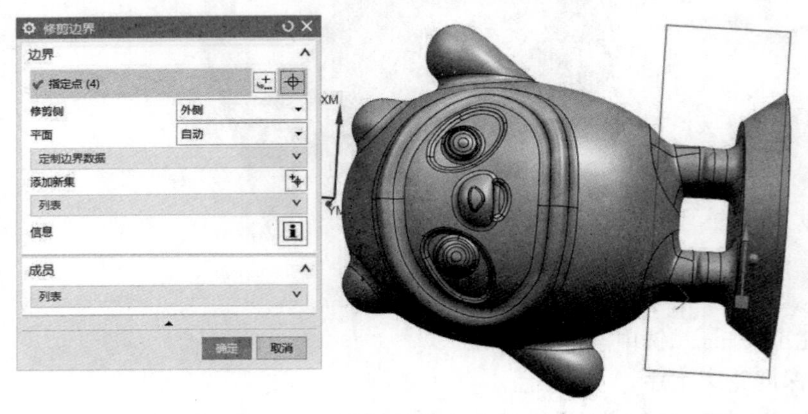

图 8.29　指定铣中空部分修剪边界

③ 切削层设置。

点开切削层设置顶层为 3.779 mm，切削深度为 3.95 mm，每刀切削深度为0.05 mm，如图 8.30 所示。

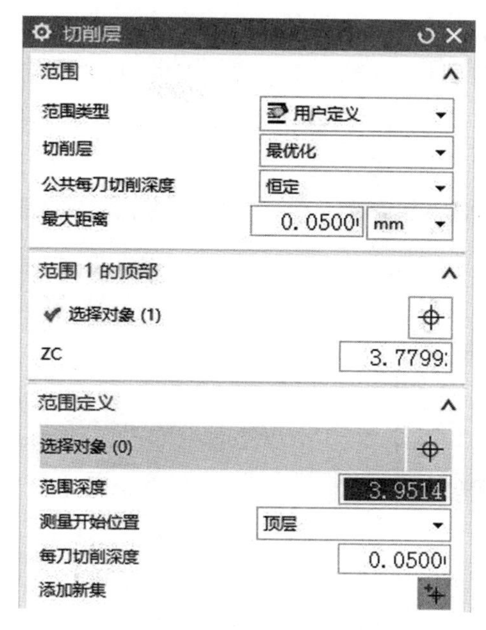

图 8.30　铣中空部分切削层参数

④ 切削参数设置。

点击“切削参数”的图标，设置策略选项卡如图 8.31(a) 所示，即切削方向选择“混合”，切削顺序使用“深度优先”。设置余量选项卡如图 8.31(b) 所示，侧面和底面留 0.1 mm 余量。

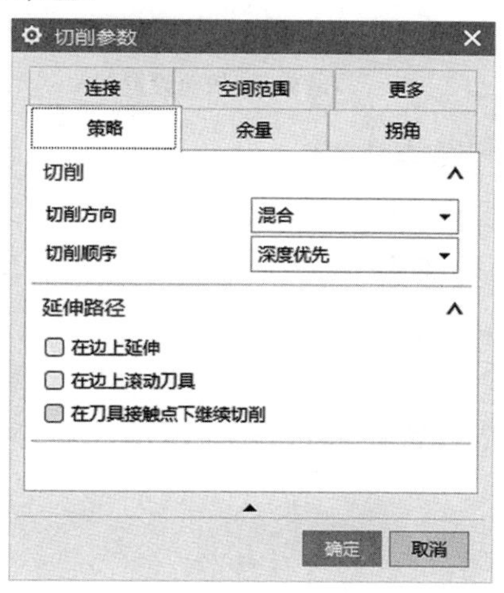

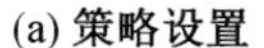
(a) 策略设置

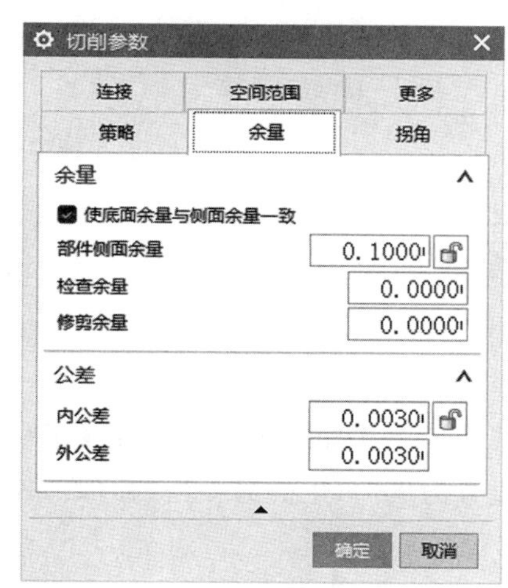

(b) 余量设置

图 8.31　铣中空部分切削参数设置

⑤ 非切削移动设置。

点击“非切削移动”的图标，设置封闭区域进刀类型为“螺旋”，开放区域的进刀为“圆弧”，参数设置如图 8.32(a) 所示，转移 / 快速选项卡设置区域内的参数如图 8.32(b) 所示。

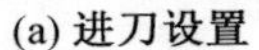
(a) 进刀设置

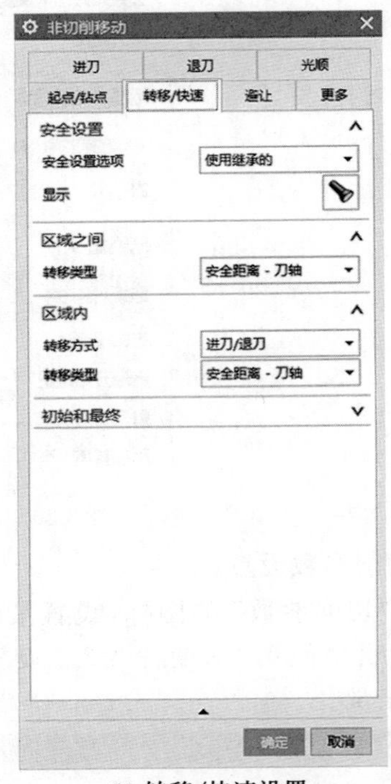

(b) 转移/快速设置

图 8.32　铣中空部分非切削移动设置

⑥ 进给率和转速设置。

进给率和转速设置如图 8.33 所示，主轴转速为 6 000 r/min，进给率为3 500 mm/min。

⑦ 生成刀路。

其他均采用软件默认设置，点击【确认】，生成刀路如图 8.34(a) 所示。复制该工序，将刀轴设置为反向，生成另一面的刀路如图 8.34(b) 所示。

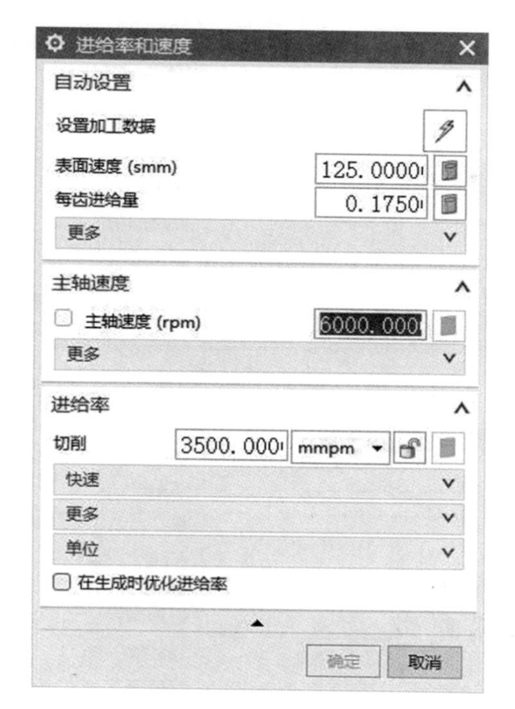

图 8.33 铣中空部分进给率和转速设置

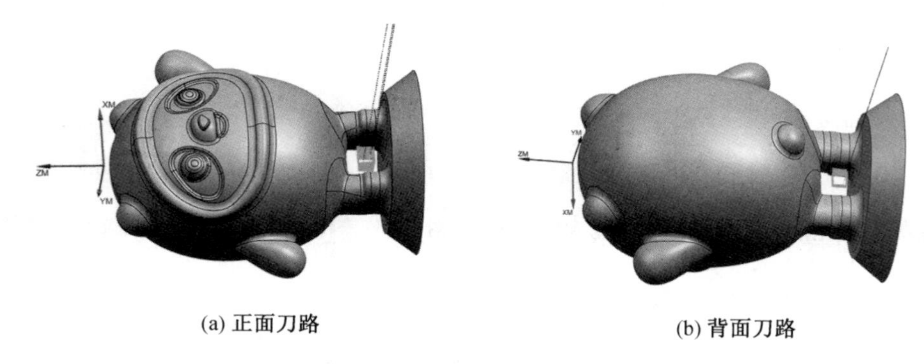

(a) 正面刀路　　(b) 背面刀路

图 8.34 铣中空部分刀路

(8) 创建工序 —— 轮廓精加工。

① 创建可变轮廓铣的工序。

点击“创建工序”图标，类型选择“mill_multi-axis”，工序子类型选“可变轮廓铣”，刀具选用 R2 锥度球刀，几何体选择“WORKPIECE”，如图 8.35 所示，按【确定】后弹出对话框，几何体选择“MCS_MILL”，指定部件为部件曲面，如图 8.36 所示。驱动方法选择“曲面区域”，点击“编辑”按钮进入【曲面区域驱动方法】对话框进行设置，选择绘制好的曲面，切削模式选择“螺旋”，步距数为 300，如图 8.37 所示，按【确定】后回到主界面，投影矢量选择“垂直于驱动体”，刀轴选择“相对于驱动体”。

图 8.35　创建轮廓精加工可变轮廓铣工序

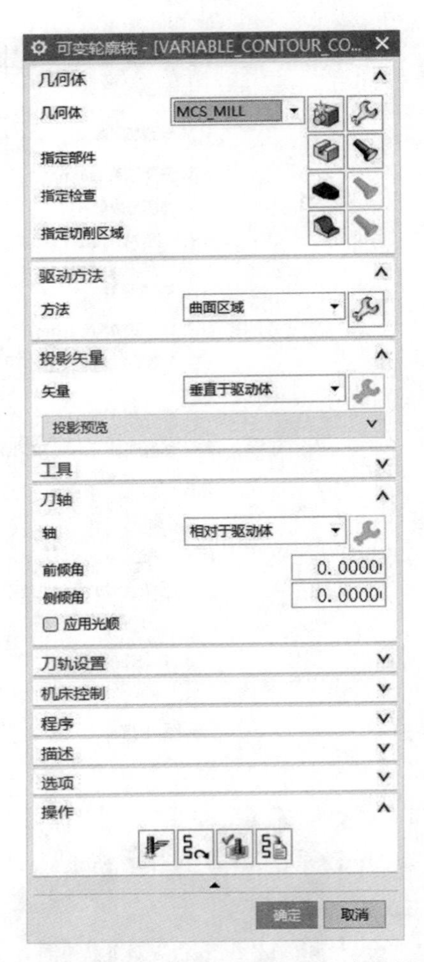

图 8.36　轮廓精加工可变轮廓铣参数设置

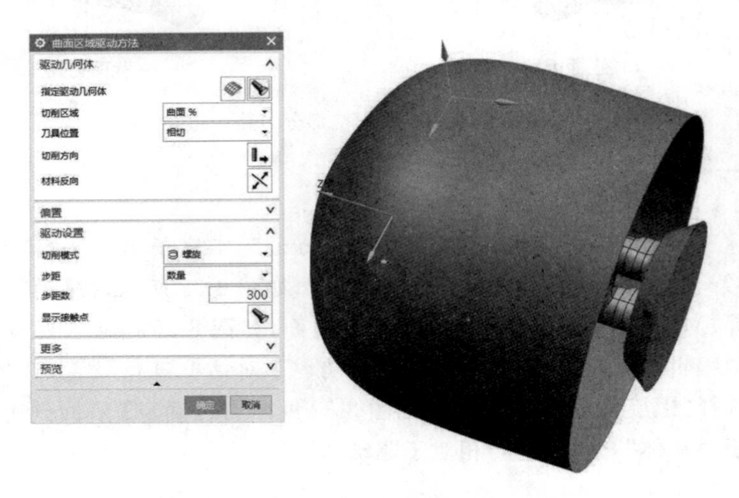

图 8.37　轮廓精加工曲面区域驱动设置

② 切削参数设置。

点击“切削参数”的图标，设置余量都为 0，内、外公差设为 0.01 mm，如图 8.38 所示，其他选项卡为默认设置。

图 8.38 轮廓精加工余量设置

③ 设置进给率和转速。

进给率和转速设置如图 8.39 所示，主轴转速为 10 000 r/min，进给率为3 500 mm/min。

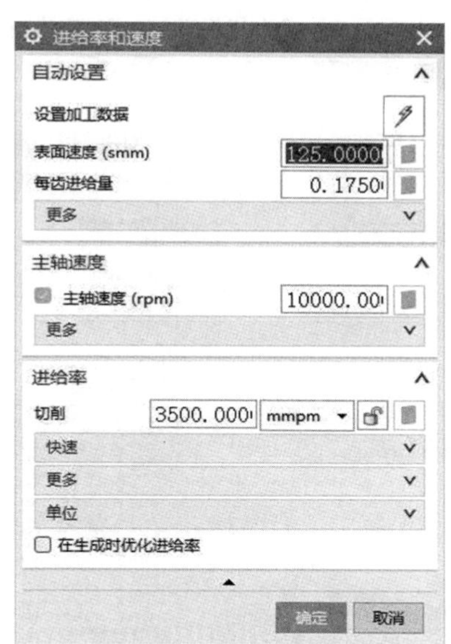

图 8.39 轮廓精加工进给率和转速设置

④ 生成刀路。

其他均采用软件默认设置，点击【确认】，生成刀路如图 8.40 所示。

(9) 仿真加工。

在工序导航器的程序顺序图中拾取所有的刀路轨迹，单击右键，按【刀轨】→【确认】，弹出【刀轨可视化】对话框，调整仿真的速度，最终仿真的结果如图 8.41 所示。

图 8.40　轮廓精加工刀路　　　　图 8.41　“冰墩墩”仿真加工

(10) 后置处理。

在工序导航器中拾取要后处理的轨迹，单击右键，选择“后处理”，弹出【后处理】对话框，选择合适的后处理器(注意这里选择MILL_5_AXIS五轴后处理器)如图8.42所示，指定合适的文件路径和文件名称，单位设为公制，按【确定】后完成后处理，生成NC代码。如图8.43所示为拾取铣底面的后处理NC代码加工程序界面。

图 8.42　“冰墩墩”后处理设置

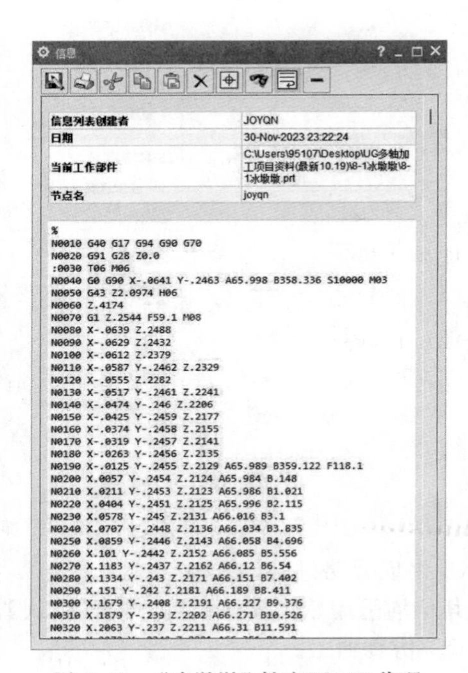

图 8.43　“冰墩墩”铣底面 NC 代码

项目评价

“冰墩墩”项目考核评分表见表 8.2。

表 8.2 “冰墩墩”项目考核评分表

考核类别	考核内容	评价(0 ～ 10 分)			
		差	一般	良好	优秀
		0 ～ 3	4 ～ 6	7 ～ 8	9 ～ 10
技能评价	能完成项目的理论知识学习				
	能通过有效资源解决学习中的难点				
	能制定正确的工艺顺序				
	能选择合理的加工刀具和切削参数				
	能创建项目的刀具路径				
	能进行仿真加工并验证刀具路径				
	能后处理出所有的加工程序				
职业素养	协作精神、执行能力、文明礼貌				
	遵守纪律、沟通能力、学习能力				
	创新性思维和行动				
总计					
考核者签名：					

项目小结

本项目以“冰墩墩”零件模型为例展开学习五轴加工技术，重点掌握五轴加工方法及五轴加工刀轴和投影矢量的基本设置方法，实施过程详细介绍了每道工序的操作方法。从本项目实施过程总结出以下几点经验供参考。

(1) 编制五轴加工程序，首先要了解不同类型的五轴机床适合加工的零件，以便有针对性地进行编程。

(2) 五轴加工编程过程中，要选择合适的刀具，保持刀具最佳切削状态，改善切削条件，以确保加工的安全可靠及提高加工效率。

(3) 五轴加工时，注意工件的定位安装，减少基准转换，提高加工精度。

拓展训练

1. 根据图 8.44 所示的零件特征，制订合理的工艺路线，设置正确的加工参数，生成五轴加工刀具路径，进行仿真加工，后处理出加工程序，并在机床上加工出该零件。

2. 根据图 8.45 所示的零件特征，制订合理的工艺路线，设置正确的加工参数，生成五轴加工刀具路径，进行仿真加工，后处理出加工程序，并在机床上加工出该零件。

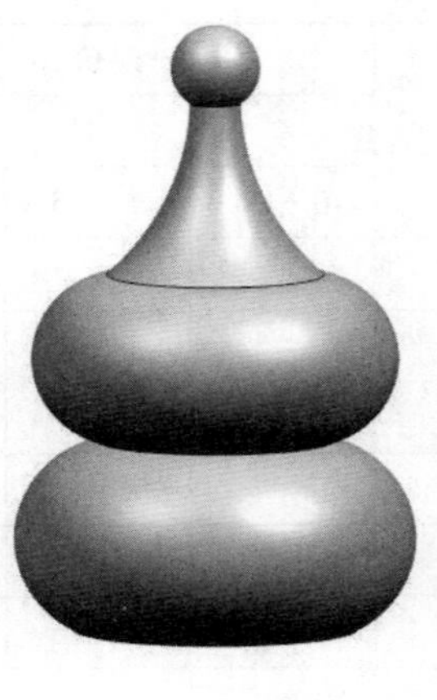

图 8.44　葫芦

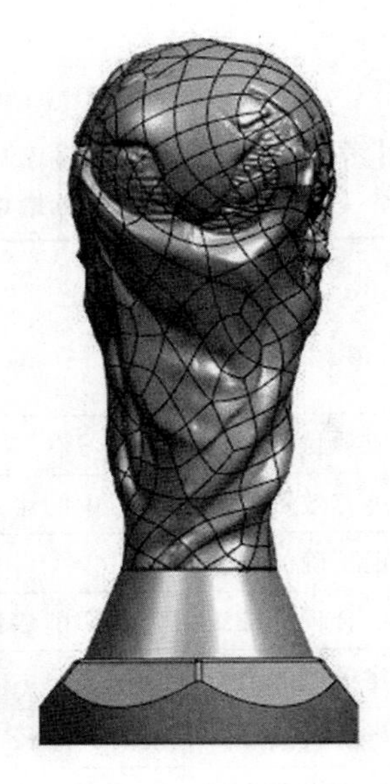

图 8.45　大力神杯

思政园地

“冰墩墩”的创意源自中国小吃冰糖葫芦的“冰壳”灵感。“冰墩墩”的原型是熊猫，作为我国形象代表的“熊猫”，多次在关键时刻起到文化代表的形象作用。将熊猫形象与富有超能量的冰晶外壳相结合，体现了冬季冰雪运动和现代科技特点。冰，象征纯洁、坚强，是冬奥会的特点。墩墩，意喻敦厚、健康、活泼、可爱，契合熊猫的整体形象，象征着冬奥会运动员强壮的身体，坚韧的意志和鼓舞人心的奥林匹克精神。

“冰墩墩”之所以“集万千宠爱于一身”，离不开其蕴含的独特中国元素。中华文化、中华精神是我们文化自信的源泉。

传统文化如果不紧跟时代步伐，加强改革创新，势必会被淘汰。“冰墩墩”火爆的背后离不开国家大力推动文化创造性转化和创新性发展。近些年来，在党和国家的大力支持下，我国文化产业通过挖掘中华优秀传统文化宝藏，鼓励和吸引文化设计师和关键技术人才投身“国潮”，进而不断擦亮中国文化的“金名片”。“冰墩墩”的成功正是得益于此。“冰墩墩”的走红，不仅宣传了冬奥，也创造了可观的商业价值，是文化创意产业成功的范例，充分体现了在创新中增强文化自信。

传播中国文化不难，但要让中国文化被世界各国的人们喜闻乐见，却并不容易，唯有秉持开放包容的精神，才能让其被全世界接受。“冰墩墩”是中国文创产品“出海”的成功典范，展现了中国文化开放包容的特质。人们之所以对“冰墩墩”如此喜爱，是因为其寓意契合了北京冬奥会的口号——“一起向未来”。语言、文字、肤色的不同，体现了世界的多元和精彩，但终究是一个“人类命运共同体”。只有在多元文化中保持开放包容，相互学习借鉴，才能共同成长进步。

总之,“冰墩墩”让世界看到中国设计、中国文创,了解中国文化、中国故事。遵循上述文化自信的生成逻辑,中国特色文化发展道路必将越走越宽广,我们的文化自信也会越来越强。文化自信也是国家实力提升的体现。

(以上内容来源于网络,仅供学习使用)

项目 9　可乐瓶底凹模的编程加工

项目描述

某企业要求生产一个可乐瓶底的凹模，如图 9.1 所示，该产品的毛坯尺寸是 100 mm × 100 mm ×65 mm，材料为 45 钢，要求根据模型图纸，制订合理的加工工艺，编制加工程序，完成该项目的加工。

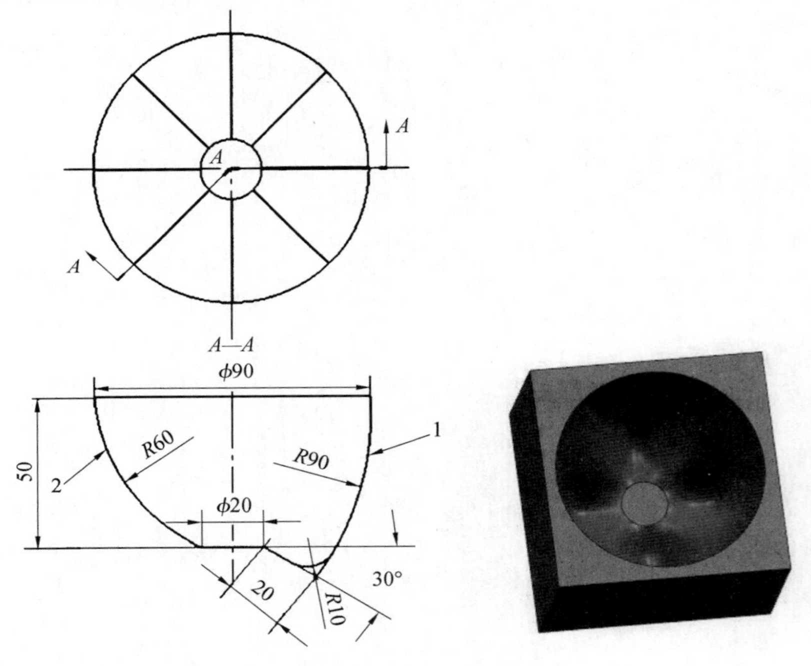

图 9.1　可乐瓶底凹模

分析：可乐瓶是常见的饮料瓶之一，这是个典型的多空间曲面型腔体，上半部分呈碗口状，底部是四个向下凹陷的支座曲面，最中间有个圆形平面，这种模具表面质量要求高，曲面复杂，所以首选五轴加工。采用虎钳装夹，创建型腔铣粗精加工及可变轮廓铣精加工曲面等加工操作可以完成零件的加工。

课前导学

单项选择题，请把正确的答案填在括号中。

1. 在 NX 中，可变引导线加工主要用于（　　）场景。

A. 平面铣削　　B. 曲面粗加工　　C. 曲面精加工　　D. 钻孔加工

2. 在进行可变引导线加工时，以下（　　）参数不是必须设置的。

A. 引导线类型　　B. 刀具直径　　C. 切削深度　　D. 切削速度

3. 可变引导线加工中，引导线的生成方式有（　　）。

A. 手动绘制　　B. 从现有几何体生成

C. 通过计算生成　　D. A、B 和 C 都是

4. 在 NX 中，关于可变引导线加工的特点，以下描述正确的是（　　）。

A. 加工路径固定，不能修改　　B. 可以实现复杂曲面的高精度加工

C. 仅适用于简单形状的加工　　D. 加工效率较低

5. 在可变引导线加工中，以下（　　）技术可以帮助优化加工路径。

A. 碰撞检测　　B. 刀具路径平滑

C. 材料去除模拟　　D. 刀具磨损补偿

6. 在五轴加工中，刀轴矢量朝向点的主要作用是（　　）。

A. 确定刀具的切削方向　　B. 控制刀具与工件的接触点

C. 确定刀具的旋转中心　　D. 控制刀具的进给速度

7. 在设定刀轴矢量朝向点时，以下（　　）因素是不需要考虑的。

A. 工件表面的几何形状　　B. 刀具的刚性和强度

C. 工件的装夹方式　　D. 切削液的种类

8. 当需要加工具有复杂几何形状的工件时，为了（　　），通常需要设定刀轴矢量远离点。

A. 避免刀具与工件发生干涉　　B. 提高切削效率

C. 保证加工精度　　D. 减少切削力

9. 在多轴加工不规则复杂曲面时，以下（　　）有助于保证加工精度。

A. 使用较大的刀具直径　　B. 增加切削深度

C. 采用自适应刀路生成技术　　D. 减少刀具路径的平滑度

10. 多轴加工不规则复杂曲面时，为什么通常需要考虑刀具的可达性？（　　）

A. 提高加工效率　　B. 保证加工安全性

C. 降低刀具磨损　　D. 提高加工表面质量

项目 9 课前导学参考答案

知识链接

1. 可变引导曲线概述

可变引导曲线一般用于创建精加工工序，可用于包含底切的任意数量曲面。它使用球头刀或球面铣刀在切削区域上直接创建刀路而不需要投影。刀路可以恒定量偏离单一引导对象，也可以是多个引导对象之间的变形。刀轴支持 3D 曲线，也支持夹持器避让和刀轴光顺。

2. 可变引导曲线操作步骤

可变引导曲线创建的基本步骤如下。

(1) 创建程序、刀具、几何体和加工方法 4 个父节点组。

(2) 创建可变引导曲线操作。

在【创建工序】对话框中选择加工类型为“mill_multi-axis”，并在工序子类型中选择“可变引导曲线”的图标，按【确定】后弹出【可变引导曲线】对话框，如图 9.2 所示。

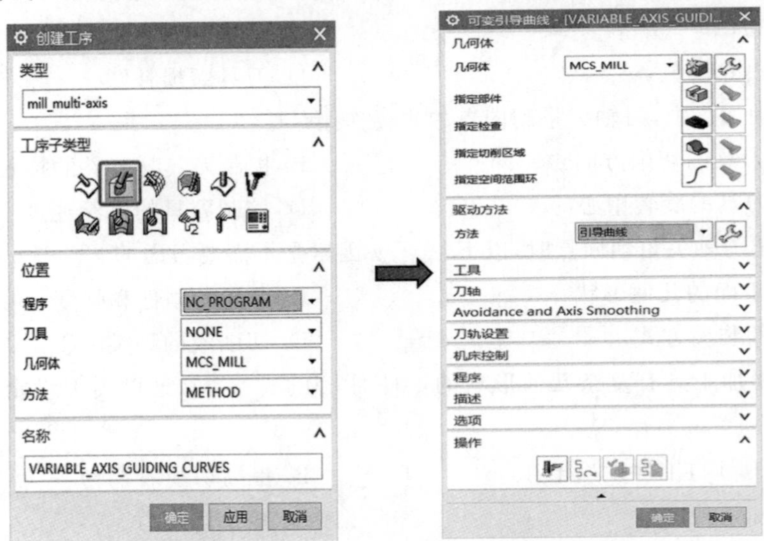

图 9.2　创建可变引导曲线工序

(3) 指定部件、切削区域(不必属于部件) 和刀具(仅允许球形刀尖)。

(4) 编辑驱动方法，选择模式类型、引导和切削设置。

(5) 在对话框中，指定刀轴、避让和光顺。

(6) 刀具路径生成及仿真。

3. 刀轴矢量－朝向点 / 远离点

(1) 朝向点。

刀背指向某个点产生刀具轨迹，用户可使用点的对话框选择相应的方式来指定点，刀

轴矢量从定义的焦点指向刀具夹持器，如图 9.3 所示，朝向点一般用于内凹的倒扣零件，如图 9.4 所示。

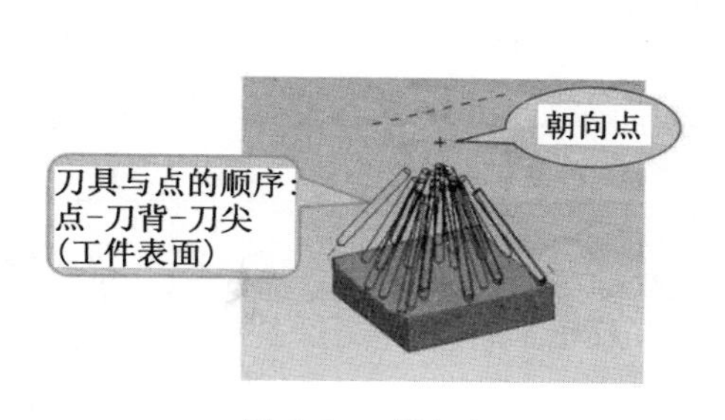

图 9.3 朝向点

图 9.4 朝向点应用

（2）远离点。

刀尖指向某个点产生刀具轨迹，用户可使用点的对话框选择相应的方式来指定点，刀轴矢量从定义的焦点指向刀具夹持器，如图 9.5 所示，远离点一般用于外凸的倒扣零件，如图 9.6 所示。

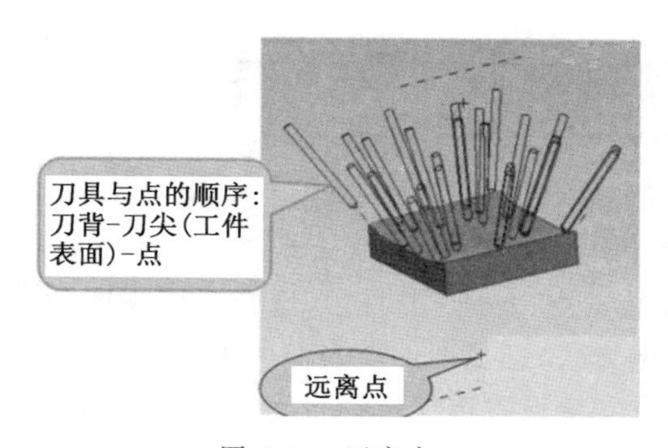

图 9.5 远离点

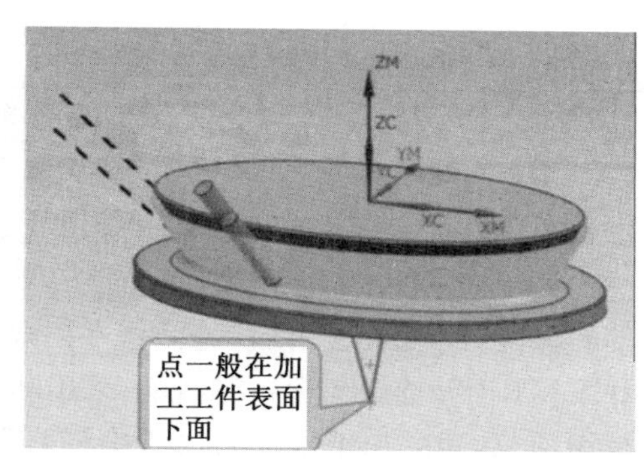

图 9.6 远离点应用

项目实施

1. 工艺过程

根据可乐瓶底凹模的零件结构特点，规划的工艺过程如图 9.7 所示。

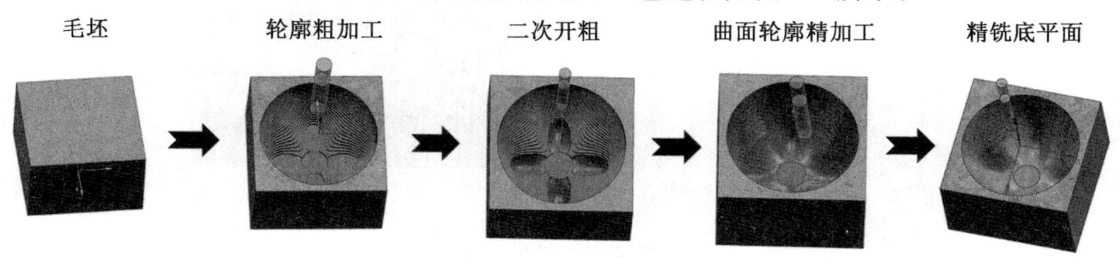

可乐瓶底凹模项目分析

图 9.7 可乐瓶底凹模工艺过程图（彩图见附录二）

2. 加工工序卡

根据零件结构及工艺过程，编制加工工序卡如表 9.1 所示。

表 9.1　可乐瓶底凹模加工工序卡

			工序卡名称	零件图号	材料	夹具	使用设备
			可乐瓶底凹模的五轴加工	图 9.1	铝	虎钳	五轴数控铣床
工步	工步内容	加工策略	刀具号	刀具规格	主轴转速 /(r · min^{-1})	进给量 /(mm · min^{-1})	背吃刀量 /mm
1	轮廓粗加工	型腔铣	01	ϕ12 三刃立铣刀	3 000	1 200	2
2	清根	型腔铣	02	R4 球头铣刀	3 500	2 000	0.2
3	曲面轮廓精加工	可变引导曲线	03	R5 球头铣刀	3 500	1 500	0.2
4	精铣底平面	区域轮廓铣	02	R4 球头刀	3 500	2 000	0.2

可乐瓶底凹模编程加工

3. 项目实施步骤

(1) 创建工件坐标系及安全平面。

打开零件模型，进入加工模块，在工序导航器空白处点击右键，选择几何视图，双击“MCS-MILL”，选择坐标系对话框，采用动态的方式，选择工件上表面的中心点作为工件坐标系原点，建立加工坐标系，按【确定】后，在安全设置选项选择自动平面，安全距离为 10 mm，如图 9.8 所示，按【确定】后退出。

图 9.8　建立可乐瓶底凹模加工坐标系及安全平面

（2）创建毛坯几何体。

在工序导航器中双击“WORKPIECE”，弹出【创建几何体】对话框。选择“指定毛坯”，创建毛坯几何体。毛坯几何体选择包容块，如图 9.9 所示，按【确定】后退出。

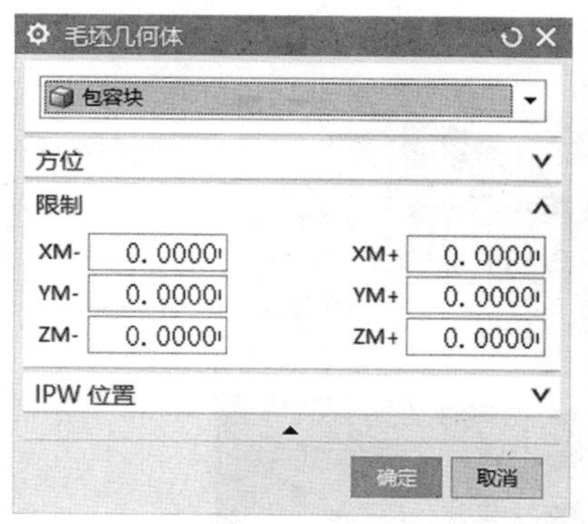

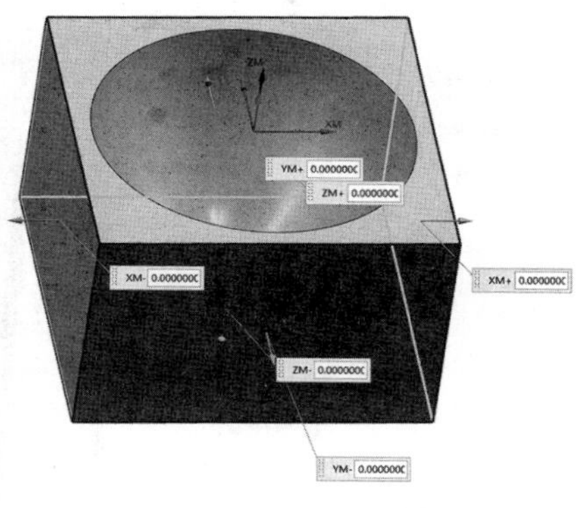

图 9.9　创建可乐瓶底凹模毛坯几何体

（3）创建刀具。

在工序导航器空白处点击右键，选择机床视图，在未用项上点击右键，插入刀具或点击菜单栏的“创建刀具”图标。根据上面工序卡中对应的刀具，依次在【创建刀具】对话框中选择对应的刀具子类型进行创建。创建方法跟前面章节的一样。分别创建 1 号 D12 三刃立铣刀、2 号 R4 球头铣刀、3 号 R5 球头刀，按【确定】后退出刀具创建，回到主界面。

（4）创建工序——型腔铣开粗。

① 创建粗铣型腔工序。

在工序导航器的空白处右击选择程序顺序视图，在 PROGRAM 上点击右键，选择插入工序，或点击“创建工序”图标，弹出【创建工序】对话框，类型选择“mill_contour”，工序子类型选择型腔铣，刀具选择 D12 立铣刀，按【确定】后进入【型腔铣】对话框，指定切削区域选择可乐瓶底曲面区域，如图 9.10 所示，刀轴选择为 +ZM 轴。

② 切削参数设置。

点击“切削参数”的图标，设置余量选项卡如图 9.11 所示，底面、侧面都留 0.2 mm 的余量，设置连接选项卡如图 9.12 所示，即开放刀路选择保持切削方向。

③ 非切削移动设置。

点击“非切削移动”的图标，设置开放区域进刀类型为“螺旋”，参数设置如图 9.13(a) 所示，转移 / 快速选项卡设置区域内的参数如图 9.13(b) 所示。

④ 进给率和转速设置。

进给率和转速设置如图 9.14 所示，主轴转速为 3 000 r/min，进给率为1 200 mm/min。

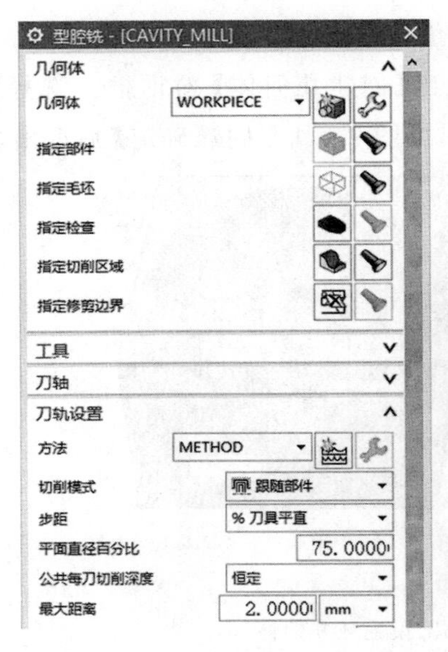

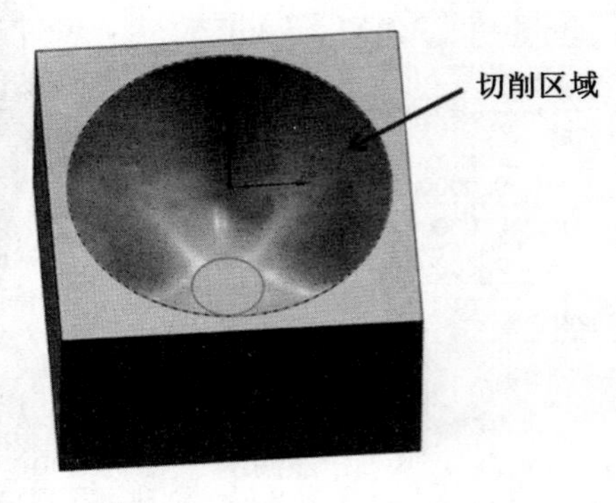

图 9.10　指定型腔铣开粗切削区域

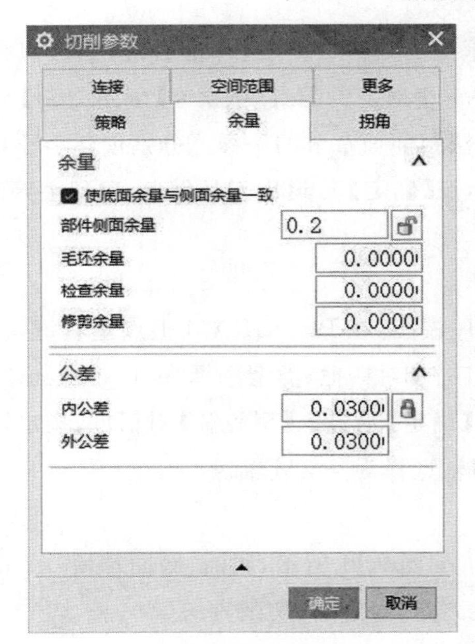

图 9.11　型腔铣开粗余量设置

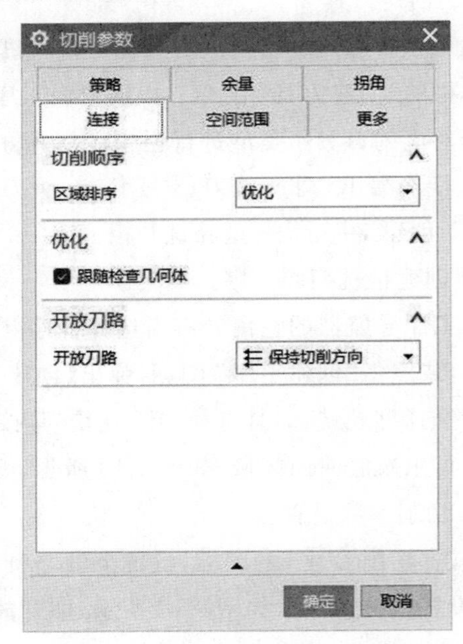

图 9.12　型腔铣开粗连接设置

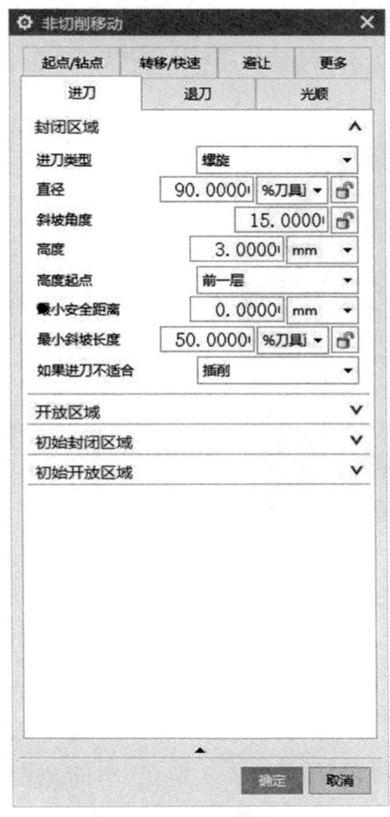

(a) 进刀设置

(b) 转移/快速设置

图 9.13　型腔铣开粗非切削移动设置

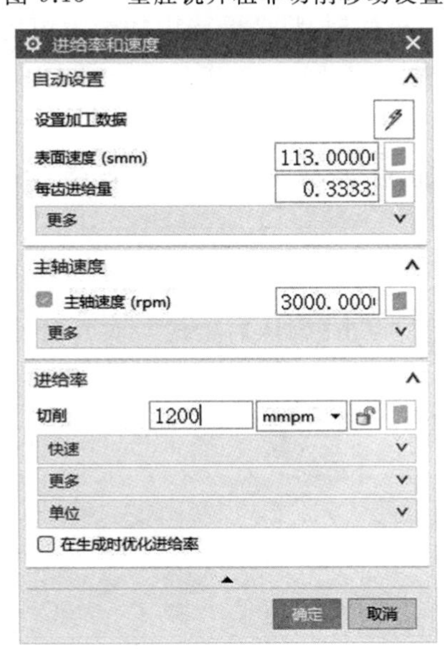

图 9.14　型腔铣开粗进给率和转速设置

⑤ 生成刀路。

其他均采用软件默认设置，点击【确认】，生成刀路如图 9.15 所示。

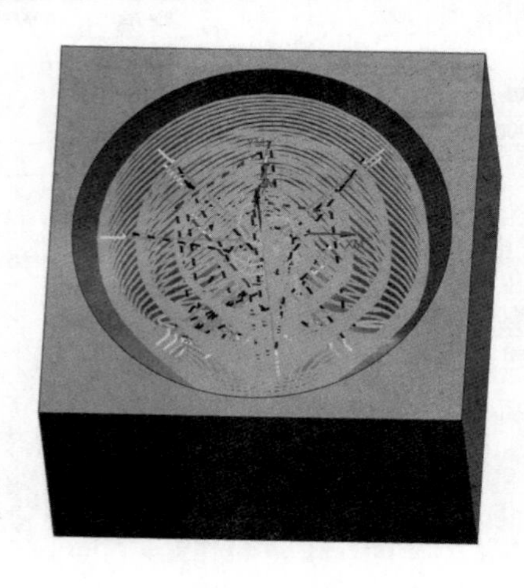

图 9.15　型腔铣开粗刀路

(5) 创建工序 —— 二次开粗。

① 设置切削参数。

复制上道工序，然后粘贴在上道工序的下面，将刀具改成 R5 的球头铣刀，点击“切削参数”，选择策略参数中将切削顺序为“深度优先”，如图 9.16(a) 所示，空间范围中设置参考刀具为 D12 的立铣刀，如图 9.16(b) 所示，这样就能避免已加工好的表面被重复加工。

② 切削层参数设置。

点击“切削层”图标，弹出对话框，将范围当中的最大距离设置为0.2 mm，范围 1 的顶部点击现在模型底部的圆形平面，如图 9.17 所示。

③ 进给率和转速设置。

进给率和转速设置如图 9.18 所示，主轴转速为 3 500 r/min，进给率为2 000 mm/min。

④ 生成刀路。

其他均采用软件默认设置，点击【确认】，生成二次开粗的刀路，如图 9.19 所示。

(a) 切削顺序设置

(b) 参考刀具设置

图 9.16 二次开粗切削参数设置

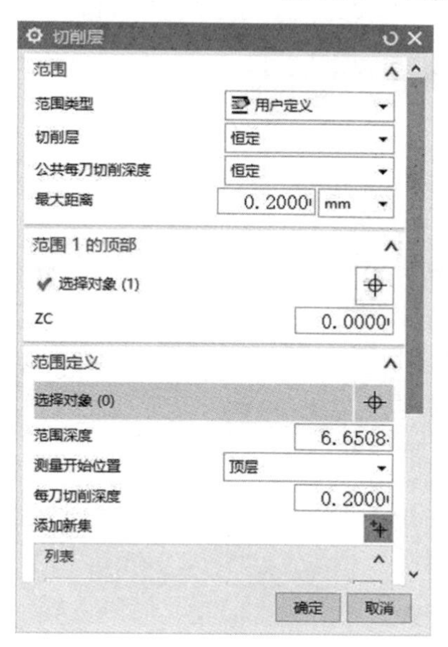

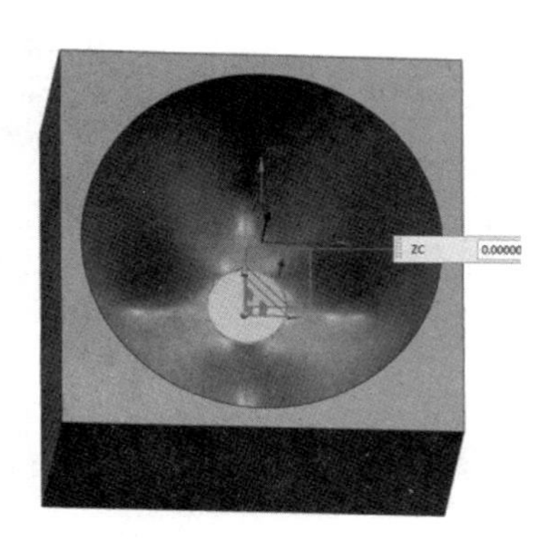

图 9.17 二次开粗切削层参数设置

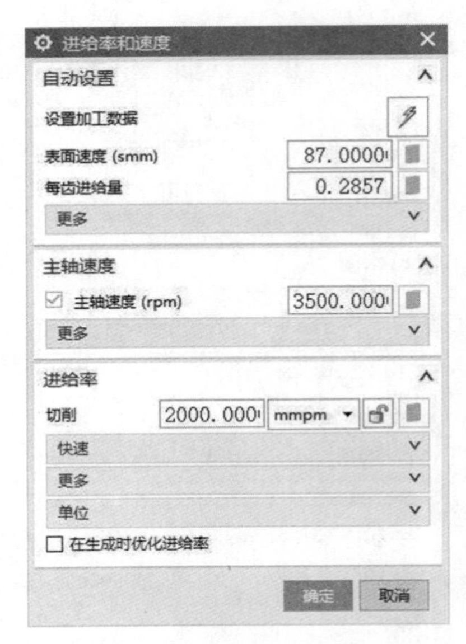

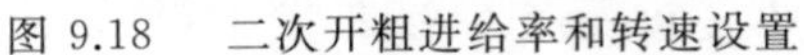

图 9.18 二次开粗进给率和转速设置

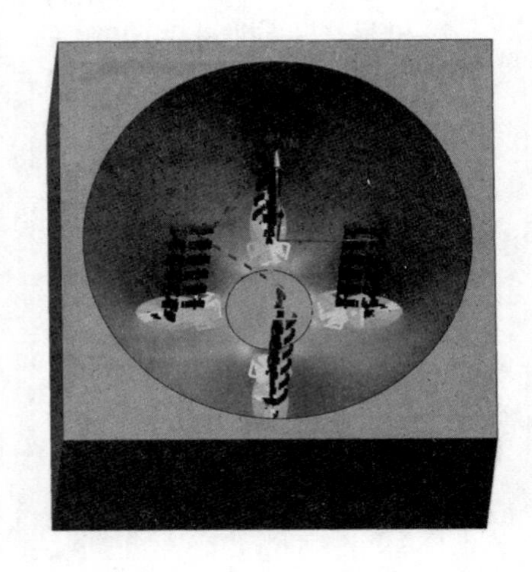

图 9.19 二次开粗刀路

(6) 创建工序 —— 曲面轮廓精加工。

① 创建可变引导曲线的工序。

点击“创建工序”图标，类型选择“mill_multi-axis”，工序子类型选可变引导曲线，刀具选用 R4 球刀，几何体选择“WORKPIECE”，如图 9.20 所示。按【确定】后弹出对话框，指定切削区域为部件曲面区域，如图 9.21 所示。

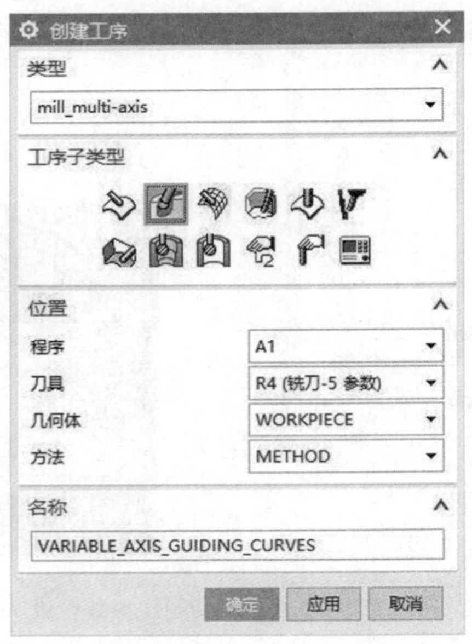

图 9.20 创建曲面轮廓精加工可变引导曲线工序

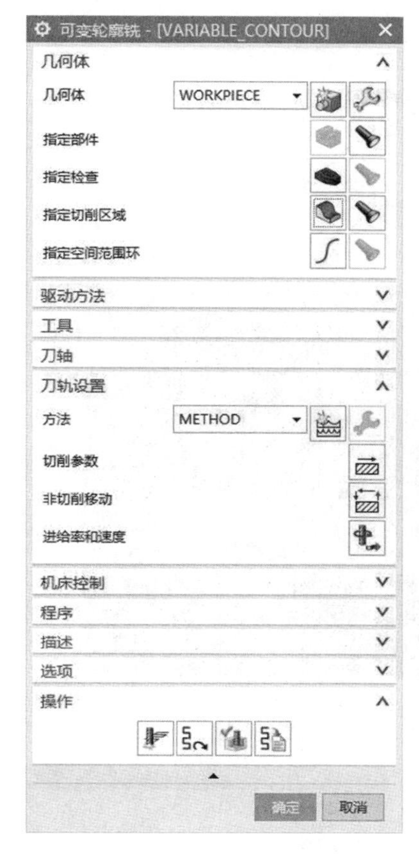

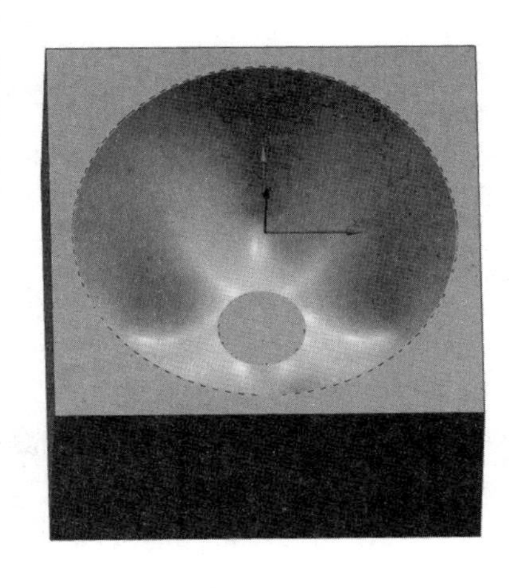

图 9.21 指定曲面轮廓精加工切削区域

② 引导曲线参数设置。

驱动方法选择“引导曲线”，点击“编辑”按钮进入【引导曲线驱动方法】对话框进行设置，模式类型选择“变形”，引导曲线选择工件上表面的圆形边界，点击“添加新集”，再次选择工件底部的圆形边界，注意两条曲线的方向保持一致，如图 9.22 所示。切削模式选择“螺旋”，步距选择“恒定”，最大距离 0.2 mm。

③ 刀轴及进给率和转速设置。

刀轴选择“朝向点”，指定朝向点位置为 $X0$、$Y0$、$Z120$，如图 9.23 所示。进给率和转速设置如图 9.24 所示，主轴转速为 3 500 r/min，进给率为 1 500 mm/min。

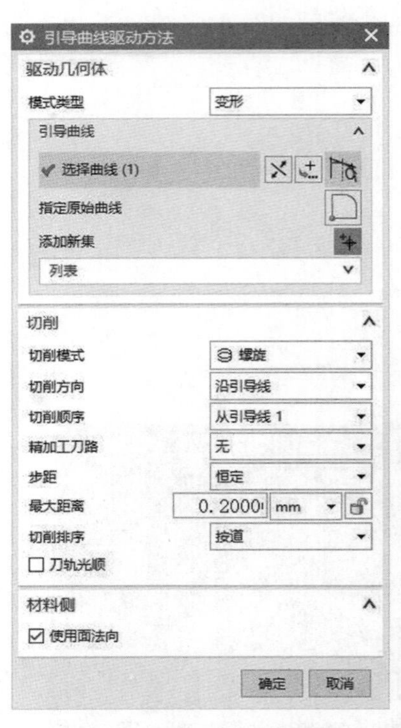

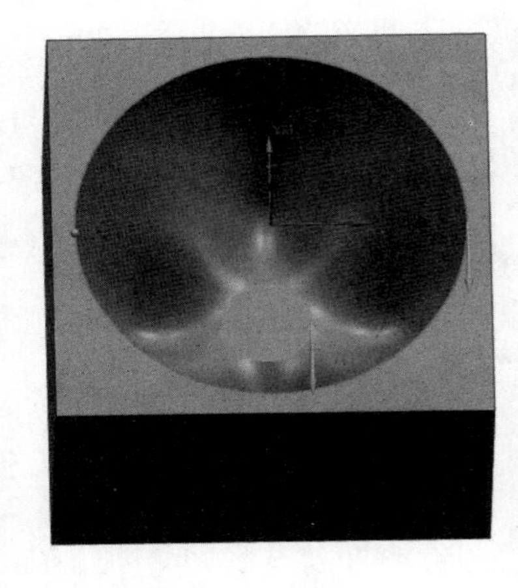

图 9.22 曲面轮廓精加工引导曲线参数设置

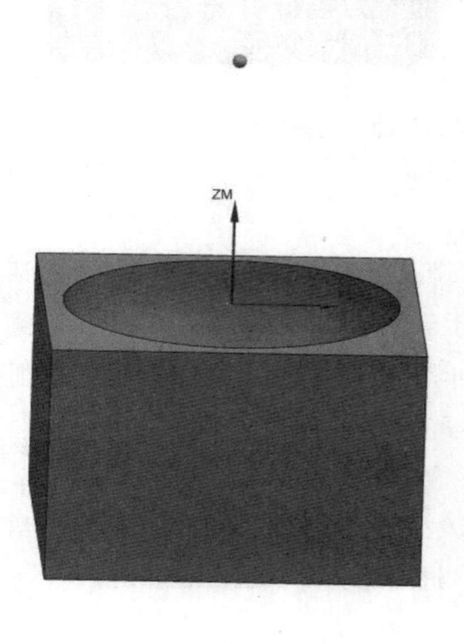

图 9.23 朝向点

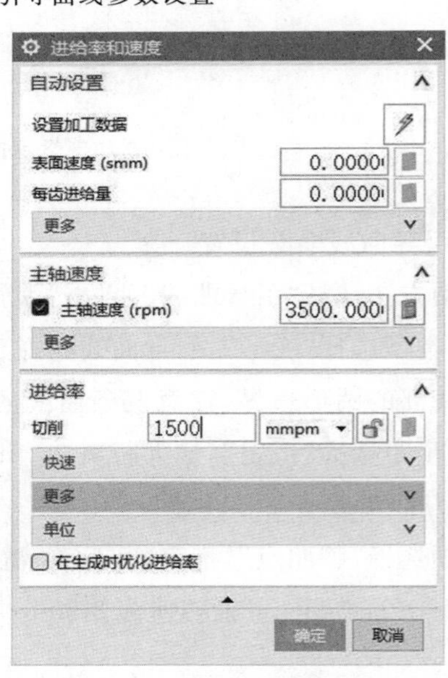

图 9.24 曲面轮廓精加工进给率和转速设置

④ 生成刀路。

切削参数和非切削移动均采用默认参数，按【确认】，生成刀路如图 9.25 所示。

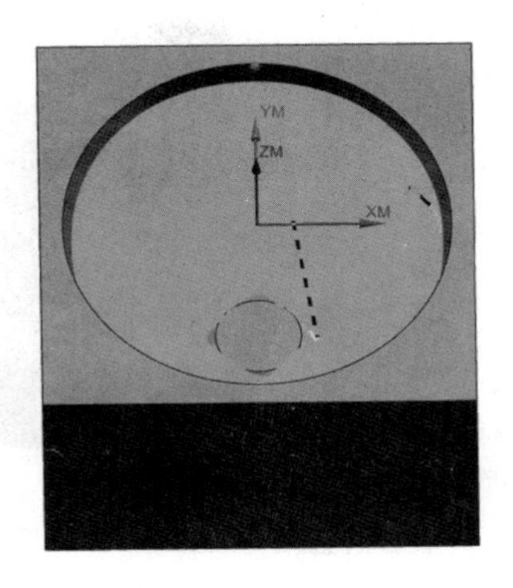

图 9.25　曲面轮廓精加工刀路

(7) 创建工序 —— 精铣底平面。

① 创建区域轮廓铣的工序。

右击“A1”程序组，选择【插入】→【工序】，类型选择“mill_contour”，弹出【创建工序】对话框，工序子类型选区域轮廓铣，其他设置如图 9.26 所示。按【确定】后，进入【区域轮廓铣】对话框，切削区域选择如图 9.27 所示的圆形底面。

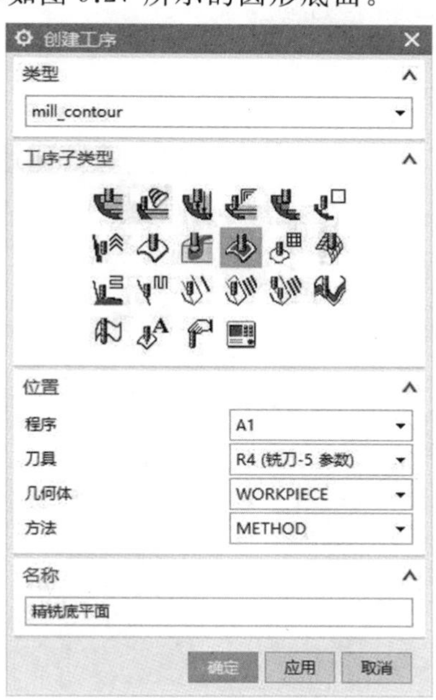

图 9.26　创建精铣底平面工序

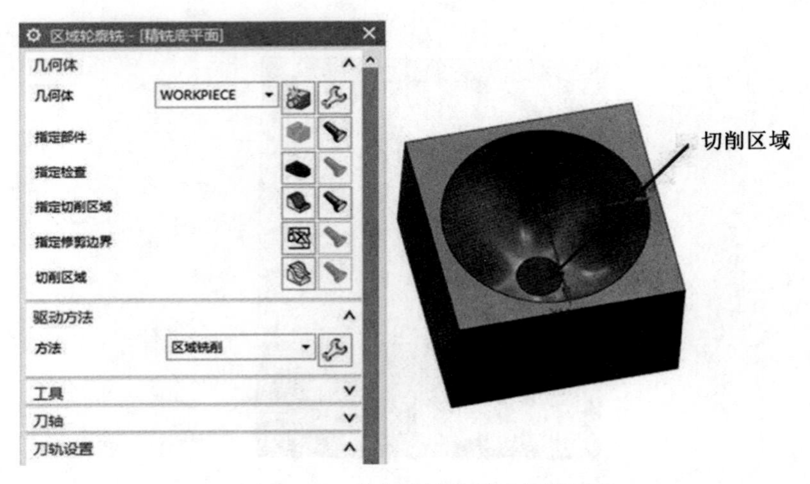

图 9.27　指定精铣底平面切削区域

② 区域轮廓铣参数设置。

驱动方法选择“区域铣削”，点击“编辑”按钮进入【区域铣削驱动方法】对话框进行设置，非陡峭切削模式类型选择“同心单向”，刀路中心指定为底面圆的圆心，刀路方向“向外”，步距选择“恒定”，最大距离 0.2 mm，如图 9.28 所示。点开“切削参数”图标，策略选项卡勾选“在边上延伸”，距离为 0.5 mm，如图 9.29 所示。

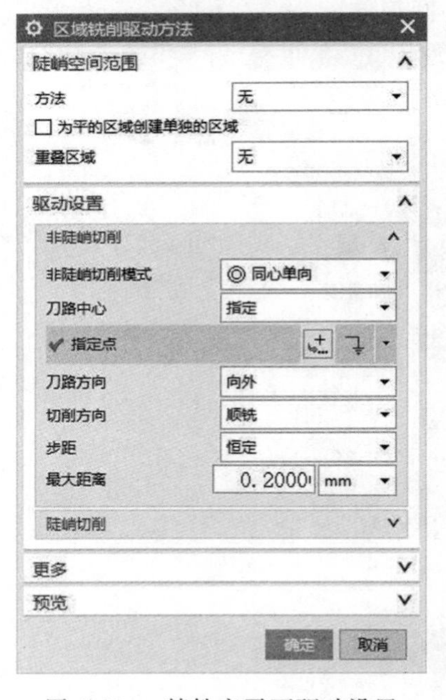

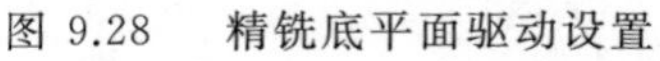
图 9.28　精铣底平面驱动设置

图 9.29　精铣底平面策略设置

③ 进给率和转速设置。

进给率和转速设置如图 9.30 所示，主轴转速为 3 500 r/min，进给率为2 000 mm/min。

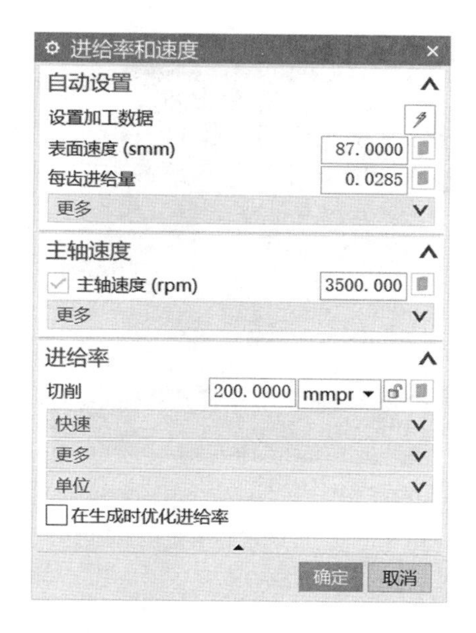

图 9.30　精铣底平面进给率和转速设置

④ 生成刀路。

切削参数和非切削移动均采用默认参数，按【确认】，生成精铣底平面的刀路如图 9.31 所示。

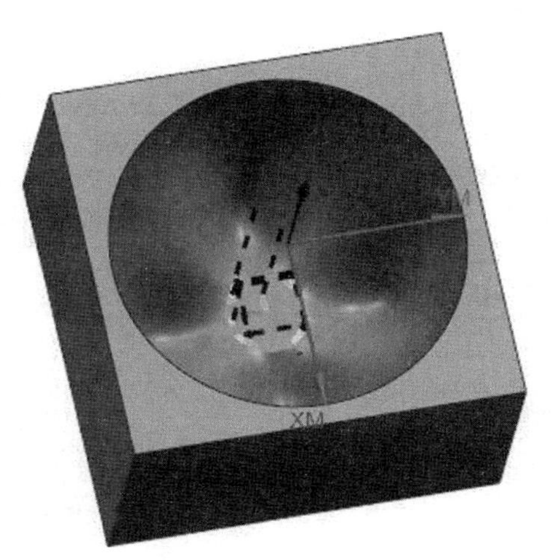

图 9.31　精铣底平面刀路

(8) 仿真加工。

在工序导航器的程序顺序图中选择所有程序的刀路轨迹，单击右键，按【刀轨】→【确认】，弹出【刀轨可视化】对话框，调整仿真的速度，最终仿真的结果如图 9.32 所示。

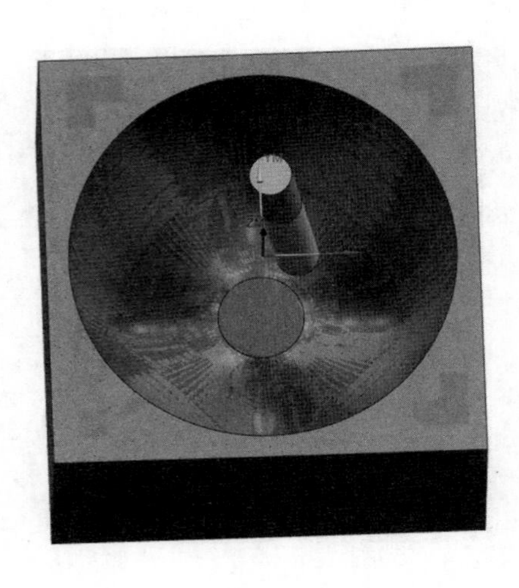

图 9.32　可乐瓶底凹模仿真加工

(9) 后置处理。

在工序导航器中选择要后处理的轨迹，单击右键，选择“后处理”，弹出【后处理】对话框，选择合适的后处理器(注意这里选择MILL_5_AXIS五轴后处理器)如图9.33所示，指定合适的文件路径和文件名称，单位设为公制，按【确定】后完成后处理，生成NC代码。如图9.34所示为拾取精铣曲面的后处理NC代码加工程序界面。

图 9.33　可乐瓶底凹模后处理设置

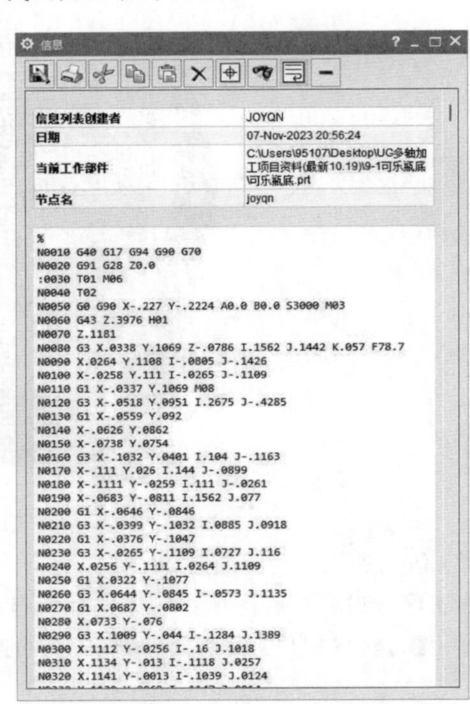

图 9.34　生成精铣曲面 NC 代码

项目评价

可乐瓶底凹模项目考核评分表见表 9.2。

表 9.2 可乐瓶底凹模项目考核评分表

考核类别	考核内容	评价(0～10分)			
		差	一般	良好	优秀
		0～3	4～6	7～8	9～10
技能评价	能完成项目的理论知识学习				
	能通过有效资源解决学习中的难点				
	能制定正确的工艺顺序				
	能选择合理的加工刀具和切削参数				
	能创建项目的刀具路径				
	能进行仿真加工并验证刀具路径				
	能后处理出所有的加工程序				
职业素养	协作精神、执行能力、文明礼貌				
	遵守纪律、沟通能力、学习能力				
	创新性思维和行动				
总计					
考核者签名：					

项目小结

本项目以可乐瓶底凹模为例学习五轴加工编程，重点掌握内凹曲面的加工方法及刀轴“朝向点”的使用方法，实施过程详细介绍了每道工序的操作方法。从本项目实施过程总结出以下几点经验供参考。

(1) 当加工凹曲面时，要根据曲面结构选取合适的刀具，以免产生过切。

(2) 注意区分刀轴方向“朝向点”“远离点”的使用场合及设置方法，“朝向点”一般适用于型腔结构，“远离点”一般适用于凸起的外轮廓结构。

(3) 球刀精加工曲面时，步距值应设置较小的值以保证曲面质量。

拓展训练

1. 根据图 9.35 所示的零件特征，制订合理的工艺路线，设置正确的加工参数，生成五轴加工刀具路径，进行仿真加工，后处理出加工程序，并在机床上加工出该零件。

2. 根据图 9.36 所示的零件特征，制订合理的工艺路线，设置正确的加工参数，生成五轴加工刀具路径，进行仿真加工，后处理出加工程序，并在机床上加工出该零件。

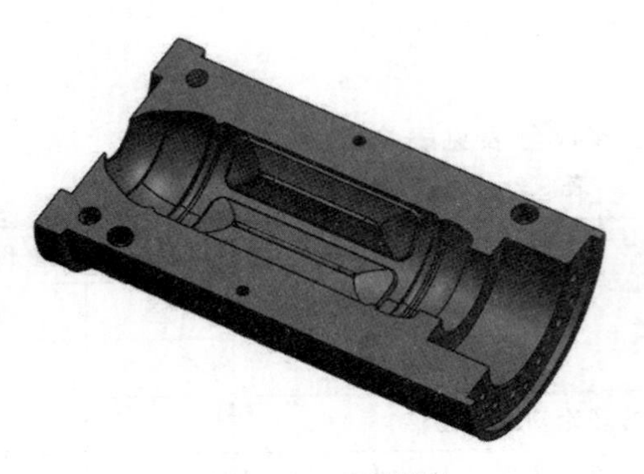

图 9.35　吹瓶模具

图 9.36　坦克模型

思政园地

中国高铁与装备制造:携手共进,共筑强国梦

中国高铁,作为装备制造业的杰出代表,经历了从引进、消化、吸收到再创新的过程,如今已成为中国装备制造的一张亮丽名片。高铁的发展不仅带动了中国装备制造业的整体进步,更是对中国经济实力和国际地位的提升产生了深远影响。

铁路是基础设施互联互通的重要组成部分。近年来,在共建"一带一路"框架下,中国铁路"走出去"步伐不断加快,中老铁路、匈塞铁路、蒙内铁路、雅万高铁等一条条铁路的投入运营,让铁路建设成为共建"一带一路"和国际产能合作的重要方面,不仅推动了共建国家和地区的经济发展,也深化了共建"一带一路"国家和地区人民之间的友好情谊,成为共建"一带一路"高质量发展的生动注脚。

中国高铁品牌和中国标准走出国门,不但有力地促进了沿线国家的经济社会发展,而且树立了中国负责任大国形象,彰显了中国作为发展中国家的大国担当。中国愿与各国一道携手构建人类命运共同体。高铁的发展推动了中国装备制造业的技术创新。在高速列车、轨道交通、信号系统等领域,中国已经取得了多项世界领先的技术成果。这些技术的创新和应用,不仅提升了中国装备制造业的核心竞争力,也为全球装备制造业的发展做出了贡献。

(以上内容来源于网络,仅供学习使用)

项目 10　叶轮的编程加工

项目描述

某企业要求生产一批叶轮，模型如图 10.1 所示，该产品的毛坯尺寸是 ϕ150 mm × 70 mm 的圆柱体，材料为 45 钢，要求根据模型图纸，制订合理的加工工艺，编制加工程序，完成该项目的加工。

图 10.1　叶轮

分析：上面是一个常见的半开式离心泵叶轮。离心泵的叶轮是把原动机的能量通过离心力的作用传递给泵内的液体，使液体增加速度和压力，促使泵内液体排出去，进口管路中的液体被吸进来。叶轮零件形状比较复杂，加工精度要求高，叶片属于薄壁结构，加工时容易变形，而且叶片是螺旋曲面均布在圆盘上，加工时容易产生干涉，现阶段普遍认为五轴联动加工是解决叶轮、叶片、船用螺旋桨、重型发电机转子、汽轮机转子以及大型柴油机曲轴等加工的唯一手段。

课前导学

单项选择题，请把正确的答案填在括号中。

1. 在多轴加工叶轮的过程中，选择刀具时，(　　) 因素是最重要的。

A. 刀具的硬度　　B. 刀具的耐磨性

C. 刀具的切削速度　　D. 刀具的几何形状

2. 当加工不同材料制成的叶轮时，应该怎样选择刀具？(　　)

A. 使用通用刀具，不考虑材料差异

B. 根据材料的硬度和韧性选择刀具

C. 选择最大直径的刀具以提高加工效率

D. 选择最便宜的刀具以降低成本

3. NX 中的多轴加工操作通常包括哪些步骤？(　　)

A. 创建刀具路径、模拟和后处理

B. 创建刀具路径、模拟和虚拟加工

C. 创建刀具路径、模拟和物理加工

D. 创建刀具路径、模拟和加工参数设置

4. 控制刀轴(　　)是五轴加工的一般控制方法。

A. 垂直于加工表面　　B. 平行于加工

C. 表面倾斜于加工表面　　D. 相切于加工表面

5. 一般五轴卧式加工中心绕 Z 轴做回转运动的旋转轴是(　　)。

A. D 轴　　B. C 轴　　C. B 轴　　D. A 轴

6. 在使用叶轮模块进行编程时，以下哪项是在“工序导航器－几何”中除了设置 MCS 和工件 WORKPIECE 外，还需要进行(　　)设置。

A. 加工参数　　B. 冷却系统　　C. 多片几何体　　D. 材料属性

7. 球头铣刀的球半径通常(　　)加工曲面的曲率半径。

A. 小于　　B. 大于　　C. 等于　　D. 都可以

8. 在 NX12.0 软件的 CAM 功能中，若想使用其中的叶轮模块编程，在工序类型中应选择(　　)类型。

A. mill_multi-blade　　B. mill_contour

C. mill_planar　　D. mill_multi-axis

9. 在多轴加工中，使用叶轮模块进行加工时，以下(　　)操作是必需的。

A. 设定固定的切削速度

B. 调整机床的进给速率

C. 定义叶轮的几何形状和位置

D. 手动控制刀具的旋转角度

项目10课前导学参考答案

10. 在多轴加工中，叶轮模块加工的主要优势是(　　)。

A. 提高加工效率　　B. 降低刀具磨损

C. 保证加工精度　　D. 减少机床维护成本

知识链接

1. 叶轮概述

叶轮类零件是机械装备行业重要的典型零件，在能源动力、航空航天、石油化工、冶金等领域应用广泛。叶轮的造型涉及空气动力学、流体力学等多个学科，叶轮所采用的加工

方法、加工精度和加工表面质量对其最终的性能参数有很大影响。随着数控技术、CAM技术的发展,叶轮的加工技术也日新月异。

2. 叶轮工艺

叶轮的一般构成形式是若干组叶片均匀分布在轮上,相邻两个叶片间构成流道,叶片与轮毂的连接处有一个过渡圆角,使叶片与轮之间光滑连接。叶片曲面为直纹面或自由曲面。整体叶轮的几何形状比较复杂,一般流道较狭窄且叶片扭曲程度大,容易发生干涉碰撞。因此,主要难点在于流道和叶片的加工,刀具空间、刀尖点位和刀轴方位要精确控制,才能加工到其几何形状的每个角落,并使刀具合理摆动,避免发生干涉碰撞。

3. 刀具选择

刀具刚性和几何形状是叶轮加工刀具选择的主要因素,在流道尺寸允许的情况下尽可能采用大直径的刀具。粗加工刀具一般选择圆柱平底铣刀。精加工选择锥柄球头刀具,锥度有利于提高刀具的刚性,但锥度不宜太大,一般 3° ~ 5° 较合适。为提高加工效率,在不发生碰撞干涉的情况下尽可能选用大直径铣刀,并优先选多刃铣刀。

4. 机床选择

加工整体叶轮除选用五轴联动的机床外,还需考虑以下因素:机床各轴的最大行程、工作台的摆动范围、机床功率等。

5. 叶轮加工模块

(1) 几何体设置。

NX 软件对叶轮加工有一个专用的加工模块,如图 10.2 所示,创建几何体类型选择“mill_multi_blade”,再点击几何图标进行创建,弹出【创建几何体】对话框,其各部分结构组成如图 10.3 所示。

图 10.2　创建叶轮几何体界面

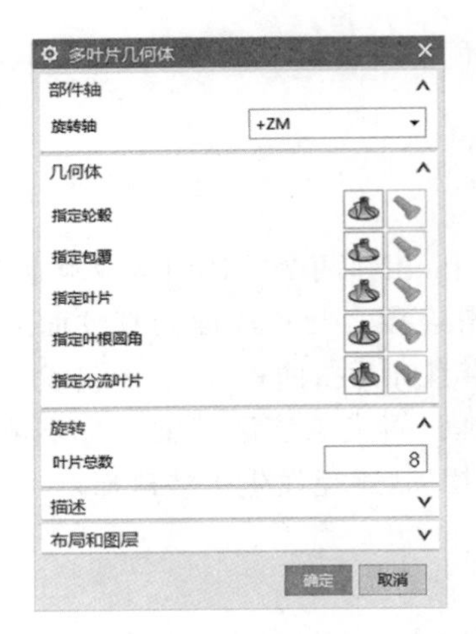

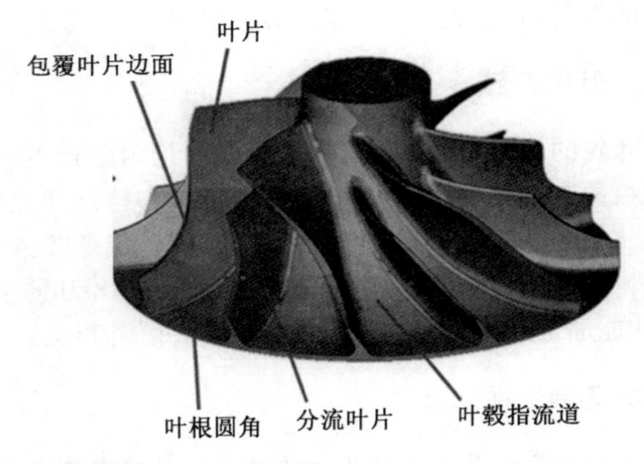

图 10.3　叶轮几何体组成示意图

(2) 创建工序子类型。

创建叶轮的工序子类型如图 10.4 所示，点击某种工序子类型图标后会进入相应的工序对话框。

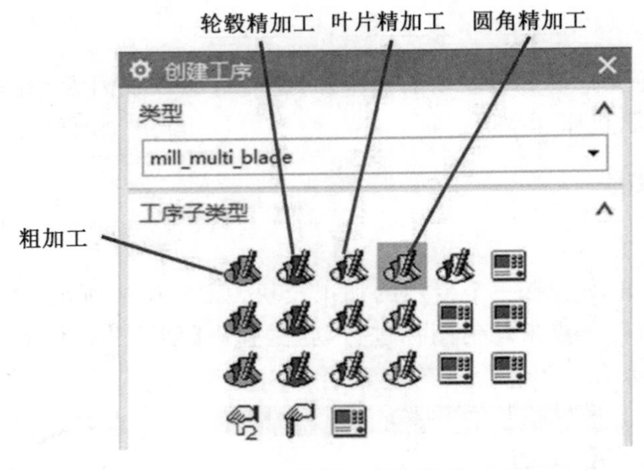

图 10.4　叶轮工序子类型

(3) 驱动设置。

叶片粗加工驱动方法界面如图 10.5 所示，驱动方法里面的前缘叶片边的方向一般默认为“沿叶片方向”，与沿部件轴方向相比，刀路比较整齐，如图 10.6 所示。如果使用沿部件轴方式，为了刀路整齐，可以先距离缩短再延伸，相切和径向可以配合使用以达到最佳切削效果，如图 10.7 所示。

(4) 刀轴。

刀轴分自动和插补矢量。

自动就是系统根据部件自动地安排刀轴方向的变化，前缘前倾角和后缘前倾角类似之前变轴轮廓铣中的前倾角参数，当刀具与运动方向一致的倾斜为正值，与运动方向相反的倾斜为负值。前缘前倾角就是向前缘运动时的角度，后缘前倾角就是向后缘运动时的

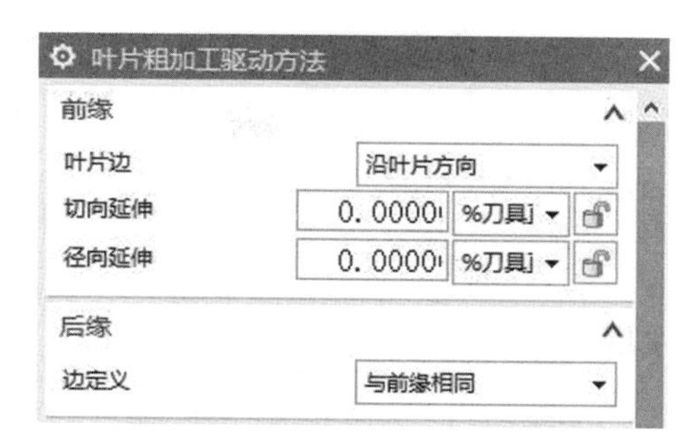

图 10.5 叶片粗加工驱动方法界面

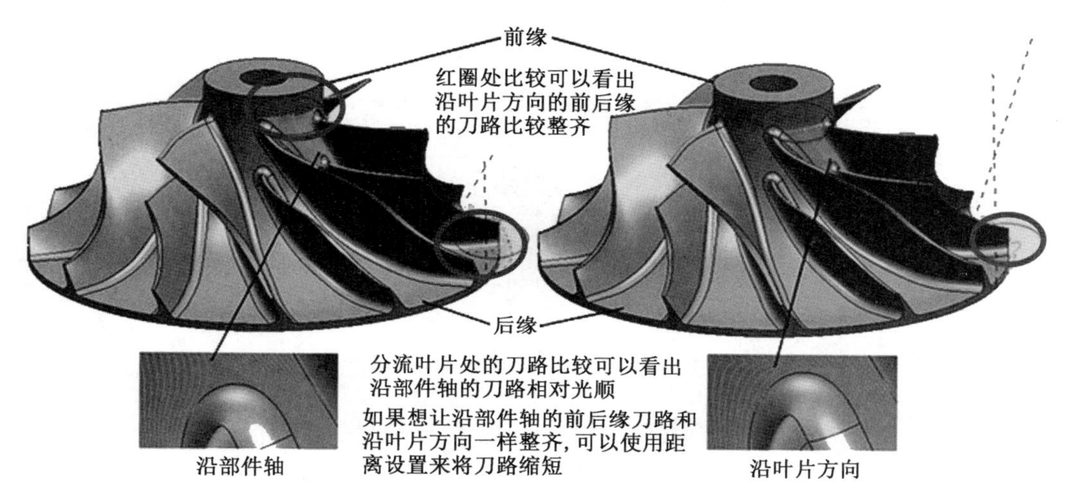

图 10.6 叶片边方向示意图

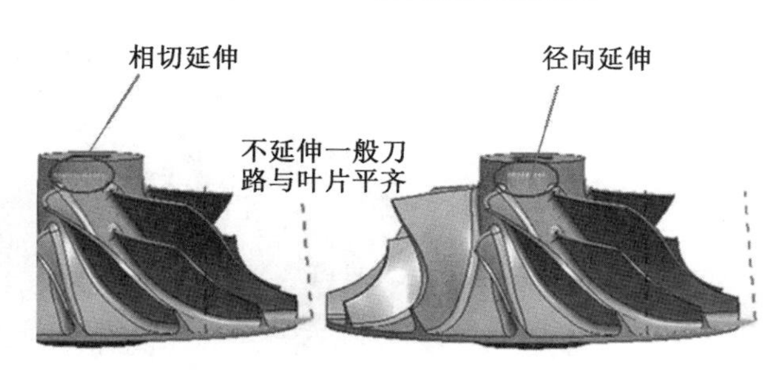

图 10.7 相切与径向延伸

角度。前后缘的前倾角可以避免刀尖零速度切削。有时刀具延伸到流道外面时，由于投影的关系会出现扎刀的现象，这时可以通过设置前后缘的前倾角来避免扎刀现象。一般情况下，前后缘的前倾角设置为零，不用特殊设置，如图 10.8 所示。初始刀轴定位，旋转所绕对象有两个选项，一个是部件轴，一个是叶片，当叶片的扭曲不严重时，两者没有什么区别；当扭曲严重时，使用绕叶片也许会得到较好的效果。

当叶轮比较复杂、扭曲较大时，可能无法自动生成可靠的刀轴，即使生成了看似安全合理的刀轴，但是很有可能刀具摆角已经超出机床行程。对于无法自动生成和超程现象，可以使用插补矢量的方式，如图 10.9 所示。

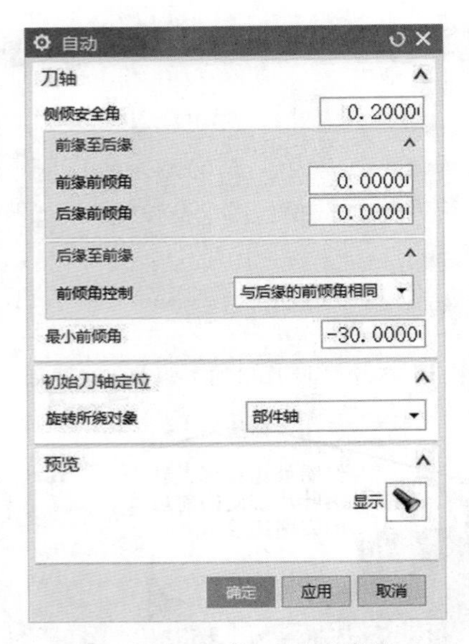

图 10.8　刀轴 — 自动设置

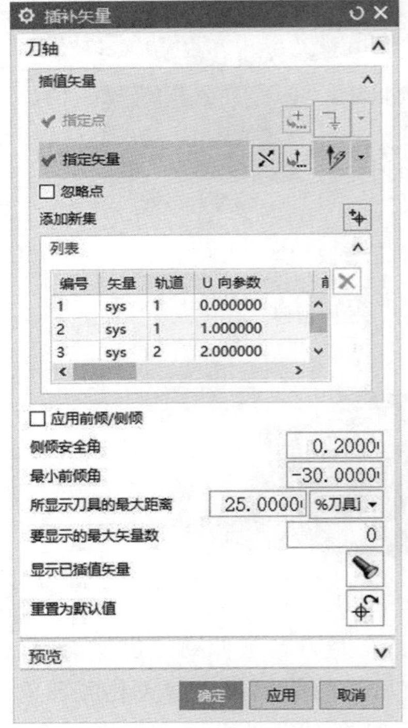

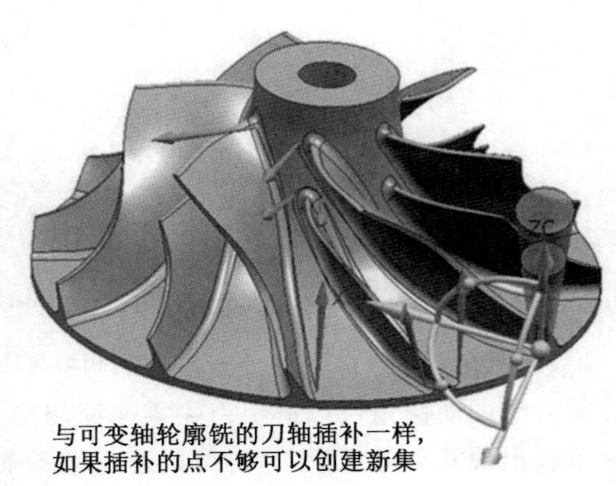

图 10.9　刀轴 — 插补矢量设置

(5) 切削层。

切削层的深度模式如图 10.10 所示，分以下三种选项：从轮毂偏置、从包覆偏置及从包覆插补至轮毂。从轮毂偏置指在轮毂处生成刀路向包覆方向偏置，适合粗加工；从包覆偏置指在包覆处生成刀路向轮毂方向偏置，一般不建议使用；从包覆插补至轮毂指沿着叶

片流向生成刀路，适合精加工。

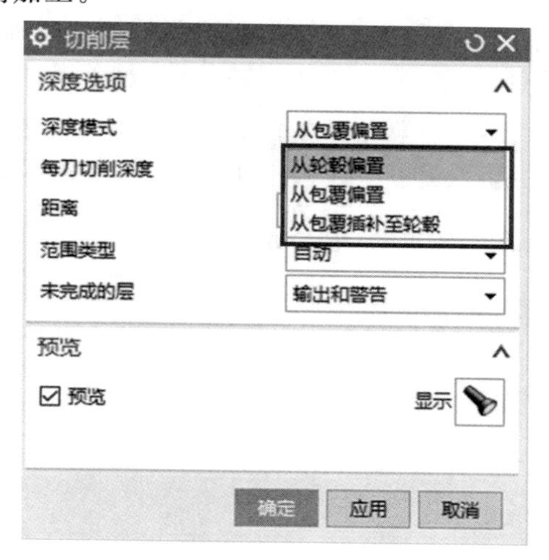

图 10.10　切削层对话框

(6) 切削参数。

策略选项卡的刀轨光顺设置界面如图 10.11 所示，沿叶片方向刀路如果不光顺，加工时会由于变化剧烈会产生抖动，通过调节光顺百分比可以得到光滑的过渡，光顺越大，刀路越光滑，如图 10.12 所示，但是留下的残余部分也比较大，需要补刀加工。

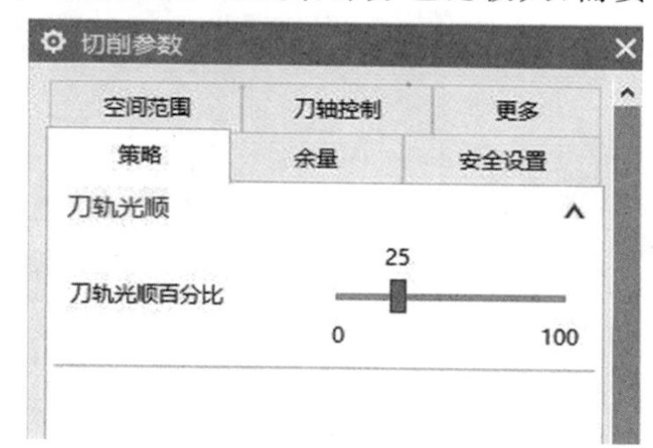

图 10.11　刀轨光顺

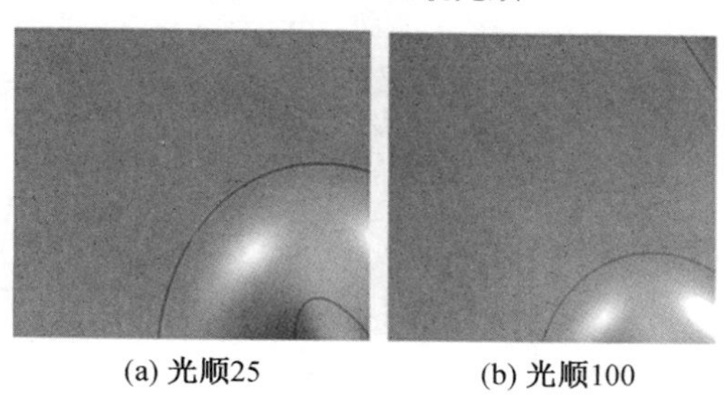

(a) 光顺25　(b) 光顺100

图 10.12　光顺对比

刀轴控制选项卡如图 10.13 所示，其中最大刀轴更改如图 10.14 所示，取值的大小对直线刀路加工的影响不大，但是在曲线刀路上取值过大会使刀轴在短距离的变化角度过于剧烈，易产生过切，在刀轴控制中的最大刀轴更改参数，其实就相当于曲线刀路的步长，角度值越小，步长越小，但当曲线较平缓或者就是直线时，即使给小角度也无法得到过小的步长。最大叶片滚动角如图 10.15 所示，设置角度后，刀轴在加工叶片时为了不碰撞另一个叶片会向正在加工的叶片倾斜，这个角度设置后，只会在出现问题时才倾斜，如果刀轴与另一叶片不会发生干涉，刀轴就不产生偏斜，要与前面的侧倾安全角区别开来，侧倾安全角是远离叶片，并且一旦设置就一定会产生倾斜，两者并不矛盾。刀轴光顺的百分比会影响刀轴轨迹的剧烈程度，对比图如图 10.16 所示，一般流道加工设置为 60%，叶片加工设置为 25%。

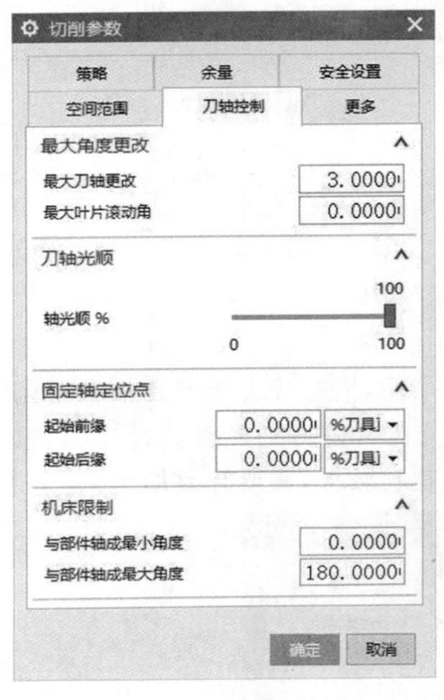

图 10.13　刀轴控制设置

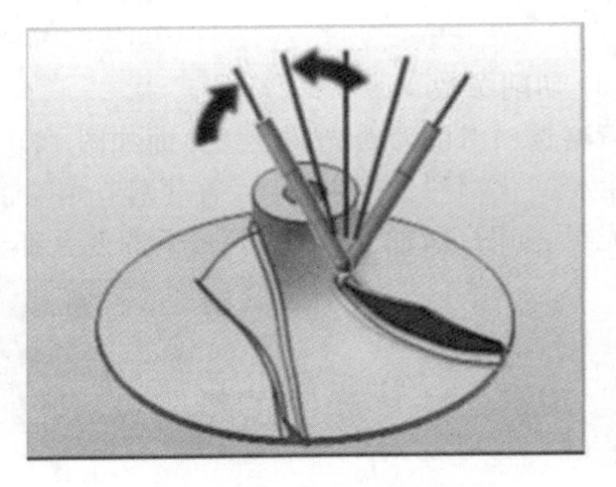

图 10.14　最大刀轴更改

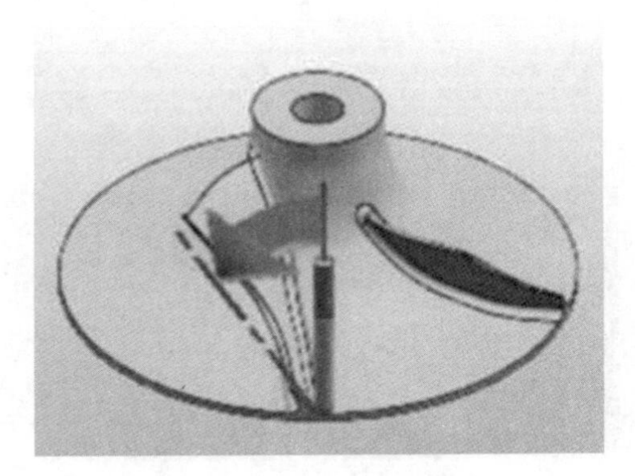

图 10.15　最大叶片滚动角

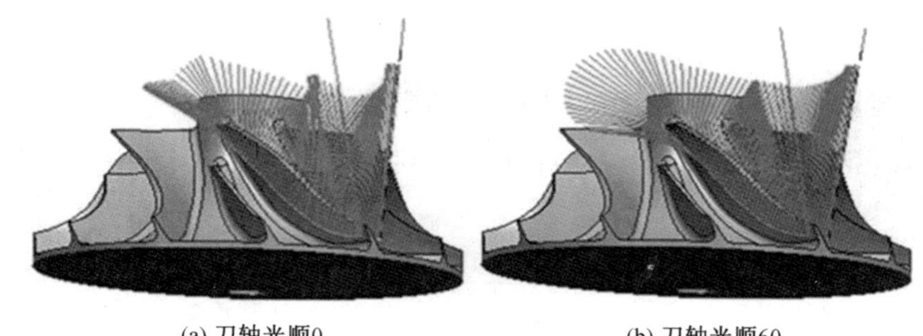

(a) 刀轴光顺0　　(b) 刀轴光顺60

图 10.16　刀轴光顺对比

注意:切削参数中的固定轴定位点一般不用设置,但是当加工到边缘时,如果刀轴的摆动出现了异常的突变,就应该设置一定参数值优化刀路。

项目实施

叶轮项目分析

1. 工艺过程

根据叶轮的零件结构特点,规划的工艺过程如图 10.17 所示。

毛坯　叶片粗加工　轮毂精加工　叶片精加工

图 10.17　叶轮工艺过程图(彩图见附录二)

2. 加工工序卡

根据零件结构及工艺过程,编制加工工序卡如表 10.1 所示。

表 10.1　叶轮加工工序卡

			工序卡名称	零件图号	材料	夹具	使用设备
			叶轮的五轴加工	图 10.1	铝	卡盘	五轴数控铣床
工步	工步内容	加工策略	刀具号	刀具规格	主轴转速 /($r \cdot min^{-1}$)	进给量 /($mm \cdot min^{-1}$)	背吃刀量 /mm
1	叶轮粗加工	IMPELLER_ROUGH	01	$\phi 16R2$ 圆鼻铣刀	2 500	800	2
2	轮毂精加工	IMPELLER_HUB_FINISH	02	$R5$ 球头铣刀铣刀	3 600	2 000	0.2
3	叶片精加工	IMPELLER_BLADE_FINISH	02	$R5$ 球头铣刀铣刀	3 600	2 000	0.2

叶轮编程加工

3. 项目实施步骤

(1) 创建工件坐标系及安全平面。

打开零件模型，进入加工模块，在工序导航器空白处点击右键，选择几何视图，双击"MCS-MILL"，选择坐标系对话框，采用动态的方式，选择工件上表面的中心点作为工件坐标系原点，建立加工坐标系，按【确定】后，在安全设置选择"包容圆柱体"，安全距离为 12 mm，如图 10.18 所示，按【确定】后退出。

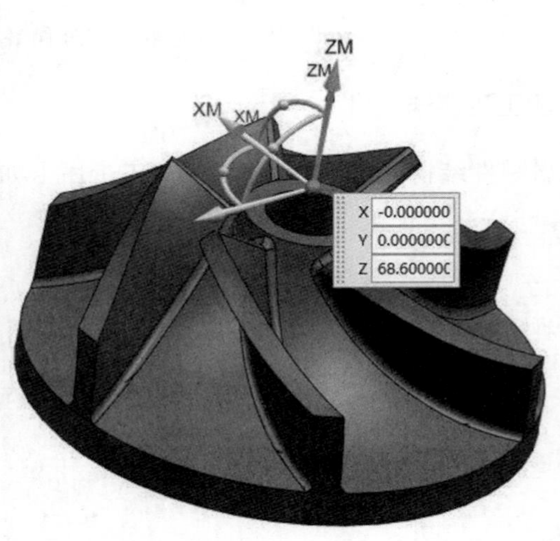

图 10.18　建立叶轮加工坐标系及安全平面

(2) 创建几何体。

点击创建几何体，类型选择“mill_multi_blade”，几何体子类型选择“MULTI_BLADE_GEOM”,如图10.19(a)所示。按【确定】后进入【多叶片几何体】对话框,依次在部件中指定轮毂、指定包覆、指定叶片和指定叶根圆角,叶片总数输入6,如图10.19(b)所示。

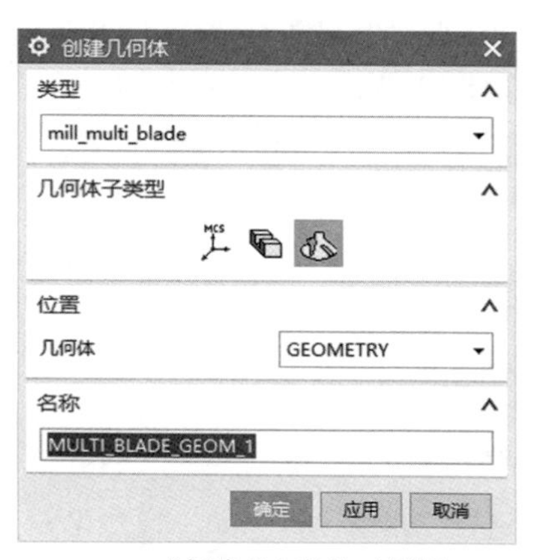

(a)【创建几何体】对话框

(b)【多叶片几何体】对话框

图10.19 创建叶轮几何体

(3) 创建毛坯几何体。

在建模模块沿着零件外部轮廓绘制出包裹住整个叶片部分的草图曲线,通过旋转生成实体,进入加工模块,在工序导航器中双击“WORKPIECE”,弹出【创建几何体】对话框。指定部件选择叶轮部件,指定毛坯选择旋转生成出来的部件作为毛坯,如图10.20所示,按【确定】后退出。

图10.20 指定叶轮部件和毛坯

(4) 创建刀具。

在工序导航器空白处点击右键,选择机床视图,在未用项上点击右键,插入刀具或点击菜单栏的“创建刀具”图标。根据上面工序卡中对应的刀具,依次在【创建刀具】对话框中选择对应的刀具子类型进行创建。创建方法跟前面章节的一样。分别创建1号D16R2圆角铣刀、2号R5球头刀,按【确定】后退出刀具创建,回到主界面。

(5) 创建工序 —— 叶轮粗加工工序。

① 创建粗加工工序。

在工序导航器的空白处右击选择程序顺序视图，在 PROGRAM 上点击右键，选择插入工序，或点击“创建工序”图标，弹出【创建工序】对话框，类型选择“mill_multi_blade”，工序子类型选择“IMPELLER_ROUGH”(第一个图标)，其他设置如图 10.21 所示。

② 驱动方法设置。

点击“叶片粗加工参数”图标，弹出【叶片粗加工驱动方法】对话框，叶片边选择“沿叶片方向”，切削模式选择“往复上升”，其他参数使用默认设置，如图 10.22 所示。

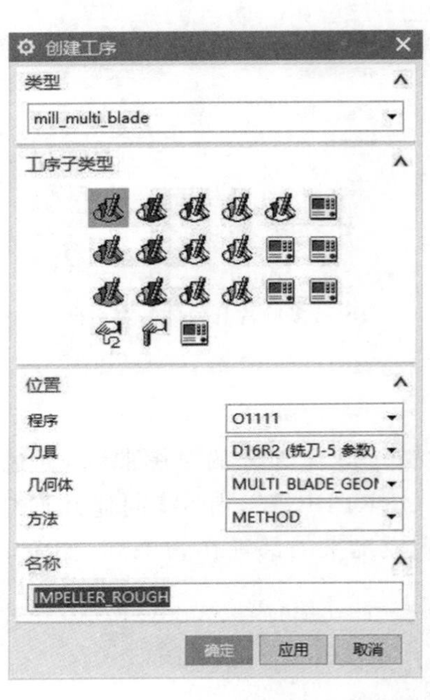

图 10.21　创建叶轮粗加工工序

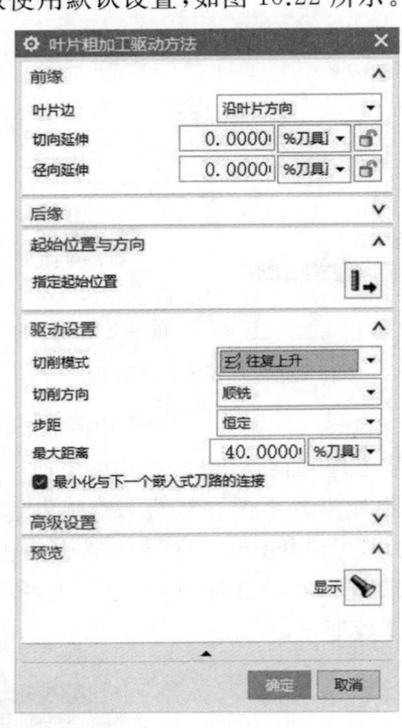

图 10.22　叶轮粗加工驱动方法设置

③ 切削层设置。

点击“切削层参数”图标，弹出【切削层】对话框，深度模式选择“从包覆插补至轮毂”，切削深度选择“恒定”，距离输入 2 mm，其他参数使用默认设置，如图 10.23 所示。

④ 切削参数设置。

点击“切削参数”的图标，设置余量选项卡，毛坯和包覆余量设为 0，叶片余量和检查余量都留0.5 mm，其余使用默认参数，如图 10.24 所示。

图 10.23 叶轮粗加工切削层设置

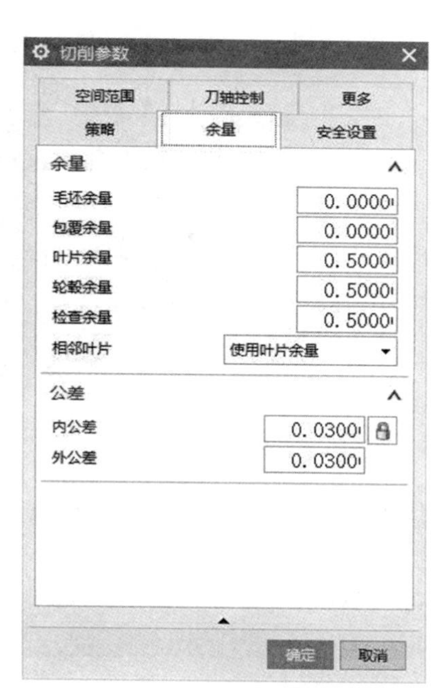

图 10.24 叶轮粗加工余量设置

⑤ 进给率和转速设置。

进给率和转速设置如图 10.25 所示，主轴转速为 2 500 r/min，进给率为800 mm/min。

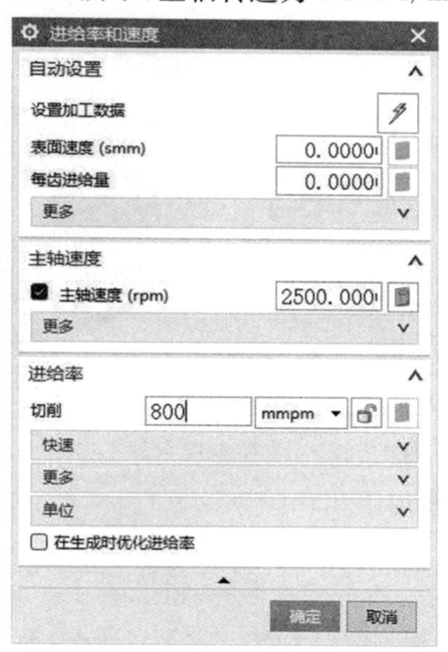

图 10.25 叶轮粗加工进给率和转速设置

⑥ 生成刀路。

其他均采用软件默认设置，点击【确认】，生成刀路如图 10.26 所示。

⑦ 利用变换生成剩余 5 个叶片刀路。

选择生成出来的刀路右击，选择【对象】→【变换】，设置变换参数。类型选择“绕直线

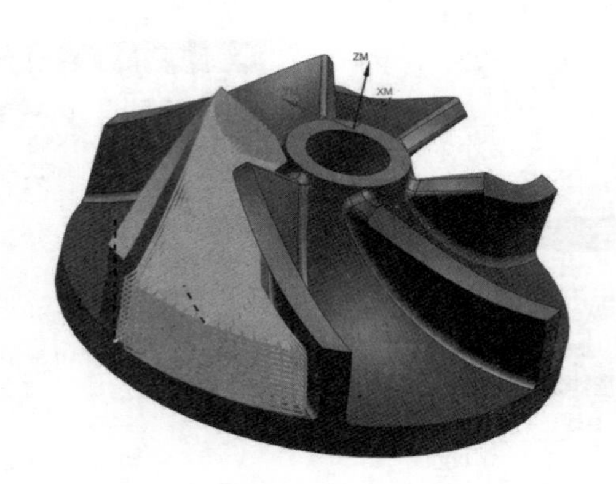

图 10.26　叶轮粗加工刀路

旋转”，直线方法选择“点和矢量”，指定点为工件坐标系原点，指定矢量为 Z 轴，角度输入 60，结果选择“复制”，距离 / 角度分割输入 1，非关联副本数输入 5，如图10.27(a) 所示，点击【确定】，生成剩余 5 个叶片的刀路如图 10.27(b) 所示。

(a) 变换参数设置　　(b) 剩余粗加工刀路

图 10.27　变换生成粗加工刀路

(6) 创建工序 —— 轮毂精加工。

① 创建轮毂加工工序。

在工序导航器的空白处右击选择程序顺序视图，在 PROGRAM 上点击右键，选择插入工序，或点击“创建工序”图标，弹出【创建工序】对话框，类型选择“mill_multi_blade”，工序子类型选择“IMPELLER_HUB_FINISH”，其他设置如图 10.28 所示。

② 驱动方法设置。

点击“轮毂精加工参数”图标，弹出【轮毂精加工驱动方法】对话框，叶片边选择“沿叶片方向”，切削模式选择“往复上升”，最大距离输入 0.2 mm，其他参数使用默认设置，如图 10.29 所示。

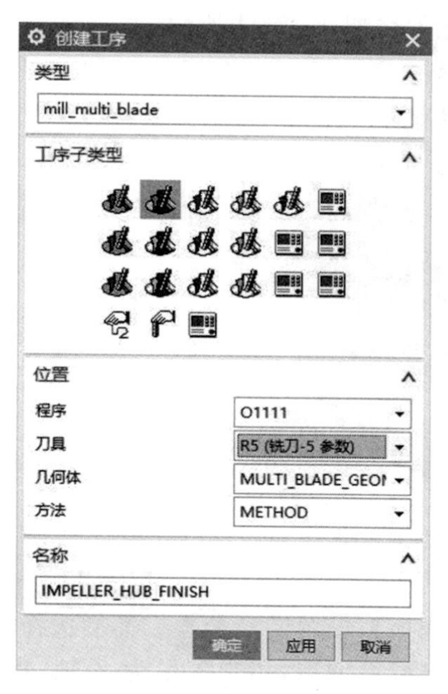

图 10.28　创建轮毂精加工工序

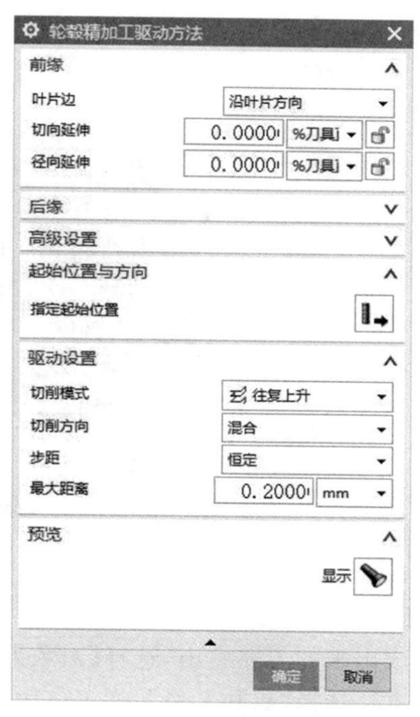

图 10.29　轮毂精加工驱动方法设置

③ 进给率和转速设置。

进给率和转速设置如图 10.30 所示，主轴转速为 3 600 r/min，进给率为2 000 mm/min。

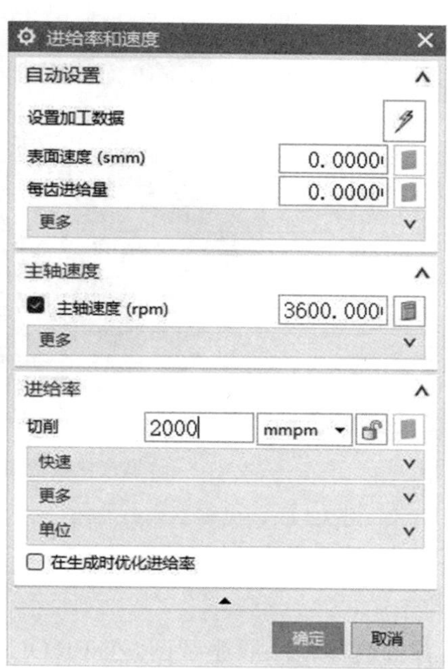

图 10.30　轮毂精加工进给率和转速设置

④ 生成刀路。

其他均采用软件默认设置，点击【确认】，生成刀路如图 10.31 所示。

图 10.31　轮毂精加工刀路

⑤ 利用变换生成剩余轮毂刀路。

选择生成出来的刀路右击，选择【对象】→【变换】，设置变换参数。类型选择“绕直线旋转”，直线方法选择“点和矢量”，指定点为工件坐标系原点，指定矢量为 Z 轴，角度输入 60，结果选择“复制”，距离 / 角度分割输入 1，非关联副本数输入 5，如图10.32(a) 所示，点击【确定】，生成剩余 5 个叶片的刀路如图 10.32(b) 所示。

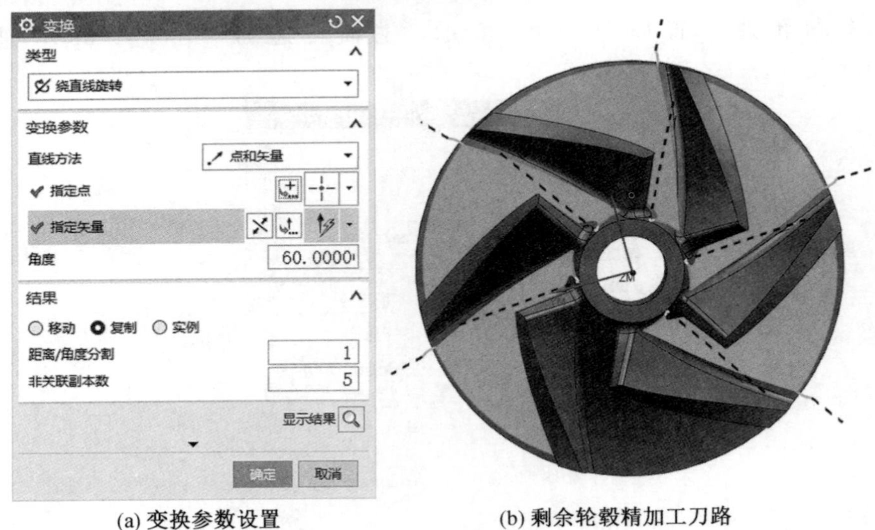

(a) 变换参数设置　　(b) 剩余轮毂精加工刀路

图 10.32　生成剩余轮毂刀路

(7) 创建工序 —— 叶片精加工。

① 创建叶片精加工工序。

在工序导航器的空白处右击选择程序顺序视图，在 PROGRAM 上点击右键，选择插入工序，或点击“创建工序” 图标，弹出【创建工序】对话框，类型选择“mill_multi_blade”，工序子类型选择“IMPELLER_BLADE_FINISH”，其他设置如图 10.33 所示。

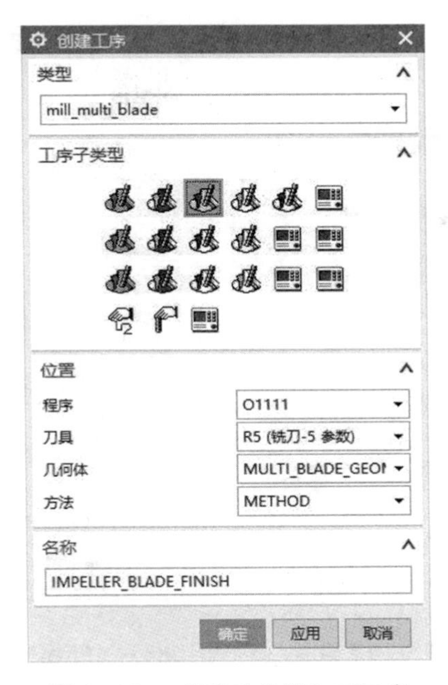

图 10.33　创建叶片精加工工序

② 驱动方法设置。

点击“叶片精加工参数”图标，弹出【叶片精加工驱动方法】对话框，要切削的面选择“所有面”，切削模式选择“单向”，其他参数使用默认设置，如图 10.34 所示。

图 10.34　叶片精加工驱动方法设置

③ 切削层设置。

点击“切削层参数”图标，弹出【切削层】对话框，深度模式选择“从包覆插补至轮毂”，每刀切削深度选择“恒定”，距离输入 0.2 mm，其他参数使用默认设置，如图 10.35 所示。

④ 进给率和转速设置。

进给率和转速设置如图 10.36 所示，主轴转速为 3 600 r/min，进给率为2 000 mm/min。

图 10.35　叶片精加工切削层设置

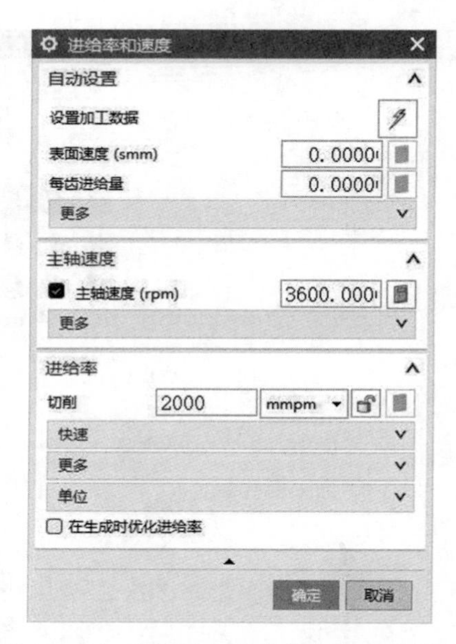

图 10.36　叶片精加工进给率和转速设置

⑤ 生成刀路。

其他均采用软件默认设置，点击【确认】，生成刀路如图 10.37 所示。

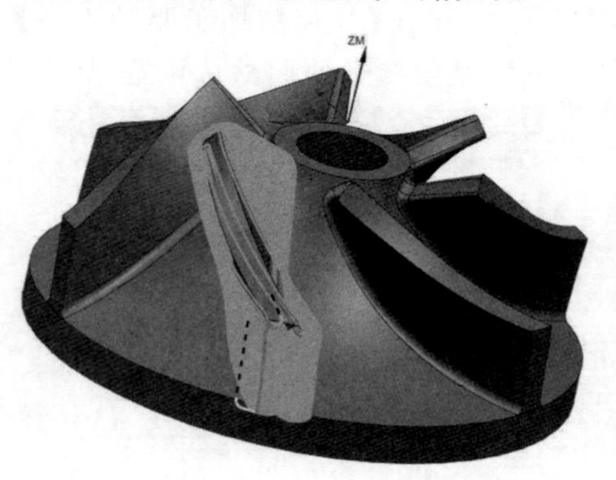

图 10.37　叶片精加工刀路

⑥ 变换生成剩余叶片精加工刀路。

选择生成出来的刀路右击，选择【对象】→【变换】，设置变换参数。类型选择“绕直线旋转”，直线方法选择“点和矢量”，指定点为工件坐标系原点，指定矢量为 Z 轴，角度输入 60，结果选择“复制”，距离 / 角度分割输入 1，非关联副本数输入 5，如图10.38(a) 所示，点击【确定】，生成剩余 5 个叶片的刀路如图 10.38(b) 所示。

(8) 仿真加工。

在工序导航器的程序顺序图中拾取所有的刀路轨迹，单击右键，选择【刀轨】→【确认】，弹出【刀轨可视化】对话框，调整仿真的速度，最终仿真的结果如图 10.39 所示。

(a) 变换参数设置

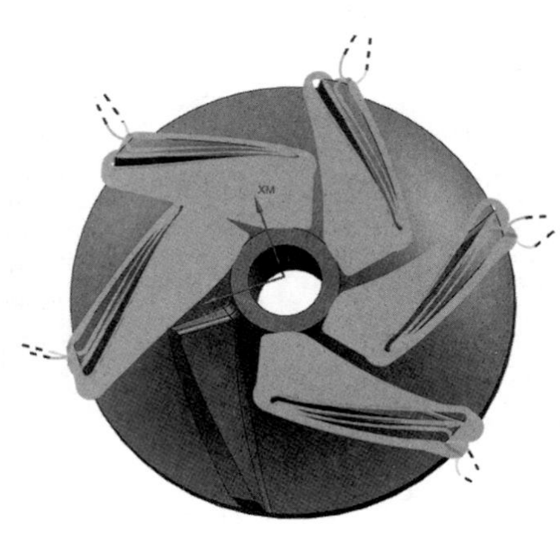

(b) 剩余叶片精加工刀路

图 10.38 生成剩余叶片精加工刀路

图 10.39 叶片仿真加工

(9) 后置处理。

在工序导航器中拾取要后处理的轨迹，单击右键，选择“后处理”，弹出【后处理】对话框，选择合适的后处理器(注意这里选择 MILL_5_AXIS 四轴后处理器) 如图 10.40 所示，指定合适的文件路径和文件名称，单位设为公制，按【确定】后完成后处理，生成 NC 代码。如图 10.41 所示为拾取铣底面的后处理 NC 代码加工程序界面。

图 10.40　铣底面后处理设置

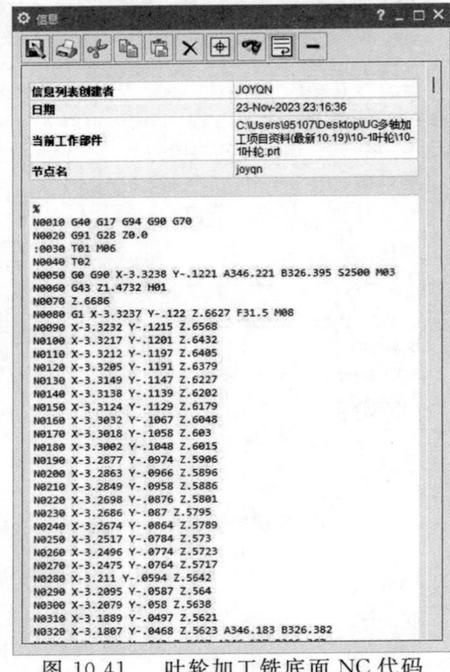

图 10.41　叶轮加工铣底面 NC 代码

项目评价

叶轮项目考核评分表见表 10.2。

表 10.2　叶轮项目考核评分表

考核类别	考核内容	评价(0 ～ 10 分)			
		差	一般	良好	优秀
		0 ～ 3	4 ～ 6	7 ～ 8	9 ～ 10
技能评价	能完成项目的理论知识学习				
	能通过有效资源解决学习中的难点				
	能制定正确的工艺顺序				
	能选择合理的加工刀具和切削参数				
	能创建项目的刀具路径				
	能进行仿真加工并验证刀具路径				
	能后处理出所有的加工程序				
职业素养	协作精神、执行能力、文明礼貌				
	遵守纪律、沟通能力、学习能力				
	创新性思维和行动				
总计					
考核者签名：					

项目小结

本项目基于NX软件对叶轮的五轴联动数控加工展开学习，主要学习了叶轮加工的3个工序子类型：叶轮粗加工、轮毂精加工、叶片精加工，对于叶轮加工来说，只要在叶轮几何体当中指定轮毂、包覆、叶片、叶根圆角和分流叶片，输入叶片总数，就能通过不同的驱动方法实现叶轮的粗精加工。从本项目实施过程总结出以下几点经验供参考。

(1) 毛坯设置。叶轮的毛坯通常是经过车削加工出叶轮回转体的基本形状，再由五轴机床进行铣削加工，所以在NX软件当中设置毛坯时，应绘制出一个和叶轮外轮廓面相等的回转体作为毛坯。

(2) 叶轮加工编程。NX提供了大量多坐标数控加工编程方法及刀轴控制方式，要选择合适的加工方法，并注意合理选择粗精加工余量、切削工艺参数，如加工步距、加工深度、主轴转速、机床进给率等，对于提高产品的加工效率和质量是至关重要的。还要根据叶轮的几何特征合理设置进退刀方式，从而避免过切和干涉。

(3) 为了提高叶轮最终的表面加工质量，有必要在精加工前进行扩槽和叶片粗加工。此时，叶片的粗加工过程要保证叶片留有一定的精加工余量，且这个余量应尽可能均匀。

拓展训练

1. 根据图10.42所示的零件特征，制订合理的工艺路线，设置正确的加工参数，生成五轴加工刀具路径，进行仿真加工，后处理出加工程序，并在机床上加工出该零件。

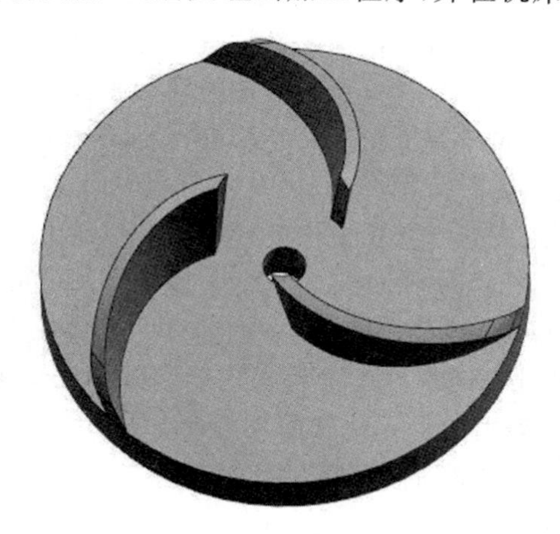

图10.42　分流叶片

2. 根据图10.43所示的零件特征，制订合理的工艺路线，设置正确的加工参数，生成五轴加工刀具路径，进行仿真加工，后处理出加工程序，并在机床上加工出该零件。

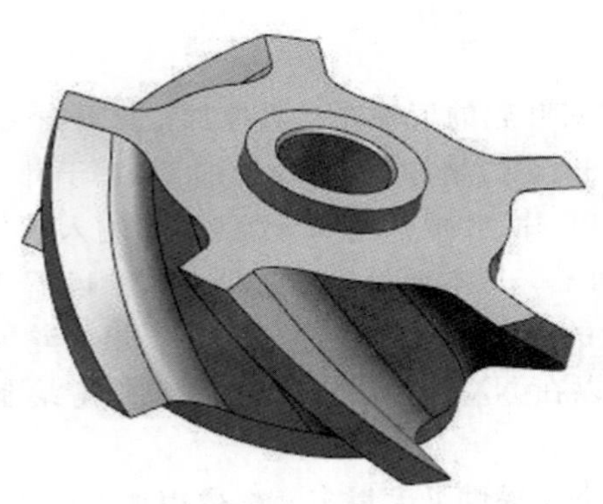

图 10.43 小转轮

思政园地

高精度数控机床在航空发动机制造中的应用

航空发动机是航空器的“心脏”，其性能和质量直接关系到航空器的飞行安全和性能。在发动机制造过程中，高精度数控机床扮演着至关重要的角色，特别是在叶片、轴承和燃烧室等关键部件的加工中。

以航空发动机中的叶片为例，这些叶片通常具有复杂的形状和极高的精度要求。传统的加工方法很难满足这些要求，而高精度数控机床则能够提供精确的切削和磨削能力，确保叶片的几何形状和表面质量达到设计要求。

具体来说，高精度数控机床通过精确的数控系统和高速切削技术，可以实现对叶片材料的微米级加工精度。在加工过程中，数控机床能够根据预设的加工程序，自动调整切削参数和工具路径，确保叶片的几何形状和尺寸精度达到设计要求。同时，数控机床还能够实现高精度的表面处理，如镜面抛光等，以提高叶片的表面质量和耐磨性。

在航空发动机制造中，高精度数控机床的应用具有以下几个重要作用。

(1) 提高叶片性能。通过精确的加工和表面处理，高精度数控机床能够确保叶片具有优异的空气动力学性能和热性能，从而提高发动机的燃烧效率和推力输出。

(2) 增强发动机可靠性。高精度的叶片加工能够减少发动机在运行过程中的振动和磨损，降低故障率，提高发动机的可靠性和使用寿命。

(3) 促进航空发动机技术创新。高精度数控机床的研发和应用，推动了航空发动机制造技术的不断创新和升级。通过引入更先进的数控系统和切削技术，航空发动机制造商能够开发出更加高效、可靠的发动机产品，满足不断增长的航空市场需求。

总之，高精度数控机床在航空发动机制造中的应用案例充分展示了其在提高产品性能、增强发动机可靠性和促进技术创新方面的重要作用。这些作用不仅对于航空工业本身具有重要意义，也对整个国家的经济实力和国际地位产生了积极的影响。因此，加强高精度数控机床的研发和应用是推动航空工业高质量发展的关键之一。

（以上内容来源于网络，仅供学习使用）

参 考 文 献

[1] 石皋莲，季业益.多轴数控编程与加工案例教程[M].北京：机械工业出版社，2013.
[2] 何嘉扬，周文华.UG NX8.0 数控加工完全学习手册[M].北京：电子工业出版社，2012.
[3] 蔡捷.多轴加工及仿真实践[M].北京：机械工业出版社，2022.
[4] 高永祥，郭伟强.多轴加工技术[M].北京：机械工业出版社，2017.
[5] 程豪华，陈学翔.多轴加工技术[M].北京：机械工业出版社，2019.
[6] 李粉霞，张涛.多轴加工项目化教程[M].北京：北京理工大学出版社，2021.
[7] 刘玉春.CAXA 数控加工自动编程经典实例教程[M].北京：机械工业出版社，2021.
[8] 关雄飞.CAXA CAM 制造工程师实用案例教程[M].北京：机械工业出版社，2021.
[9] 陈子银.CAXA 制造工程师技术与应用[M].北京：机械工业出版社，2007.

附　录

附录一　多轴数控加工“1＋X”证书（中级）理论试题

一、单项选择题（第1～30题。选择正确的答案，将相应的字母填入题内的括号中，每题2分。满分60分）

1. 在多轴加工中，以下关于工件定位与机床关系的描述，（　　）是错误的。

A. 机床各部件之间的关系

B. 工件坐标系原点与旋转轴的位置关系

C. 刀尖点与旋转轴的位置关系

D. 直线轴与旋转轴的关系

2. 高速五轴机床HSK刀柄是一种新型的锥形刀柄，其锥度是（　　）。

A. 7∶24

B. 1∶10

C. 1∶20

D. 1∶5

3. 相对于一般的三轴加工，以下关于多轴加工的说法，（　　）是不对的。

A. 加工精度提高

B. 编程复杂（特别是后处理）

C. 加工质量提高

D. 工艺顺序与三轴相同

4. 在多轴加工的后置处理中，需要考虑的因素有（　　）。

A. 刀具的长度和机床的结构

B. 工件的安装位置

C. 工装夹具的尺寸关系

D. 以上都是

5. 在多轴加工中，半精加工的工艺安排原则是给精加工留下（　　）。

A. 小而均匀的余量、足够的刚性

B. 均匀的余量、适中的表面粗糙度

C. 均匀的余量、可能大的刚性

D. 可能小的余量、适中的表面粗糙度

6. 多轴加工叶轮，精加工时如果底面余量过大，容易造成的最严重后果是（　　）。

A. 刀具容易折断

B. 刀具与被加工表面干涉

C. 清根时过切

D. 被加工表面粗糙度不佳

7. 多轴加工可以把点接触改为线接触，从而提高（　　）。

A. 加工质量

B. 加工精度

C. 加工效率

D. 加工范围

8. 目前，普遍使用的国产数控分度头的分度精度大多约为（　　）。

A. 15°

B. 1°

C. 15′

D. 15″

9. 下列哪个选项属于多轴加工的工艺顺序（　　）。

A. 建模 → 生成轨迹 → 生成代码 → 装夹零件 → 找正 → 建立工件坐标系 → 加工

B. 建模 → 生成轨迹 → 装夹零件 → 找正 → 建立工件坐标系 → 根据原点坐标生成代码 → 加工

C. 建模 → 生成轨迹 → 生成代码 → 装夹零件 → 建立工件坐标系 → 找正 → 加工

D. 建模 → 生成轨迹 → 装夹零件 → 建立工件坐标系 → 找正 → 根据原点坐标生成代码 → 加工

10. 使多轴数控机床对圆锥体斜面进行加工时，使用（　　）加工策略能够使表面效果好。

A. 等高铣

B. 侧刃铣

C. 端刃铣

D. 平行铣

11. 多轴数控加工通过（　　）提高加工效率。

A. 充分利用切削速度

B. 减少装夹次数

C. 充分利用刀具直径

D. 以上都是

12. 下面属于五轴双转台数控机床特点的是（　　）。

A. 适合加工大型零件

B. 机床刚性差

C. 适合加工中小型零件

D. 加工时不容易对工作台产生干涉

13. 在多轴编程中，常常需要做一些辅助曲面，以获得更好的刀路，下面（　　）策略在创建辅助平面中经常使用。

A. 通过曲线网格

B. 直纹

C. 艺术曲面

D. 以上都是

14. 在自动编程软件的刀轴控制策略中，下面对“远离直线”策略解释正确的是（　　）。

A. 刀尖指向的某条直线产生的刀路轨迹

B. 刀背指向的某条直线产生的刀路轨迹

C. 刀尖远离的某条直线产生的刀路轨迹

D. 刀背远离的某条直线产生的刀路轨迹

15. 对有圆角的型腔侧面进行清根时，一般采用（　　）进行加工。

A. 锥形刀

B. 圆鼻刀

C. 球刀

D. 棒糖刀

16. 下面哪个软件是目前应用最广泛的仿真软件？（　　）

A. Mastercam

B. SolidWorks

C. 斯沃

D. VERICUT

17. 自动编程软件中什么策略可以反映曲线的曲率变化规律并由此发现曲线的形状。（　　）

A. 显示峰值点

B. 显示曲率梳

C. 显示拐点

D. 曲线分析

18. 下面对于多轴加工的论述错误的是（　　）。

A. 多轴数控加工能同时控制 4 个或 4 个以上坐标轴的联动

B. 能缩短生产周期，提高加工精度

C. 多轴加工时刀具轴线相对于工件是固定不变的

D. 多轴数控加工技术正朝着高速、高精、复合、柔性和多功能方向发展

19. 多轴数控机床可以分为哪几种形式？（　　）

A. 立式

B. 卧式

C. 龙门

D. 以上都是

20. 对于多轴数控加工的论述，下面说法错误的是（　　）。

A. 加工前测试机床的行程极限

B. 加工前考虑机床最大偏转角度

C. 装夹刀具时避免刀柄与工件发生干涉

D. 传动系统采用齿轮变速箱带动 T 型丝杠传动

21. 多轴联动是指在一台机床上的多个坐标轴协调同时运行，现在的数控系统最多能够控制（　　）个轴。

A. 6

B. 18

C. 32

D. 64

22. 在 HNC-848 数控控制系统中，三维顺圆插补指令是（　　）。

A. G02

B. G03

C. G02.4

D. G03.4

23. 在 HNC-848 数控控制系统中，使机床进入高速高精切削模式的指令是（　　）。

A. G05.1

B. G06.2

C. G07

D. G08

24. 在 HNC-848 数控控制系统中，下列对于三维圆弧插补指令 G02.4 和 G03.4 的论述中错误的是（　　）。

A. 由于空间圆弧不分旋转方向，因此 G02.4 和 G03.4 相同

B. 若任意两点重合或三点共线，系统将产生报警

C. G02.4 指三维逆圆插补，G03.4 指三维顺圆插补

D. 整圆应分成几段来处理

25. 在 NX 多轴编程中，经常会用到“驱动几何体”这个概念，下面对“驱动几何体”的论述中错误的是（　　）。

A. 驱动几何体可以是二维或者三维的几何体

B. 驱动几何体不能与切削区域相同

C. 驱动几何体可以是被加工面的本身，也可以是被加工面以外的几何体

D. 驱动几何体规定了软件所产生的刀轨的范围、起点、终点、走向、步距、跨距等各项工艺参数

26. 在 NX 多轴编程中，下面对“投影矢量”的论述中错误的是（　　）。

A. 在矢量与目标平面不平行时使用刀轴或指定矢量策略

B. 投影矢量决定了驱动从哪个方向投影到加工曲面上

C. 软件会根据选择的投影矢量使投影到部件上的刀路发生变化

D. 加工型腔时使用投影矢量中的朝向点或朝向直线策略

27. 下面哪种多轴数控机床品牌是属于中国生产的？（　　）

A. 哈斯

B. 法兰克

C. 华中数控

D. 西门子

28. 下面对五轴轮廓铣削的论述中错误的是(　　)。

A. 在倾斜角度很大的时候，其切削力几乎只有法向方向

B. 可以避免球铣刀静点铣削的切点

C. 进给可以比传统的方式高，可以在两倍以上

D. 用标准平端铣刀铣削曲面可以得到比较好的表面精度

29. 多轴加工中，以下不会严重影响加工精度的是(　　)。

A. 加工前 Z 轴坐标系存在偏差

B. 刀具出现了严重磨损

C. 毛坯比要求坯单边大 1 mm

D. 加工刀具与编程刀具不一致

30. 五轴加工精度比较高的工件，在加工过程中应(　　)。

A. 将某一部分全部加工完毕后，再加工其他表面

B. 将所有面粗加工后再进行精加工

C. 必须一把刀具使用完成后，再换另一把刀具

D. 无须考虑各个面粗精加工的顺序

二、多项选择题(第 31 ～ 40 题。少选多选都不得分，每题 3 分。满分 30 分)

31. 下列关于五轴双旋转工作台机床特点描述正确的是(　　)。

A. 机床刚性好

B. 不受旋转台的限制

C. 不适合大型零件

D. 旋转灵活

32. 五轴机床可以提高表面质量，下列描述正确的是(　　)。

A. 利用球刀加工时，倾斜刀具轴线后可以提高加工质量

B. 可将点接触改为线接触，提高表面质量

C. 可以提高变斜角平面质量

D. 能减小加工残留高度

33. 下列属于五轴联动加工的应用范围及其特点的是(　　)。

A. 可有效避免刀具干涉

B. 对于直纹面类型零件，可以使用侧铣方式一刀成型

C. 可以一次装夹对工件上的多个空间表面进行加工

D. 在某些加工场合，可采用较小尺寸的刀具避开干涉进行加工

34. 下列哪些属于整体式叶轮的加工难点？（　　）
A. 加工时极易产生碰撞干涉
B. 自动生成无干涉刀路轨迹较困难
C. 叶片实体造型复杂多变
D. 设计研制周期长、制造工作量大
35. 下面哪些属于 RTCP 功能的优点？（　　）
A. 能够有效地避免机床超程
B. 简化了 CAM 软件后置处理的设定
C. 增加了数控程序对五轴机床的通用性
D. 使得手工编写五轴程序变得简单可行
36. 下列属于数控加工工序专用技术文件的是（　　）。
A. 程序说明卡
B. 数控刀具调整单
C. 数控加工程序单
D. 加工走刀路线图
37. 数控铣削加工工艺方案的制定一般包括（　　）。
A. 选择加工方法
B. 确定装夹方式
C. 工作效益的评估
D. 切削用量的确定
38. 下列有关工艺系统的说法错误的有（　　）。
A. 数控机床加工工件的基本过程即从零件图到加工好零件的整个过程
B. 数控加工工艺系统是由数控机床、卡盘和工件等组成
C. 数控加工工艺系统是所有加工过程的核心部分
D. 数控机床是一种技术密集度和手动化程度都比较高的机电一体化加工装备
39. 下面叙述正确的是（　　）。
A. 单件小批量生产时，优先选用组合夹具
B. 在成批生产时，应采用专用夹具
C. 零件的装卸要快速、方便、可靠，以缩短机床的停顿时间
D. 数控加工用于单件小批生产时，一般采用专用夹具
40. 下列关于五轴机床与四轴机床的区别正确的是（　　）。
A. 五轴机床的活动轴比四轴机床多
B. 四轴能加工的零件五轴一般都能加工
C. 五轴适用范围比四轴更广
D. 五轴加工精度一定比四轴高

三、判断题（第 41 ～ 50 题。将判断结果填入括号中。正确的填“√”，错误的填“×”。每题 1 分。满分 10 分）

41. 在航空航天、汽车等领域，五轴数控机床能很好地解决新产品研发过程中复杂零

件加工的精度和周期。 （　　）

42. 通常数控机床所说的多轴控制是指 4 轴以上的控制。 （　　）

43. 四轴控制的数控机床可用来加工圆柱凸轮。 （　　）

44. 在使用自动编程软件编制五轴刀路过程中，刀轴控制选项“朝向点”是指刀尖指向某个点产生刀具轨迹。 （　　）

45. 摇篮式五轴联动机床的 A 轴回转大于等于 90°时，工件切削时会给工作台带来较小的承载力矩，因而能适用于大型精密工件的加工。 （　　）

46. 工件坐标系原点的设定不必考虑工件的尺寸精度和工件的形状。 （　　）

47. 双摆头式五轴非常适用于加工体积大、质量大的工件。 （　　）

48. 大部分 CAD/CAM 软件均有 IGES 接口，但实体与曲面模型的数据转换不推荐使用 IGES 格式。 （　　）

49. 自动编程的程序只要进行了仿真验证是正确，加工过程就不会出现问题。 （　　）

50. 多轴编程过程中，刀具长度是不需要编程人员考虑的。 （　　）

附录二 部分彩图

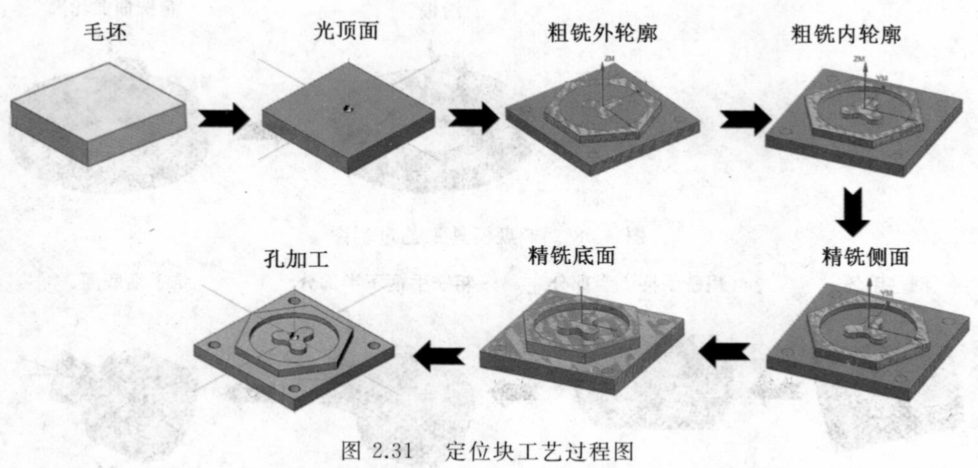

图 2.31 定位块工艺过程图

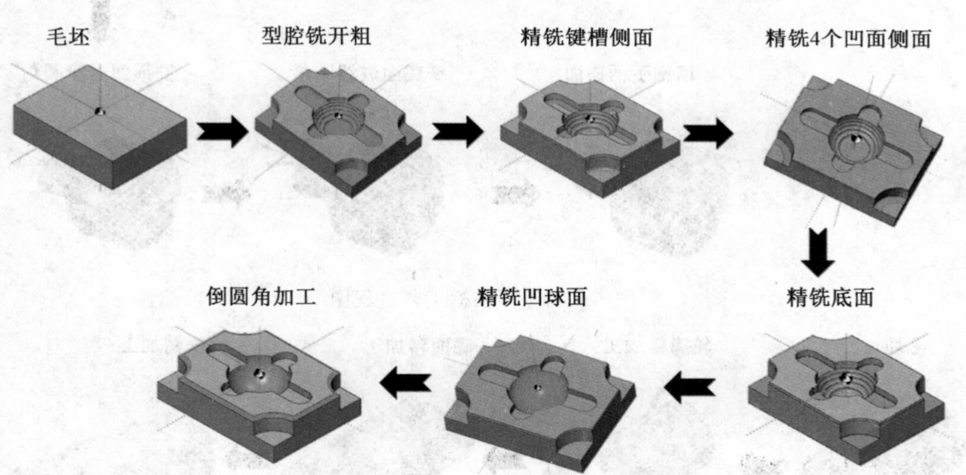

图 3.21 球铰支座工艺过程图

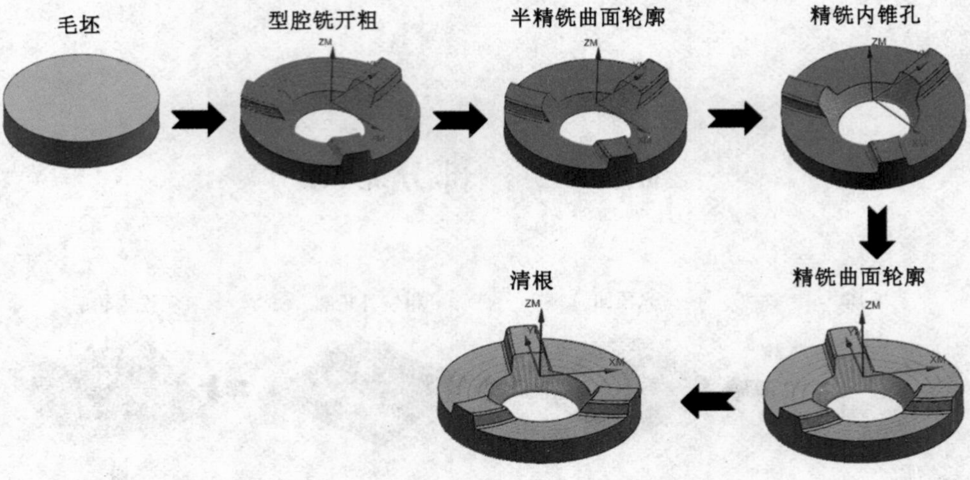

毛坯　型腔铣开粗　半精铣曲面轮廓　精铣内锥孔

ZM

清根　精铣曲面轮廓

ZM　XM

图 4.28　卡盘模具工艺过程图

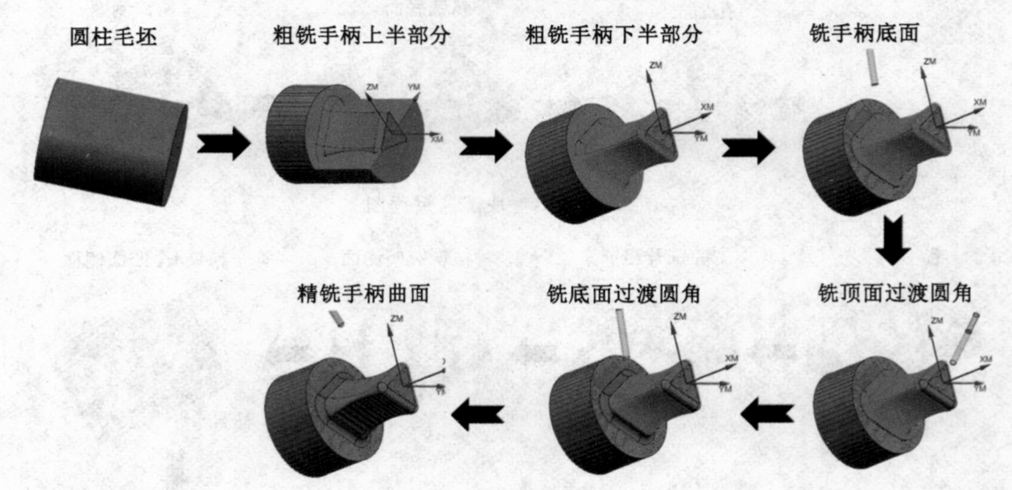

图 5.6　印章手柄工艺过程图

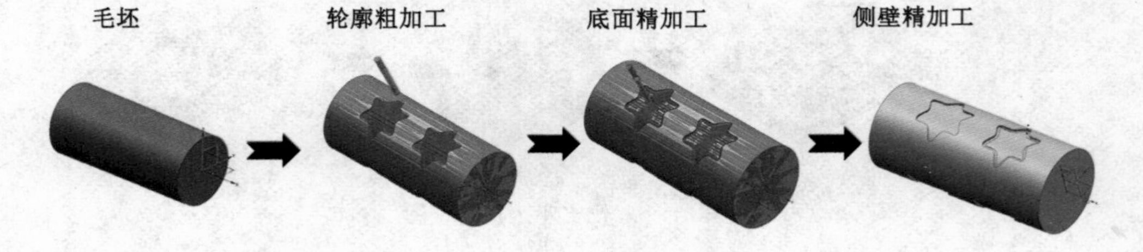

图 6.11　梅花滚筒工艺过程图

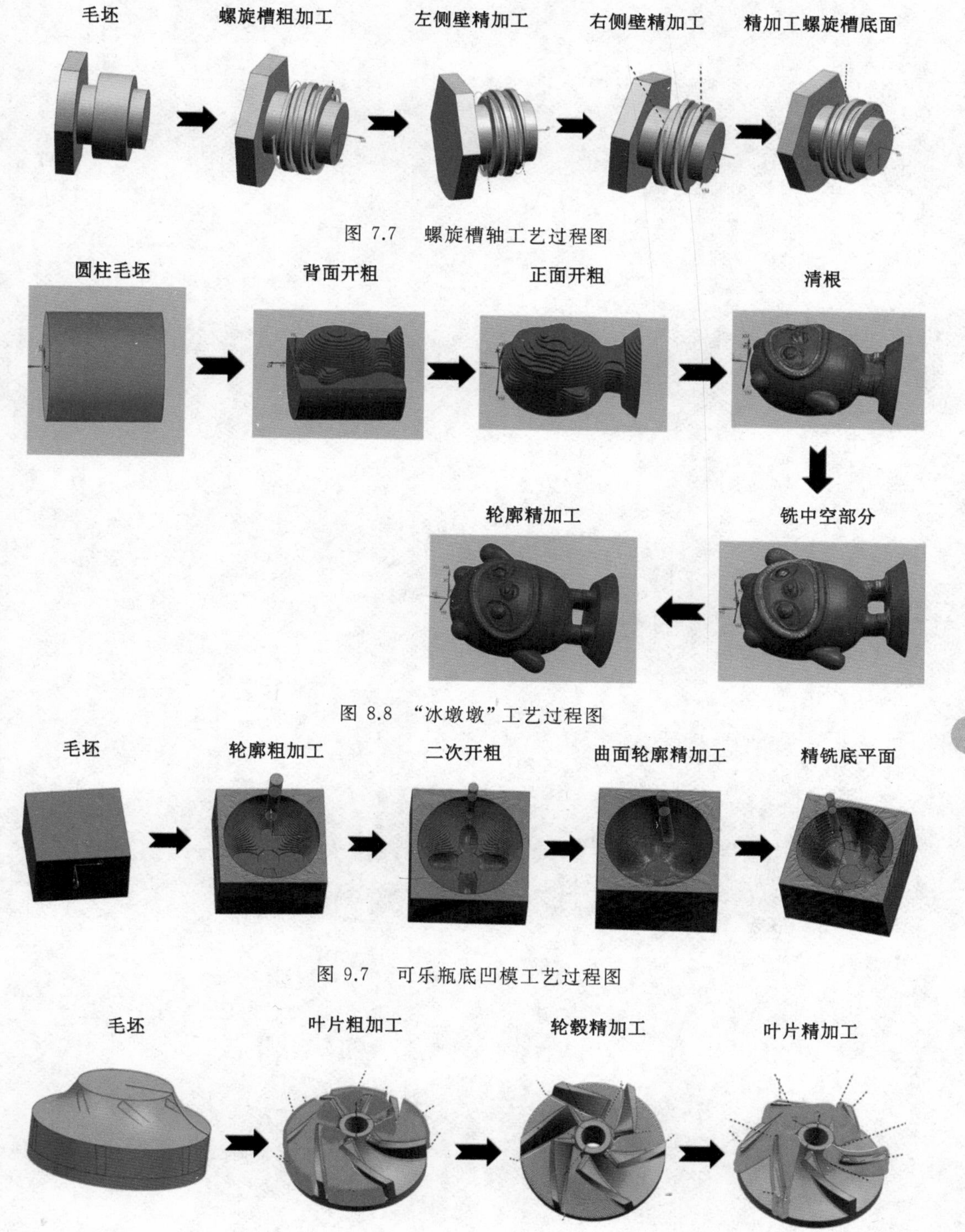

图 7.7　螺旋槽轴工艺过程图

图 8.8　“冰墩墩”工艺过程图

图 9.7　可乐瓶底凹模工艺过程图

图 10.17　叶轮工艺过程图